EUL VERLAG

Reihe: FGF Entrepreneurship-Research Monographien · Band 69

Herausgegeben von Prof. Dr. Heinz Klandt, Oestrich-Winkel, Prof. Dr. Dr. h. c. Norbert Szyperski, Köln, Prof. Dr. Michael Frese, Gießen, Prof. Dr. Josef Brüderl, Mannheim, Prof. Dr. Rolf Sternberg, Hannover, Prof. Dr. Ulrich Braukmann, Wuppertal und Prof. Dr. Lambert T. Koch, Wuppertal

Dr. Markus Kurch

Leitungsstrukturen von Gründungs- und Wachstumsunternehmen

Analyse der Veränderungen im Zeitverlauf

EUL VERLAG

Bibliografische Information der Deutschen Nationalbibliothek

Die Deutsche Nationalbibliothek verzeichnet diese Publikation in der Deutschen Nationalbibliografie; detaillierte bibliografische Daten sind im Internet über <http://dnb.d-nb.de> abrufbar.

Dissertation, WHU – Otto Beisheim School of Management, Vallendar, 2010

ISBN 978-3-89936-999-1
1. Auflage Dezember 2010

JOSEF EUL VERLAG GmbH
Brandsberg 6
53797 Lohmar
Tel.: 0 22 05 / 90 10 6-6
Fax: 0 22 05 / 90 10 6-88
E-Mail: info@eul-verlag.de
http://www.eul-verlag.de

Bei der Herstellung unserer Bücher möchten wir die Umwelt schonen. Dieses Buch ist daher auf säurefreiem, 100% chlorfrei gebleichtem, alterungsbeständigem Papier nach DIN 6738 gedruckt.

Vorwort

Diese Arbeit behandelt die Veränderung von Leitungsstrukturen in Gründungs- und Wachstumsunternehmen im Zeitverlauf. Beschrieben werden Veränderungen in den Strukturen junger Unternehmen, die innerhalb kürzester Zeit eine hohe Anzahl an Mitarbeitern beschäftigen und dynamisch ihre Strukturen anpassen. Die beschriebenen Leitungsstrukturen wandeln sich schnell, mein Dank für die Unterstützung bei der Entstehung dieser Dissertation bleibt. Daher nutze ich diese Zeilen, besonderen Personen für ihren Beitrag zu danken.

Zuvorderst gebührt mein großer Dank meinem Doktorvater, Herrn Prof. Dr. Peter Witt, der durch sein Kursangebot im Rahmen des Wahlpflichtfaches Unternehmertum und Existenzgründung mein Wissen über Gründungs- und Wachstumsunternehmen erweitert und durch seine ausgeprägten didaktischen Fähigkeiten mein Interesse an einer Promotion im Bereich Entrepreneurship geweckt hat. Herzlicher Dank gebührt ihm insbesondere für seine detaillierten und hilfreichen Anmerkungen, mit denen er mich durch mein Dissertationsprojekt geleitet hat.

Ausdrücklich bedanken möchte ich mich bei meinem Zweitkorrektor, Herrn Prof. Dr. Lutz Kaufmann, der bereits zu Zeiten von Praxis- und Diplomarbeit sowie durch Kurse im Promotionsstudium mir das methodische Rüstzeug zur Bearbeitung von Fallstudien mit auf den Weg gegeben hat und bei Fragen zur Methodik stets hilfreich zur Seite stand.

Dank spreche ich auch allen Interviewpartnern aus, die ihr Wissen und ihre Zeit für ausführliche Gespräche zur Verfügung gestellt haben – ohne ihre Teilnahme und Offenheit wäre diese Arbeit nicht möglich gewesen.

Der Friedrich-Naumann-Stiftung für die Freiheit gilt mein Dank für die Unterstützung dieser Arbeit durch ein Promotionsstipendium. Die Erstellung dieser Arbeit wurde gefördert von der Friedrich-Naumann-Stiftung für die Freiheit mit Mitteln des Bundesministeriums für Bildung und Forschung.

Meine tiefe Dankbarkeit gilt meiner Familie. Mein Großvater, Willi Rose, hat bereits mein Studium mit großem Interesse verfolgt und mich während der Promotion zusätzlich unterstützt. Meine größten Förderer waren stets meine Eltern. Sie haben mir meine Zeit in Vallendar ermöglicht und waren ein immerwährender Quell steter Motivation. Mit großer Anerkennung für ihre Leistungen sei ihnen diese Arbeit in Liebe und Dankbarkeit gewidmet.

Markus Kurch

Berlin, Oktober 2010

Inhaltsübersicht

Inhaltsverzeichnis

Abbildungsverzeichnis

Tabellenverzeichnis

Abkürzungsverzeichnis

AG	Aktiengesellschaft
AktG	Aktiengesetz
BetrVG	Betriebsverfassungsgesetz
CEO	Chief Executive Officer
CVCG	Corporate-Venture-Capital-Gesellschaft
DrittelbG	Drittelbeteiligungsgesetz
GmbH	Gesellschaft mit beschränkter Haftung
GmbHG	Gesetz betreffend die Gesellschaften mit beschränkter Haftung
EMEA	Europe, Middle East, Africa (Europa, Naher Osten und Afrika)
HGB	Handelsgesetzbuch
IPO	Initial Public Offering
MitbestG	Gesetz über die Mitbestimmung der Arbeitnehmer
PublizitätsG	Gesetz über die Rechnungslegung von bestimmten Unternehmen und Konzernen (Publizitätsgesetz)

Verzeichnis der Interviewpartner

Name	Unternehmen	Position	Ort
Jan Bohl	ableton AG	Vorstand	Berlin
Heiko Hubertz	Bigpoint GmbH	Geschäftsführer	Hamburg
Maarten Kaanen	datango AG	Vorstand	Berlin
Alexander Artopé	datango AG	ehemaliger Vorstand	Berlin
Boris Wasmuth	GD GameDuell GmbH	Geschäftsführer	Berlin
Uwe Brodtmann	Inchron GmbH	Geschäftsführer	Potsdam
Dr. Martin Heibel	IntraWorlds GmbH	Geschäftsführer	München
Stephan Noller	nugg.ad AG	Vorstand	Berlin
Stephan Schubert	Onvista AG	ehemaliger Vorstand	Köln
Dr. Ulrich Kohl	Questico AG	Vorstand	Berlin
Marius Würzner	Sedo GmbH	Geschäftsführer	Köln

Name	Unternehmen	Position	Ort
Thorsten Bohg	TopTarif Internet GmbH	Geschäftsführer	Berlin
Wolfe W. Diener	Trade2B AG	ehemaliger Vorstand	München
Martin Gaedt	YOUNECT GmbH	Geschäftsführer	Berlin
Jens Hewald	ZANOX.de AG	Vorstand	Berlin

1 Einleitung

Die Ausgestaltung der Leitungsstrukturen von Unternehmen wurde in den letzten 15 Jahren intensiv untersucht.[1] Die Publikationen zum Thema haben in den letzten Jahren stark zugenommen. Die Literatur fokussierte sich sehr auf die Leitungsstrukturen von Aktiengesellschaften. Insbesondere die angloamerikanische Literatur bezog basierend auf der dort dominanten Anteilseignerorientierung, vorwiegend Stellung zu der Beziehung zwischen Eigenkapitalgebern und dem Management.[2] Diese Beziehung bedarf im Fall der Trennung von Leitung und Kontrolle einer genauen Untersuchung.

Die vorliegende Arbeit beschäftigt sich vor allem mit der Entstehung der Trennung von Leitung und Kontrolle in Gründungs- und Wachstumsunternehmen. In dieser Arbeit geht es um das Verhalten von Anteilseignern und die Ausprägung hinsichtlich „Exit" und „Voice" [3]. Insbesondere aufgrund der Tatsache, dass bei börsennotierten Publikumsgesellschaften meist eine geringe Konzentration der Anteilseigner vorherrscht, entscheiden sich viele Aktionäre bei Unzufriedenheit primär für die Option „Exit" anstatt für die Option „Voice". Dies stellt sich für Gründungsunternehmen aufgrund der geringeren Liquidität und Intransparenz des Marktes als schwieriger durchführbar dar, dafür bieten sich mehr Möglichkeiten zur Ausgestaltung der Option „Voice", die natürlich zur Verstärkung auch mit der Option „Exit" verbunden werden kann. Beachtet werden muss hierbei allerdings auch, dass Gesellschafter nicht zwangsläufig Geschäftsführer, meist Geschäftsführer (Gründer) aber auch Gesellschafter sind.

Gerade für Gründungs- und Wachstumsunternehmen ist ein überdurchschnittliches Wachstum für die Eigenkapitalbeschaffung von eminenter Bedeutung, allerdings wurde bislang vor allem die Beziehung von Venture-Capital-Gesellschaften zu Grün-

---

[1] Die Grundfeststellung der Trennung von Eigentum und Kapital als Ursache für die Notwendigkeit von Kontrollmechanismen findet sich bereits bei Berle und Means im Jahre 1932 (Vgl. Berle und Means (1932)). Auch wird die Ansicht vertreten, dass die Ausgestaltung der Leitungsstrukturen bereits durch die Entstehung der juristischen Person im römischen Recht relevant wurden (Vgl. Albach (1999), S. 29-30). Besondere Beachtung fand das Thema allerdings erst in den 90er Jahren des 20. Jahrhunderts. Zu dieser Zeit wurde auch der Begriff Corporate Governance geprägt. Vgl. Witt (2003a), S. 1.

[2] Vgl. Witt (2003a), S. 62-77 sowie 90-98.

[3] Die Begriffe sind dem Kundenbindungsmanagement entlehnt. Laut Hirschmann gibt es grundsätzlich drei Handlungsmöglichkeiten bei Unzufriedenheit mit einer Organisation: „Exit" (Abbruch der Bezie-

dungsunternehmen aus Sicht von Venture-Capital-Gesellschaften und Business Angeln untersucht. Das Thema Corporate Governance ist für Gründungsunternehmen deswegen relevant, weil auf der einen Seite der Finanzierungsbedarf hoch und auf der anderen Seite die externen Eigenkapitalgeber zwar auch die Möglichkeit des Exits besitzen, dieser aber unter normalen Umständen seitens der Kapitalgeber nicht präferiert und zudem auch viel schwieriger als bei börsennotierten Aktiengesellschaften durchzuführen ist, da es keinen direkten Markt für den Anteilshandel gibt und die Anteile damit eine äußerst geringe Fungibilität aufweisen. Somit ist im Gegensatz zu börsennotierten Unternehmen für Eigenkapitalgeber die Ausgestaltung der Option Voice viel entscheidender. Zusätzlich sind die Gründer nicht nur häufig in der Geschäftsführung vertreten, sondern auch Mehrheitsaktionäre, dahingegen sind Venture-Capital-Gesellschaften und Business Angel meist Minderheitsaktionäre, allerdings mit starken vertraglichen Rechten.

1.1 Problemstellung und Zielsetzung

Der Begriff Leitungsstrukturen steht für die Gesamtheit der erklärten Strukturen. Leitung bezeichnet vor allem die von Geschäftsführung bzw. Vorstand zu verantwortenden Aufgabengebiete, also das Management des Unternehmens bzw. „die Durchführung der Tagesgeschäfte“[4]. Die Überprüfung, ob die Leitung des Unternehmens in der gewünschten Art und Weise erfolgt und die gesetzten Ziele erreicht werden, durch die Anteilseigner (Gesellschafterversammlung oder Hauptversammlung) bzw. den Beirat/Aufsichtsrat, wird unter dem Begriff Kontrolle zusammengefasst. Die Aufbauorganisation innerhalb des Unternehmens mit der Geschäftsführung/dem Vorstand an der Spitze wird unter dem Begriff Organisationsstruktur zusammengefasst. Relevant sind dabei vor allem die entstehenden Managementebenen.

hung), „Voice“ (Verbesserung der Beziehung durch Kommunikation) und Loyalität (Verharren trotz Unzufriedenheit).Vgl. Hirschmann (1970).

[4] Albach und Albach (1989), S. 38. Hierzu sollte ergänzend noch der Begriff Führung abgegrenzt werden, denn häufig werden Führung und Leitung als synonyme Begriffe gebraucht. Führung stellt aber laut Albach und Albach mehr auf die Bestimmung der Unternehmenspolitik und die Einflussnahme auf die Personalentscheidungen ab.

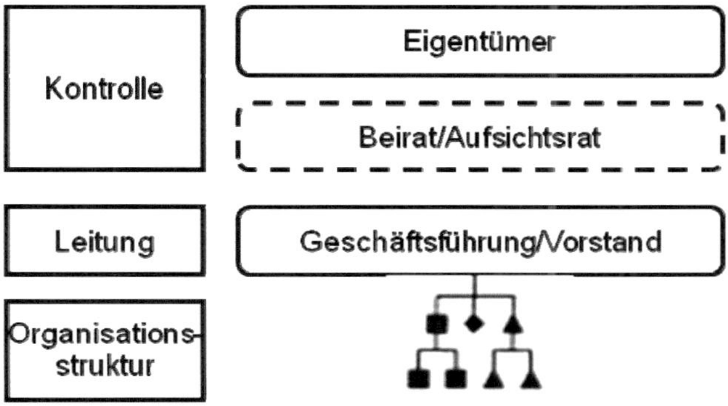

Abbildung 1: Leitungsstrukturen beinhalten die Kontrolle der Unternehmensleitung, die Leitung des Unternehmens und die Organisationsstruktur des Unternehmens, eigene Darstellung

Abbildung 1 verdeutlicht graphisch die Zuordnung der einzelnen Begriffe zu den Organen des Unternehmens. Da Leitung und Eigentum bei den betrachteten Unternehmen auseinanderfallen,[5] ist von den Anteilseignern eine Kontrolle (Monitoring) zu gewährleisten. Detaillierte Definitionen der verwendeten Begriffe und eine Darstellung über die verschiedenen entstehenden Principal-Agent-Beziehungen finden sich in Kapitel 2.1. Die Einflussfaktoren Rechtsform (Kapitel 3.1) Anteilseignerstruktur (Kapitel 3.2) und Größe (Kapitel 3.3) werden einzeln vorgestellt und für die Bereiche Leitung, Kontrolle und Organisationsstruktur werden jeweils Propositions aufgestellt und im empirischen Teil überprüft.

Forschung in Bezug auf die Veränderungen der Leitungsstrukturen von Gründungsunternehmen ist besonders interessant, da anfänglich die Unternehmung lediglich aus den Gründern, die im hypothetischen Idealfall auch alle die gleichen Anteile halten und alle an der Geschäftsführung beteiligt sind, besteht. In diesem Fall gibt es zunächst keine Trennung von Eigentum und Kapital[6] und somit auch keine Anreizproblematik.

[5] Dies ist nicht komplett der Fall, da die Gründer nach dem Einstieg eines externen Eigenkapitalgebers zunächst in der Unternehmensleitung verbleiben würden und weiterhin Anteile halten.
[6] Vgl. Berle und Means (1932).

Bei schnell wachsenden Unternehmen ist der Finanzierungsbedarf naturgemäß recht groß, aus diesem Grunde werden externe Eigenkapitalinvestitionen[7] benötigt. Die dadurch entstehende teilweise Trennung von Eigentum und Kapital führt zur Entstehung der Principal-Agent-Problematik, die sich mit einem zunehmenden Anteil an Investoren bzw. mit steigendem Prozentsatz der Eigenkapitalgeber, die nicht auch eine Managementfunktion wahrnehmen, verstärkt.

Die entstehenden Agency-Probleme sind im Wesentlichen Adverse Selektion und Moral Hazard. Dem Problem der Adversen Selektion kann mit „Screening" und „Signaling" entgegengewirkt werden, dies kann beispielsweise im ersten Fall bei Gründungsunternehmen an der eingehenden Prüfung der Unternehmen durch die Eigenkapitalgeber und im zweiten Fall durch bestimmte Stationen im Lebenslauf der Gründer erfolgen. Das Problem des Moral Hazard ist vor allem durch Vertragsbestandteile (covenants) reduzierbar, aber nur durch perfekte Verträge, die alle Eventualitäten berücksichtigen, theoretisch zu lösen.[8] Nun ist festzuhalten, dass die bisherige erwähnte Literatur sich v.a. auf Großunternehmen fokussiert. Bei Gründungs- und Wachstumsunternehmen fällt auf, dass sich ein überwiegender Teil der Autoren auf die Beziehung von Wachstumsunternehmen zu Venture-Capital-Gesellschaften bezieht. Interessant ist aber in Bezug darauf, dass in früheren Phasen[9] oft Finanzierung an die Gründungsunternehmen vergeben wird, die nicht von diesen stammt.[10]

Die entscheidende Forschungsfrage ist hier, wie sich die Gründer bzw. die wachsenden Unternehmen auf die Problematik der notwendigen Eigenkapitalbeschaffung vorbereiten können und vor allem welche Bedeutung sie der Gestaltung einer guten Governance-Struktur zumessen. Zum einen sind hierbei die Adressaten zu unterscheiden. Business Angel, Venture Capital Gesellschaften oder strategische Investoren auf Seite der Eigenkapitalgeber haben als Principal naturgemäß andere Präfe-

[7] Dies geschieht vor dem Hintergrund, dass die Aufnahme von Fremdkapital für Gründungsunternehmen sehr schwer bzw. teilweise nicht möglich ist, insbesondere aufgrund der fehlenden Bilanzhistorie sowie aufgrund eines Mangels an Sicherheiten.
[8] In der Realität wirkt sich dies durch eine sehr hohe Regelungsdichte auf die Vertragsgestaltung aus, die insgesamt perfekten Verträgen recht nahe kommt.
[9] „Die Entwicklung eines Unternehmens nach der Gründung verläuft i.a. nicht stetig. Phasen des *Wachstums* wechseln mit Phasen der *Konsolidation* und der *Schrumpfung* ab. Das Wachstum hat vielfach scheinbar einen erratischen Verlauf" (Albach (1993b), S. 4420). Albach stellt drei Modelle zur Beschreibung dieses Wachstums vor, die in Kapitel 2.4.2 vorgestellt werden.
[10] Dies bezieht sich v.a. auf private Wagniskapitalgeber („Business Angel"). Siehe dazu u.a. Brettel, Jaugey et al. (2000), Brettel (2004).

renzen bezüglich der Gestaltung der Leitungsstruktur.[11] Insbesondere soll es Ziel der Forschungsarbeit sein, die Möglichkeiten der aktiven Gestaltung der Corporate Governance seitens der Gründungsunternehmen aufzuzeigen, so dass sich als Folge niedrigere Eigenkapitalkosten ergeben, denn „companies with poor corporate governance will find it harder to access external funds."[12]

Ziel ist dabei nicht nur das Herausarbeiten von Gestaltungselementen, sondern das Aufzeigen der Gestaltungsmöglichkeiten und deren Wirkungsweisen, so dass optimale Strukturen für die einzelnen Phasen ableitbar sind und Gründungsunternehmen durch die Gestaltung der Leitungsstrukturen ein Instrument zur Gewinnung von Eigenkapitalinvestoren zur Verfügung steht. Zusätzlich wird natürlich eine Vielzahl an vertraglichen Details im Beteiligungsvertrag zwischen dem Unternehmen und dem externen Eigenkapitalgeber vereinbart. Die Forschungsfragen beziehen sich also insbesondere auf die Ausgestaltung. Hierbei ist vornehmlich zu beachten, dass einige dieser Elemente oft gesetzlich vorgeschrieben und damit für bestimmte Rechtsformen verbindlich sind. Während bei einer Gesellschaft mit beschränkter Haftung (GmbH) die Bildung eines Beirates und die Ausstattung dieses Beirates mit bestimmten Kompetenzen freiwillig ist, ist die Bildung des Aufsichtsrates bei der Wahl der Rechtsform einer Aktiengesellschaft (AG) gesetzlich vorgeschrieben.[13] Zusätzlich besteht die Möglichkeit, im Aufsichtsrat Ausschüsse zu bilden. Diese Ausschussbildung erlaubt weitergehende Kontrollmöglichkeiten und Repräsentation der Investoren.

Die Frage lautet daher: Was wäre eine phasenabhängige optimale Struktur? Phasenabhängig kann dabei unterschiedliche Elemente haben: rechtsformabhängig, eigentümerstrukturabhängig und größenabhängig. Daran anschließend stellt sich auch die Frage: Welche Möglichkeiten der Gestaltung der Leitungsstruktur haben Gründungsunternehmen? Sie haben grundsätzlich die gleichen Möglichkeiten wie etablierte Unternehmen auch, jedoch sind die verpflichtenden Elemente stark von der

---

[11] Relevant für diesen Punkt ist zunächst die Unterscheidung zwischen privaten Finanziers und institutionellen Geldgebern. Vgl. Brachtendorf (2004), S. 14-42.

[12] Burton, Helliar et al. (2004), S. 353.

[13] Die Bildung eines Aufsichtsrates ist bei einer GmbH mit mehr als 500 Mitarbeitern gemäß § 1 Abs. 1 Nr. 3 DrittelbG vorgeschrieben. Dann gelten für den Aufsichtsrat die gleichen Bestimmungen lt AktG wie für den Aufsichtsrat einer AG.

Rechtsform abhängig. In diesem Forschungsvorhaben soll eine Konzentration auf die Rechtsform der GmbH, der „kleinen" AG und der AG erfolgen.

Untersucht werden sollen Unternehmen mit einem Alter von maximal zehn Jahren. Insbesondere in Abgrenzung zu der Studie von Daniel A. Ruppen[14], soll hier der Fokus nicht auf den Venture-Capital-Gesellschaften liegen, sondern die Gestaltungsmöglichkeiten der Gründungsunternehmen sollen im Vordergrund stehen und Forschungsobjekt sollen v.a. die Gründungsunternehmen selbst sein. Ohne externe Eigenkapitalgeber gibt es keine Trennung von Leitung und Kontrolle. Durch die Beteiligung eines externen Eigenkapitalgebers entsteht aber auch die Notwendigkeit des Schutzes der Interessen der Eigenkapitalgeber. Die Grundfrage ist, ob es insgesamt eine – oder evtl. mehrere – strukturierte Entwicklungsstufen bei der Herausbildung von Leitungsstrukturen bei Gründungsunternehmen gibt. Als Endzustand wird hier die große Publikums-Aktiengesellschaft angesehen. Hinsichtlich der Gestaltungsmöglichkeiten seitens der Gründer, der Unternehmensleitung bzw. Anteilseigner ist es auch interessant, ob es sich um einen aktiv gesteuerten Prozess des Aufbaus und der Gestaltung von Leitungsstrukturen handelt, ob dieser Prozess extern motiviert ist, beispielsweise durch Eigenkapitalgeber (Business Angel, Venture-Capital-Gesellschaft), oder ob die einzelnen Schritte Zufallsprodukte sind. Sollte Letzteres der Fall sein, wäre zusätzlich zu prüfen, ob die einzelnen Schritte situationsabhängig sind. Ein weiterer Punkt ist die Frage nach dem Treiber für Veränderung. Mögliche Treiber könnten gesetzliche Veränderungen sein, die Notwendigkeit der Strukturanpassung aufgrund von Wachstum oder aber Druck von Kapitalgebern.

Einige Gestaltungsaspekte sind direkt durch die Wahl der Rechtsform bestimmt, allerdings heißt das auch, dass die Wahl der Rechtsform besondere Bedeutung besitzt. Zusätzlich spielen aber insbesondere privatvertragliche Regelungen eine dominante Rolle, die beispielsweise im Beteiligungsvertrag geregelt werden können. Als Gestaltungsaspekte wurden die folgenden Elemente identifiziert: Rechtsform, Aufsichtsratsbildung (verpflichtend/fakultativ), die Bildung weiterer Ausschüsse des Aufsichtsrats, Kompetenzen des Aufsichtsrates, Zusammensetzung des Aufsichtsrates, Frequenz der Treffen der Unternehmensleitung und des Aufsichtsrates, Veränderung der Leitungsstruktur in Abhängigkeit zur Kapital- und Gesellschafterstruktur, Offenlegung der Geschäftszahlen, Einfluss der Eigenkapitalgeber in der Gesellschafterversammlung und im Aufsichtsrat sowie die Gestaltung der Haftung (insbesondere in Abhängigkeit zur Rechtsform).

Zunächst ist eine Bestandsaufnahme hinsichtlich der Gestaltung der Leitungsstruktur und deren Veränderung im Zeitablauf in den betrachteten Unternehmen wichtig. Zusätzlich ist v.a. zu betrachten, welche Gestaltungsmöglichkeiten es seitens der Unternehmen gibt und ob, wenn ja natürlich wie, diese genutzt werden. Dabei soll vor allem auf die Änderungen im Zeitablauf abgezielt werden, denn unterschiedliche Phasen hinsichtlich externer Anforderungen und Finanzierungsbedarf bedürfen unterschiedlicher Gestaltungsparameter. Abschließend sollen vor allem für die Ausgestaltung der Kontrollmöglichkeiten Schlussfolgerungen gezogen werden.

Gründungsunternehmen stehen unterschiedliche Gestaltungsinstrumente zur Verfügung. Die Forschungsfragen lauten deshalb: Welchen Instrumenten schenken die Unternehmen besondere Beachtung? Warum wählen sie diese? Inwiefern ändern sich diese Präferenzen im Zeitablauf beziehungsweise situationsbedingt? Übergeordnet steht dabei natürlich die Frage, inwiefern es insgesamt eine Systematik der Entwicklung gibt oder ob in bestimmten Entscheidungssituationen ähnliche Lösungen gefunden werden. Die Frage ist dabei auch, wie werden Kosten- und Nutzenerwägungen in diese Überlegungen mit einbezogen.

Zur Beantwortung der Forschungsfrage wurden semistrukturierte Fallstudieninterviews in 14 Unternehmen durchgeführt. Ziel war dabei, dass jeweils ein Unternehmensvertreter, im Optimalfall einer der Gründer, über die Veränderungen im Zeitablauf befragt wurde. Die Methode der Fallstudieninterviews wurde gewählt, um den Zeitverlauf besser abbilden zu können. Zusätzlich ist so eine Adaption an die vielfältigen Finanzierungsphasen durchführbar und eine eingehende Durchdringung der Fallbeispiele wird ermöglicht. Zunächst werden Propositions theoretisch fundiert und anschließend anhand der Fallstudien überprüft. Die Propositions können dann unverändert übernommen werden, wenn sie durch die Fallstudien bestätigt wurden, oder in einer modifizierten Form weiterentwickelt werden. Im Rahmen der Fallstudien wurden Gründungs- und Wachstumsunternehmen, die zum Interviewzeitpunkt nicht

[14] Vgl. Ruppen (2002).

älter als zehn Jahre waren, eine externe Eigenkapitalfinanzierung erhalten hatten, eine klare Wachstumsabsicht hatten, aus der Branche Software- und Internetunternehmen stammten und möglichst bereits ein signifikantes Mitarbeiterwachstum aufwiesen, untersucht.

Die unterschiedlichen Aspekte der vorliegenden Arbeit wurden in Abbildung 2 für den Wachstums- und Finanzierungsprozess in Gründungs- und Wachstumsunternehmen dargestellt.

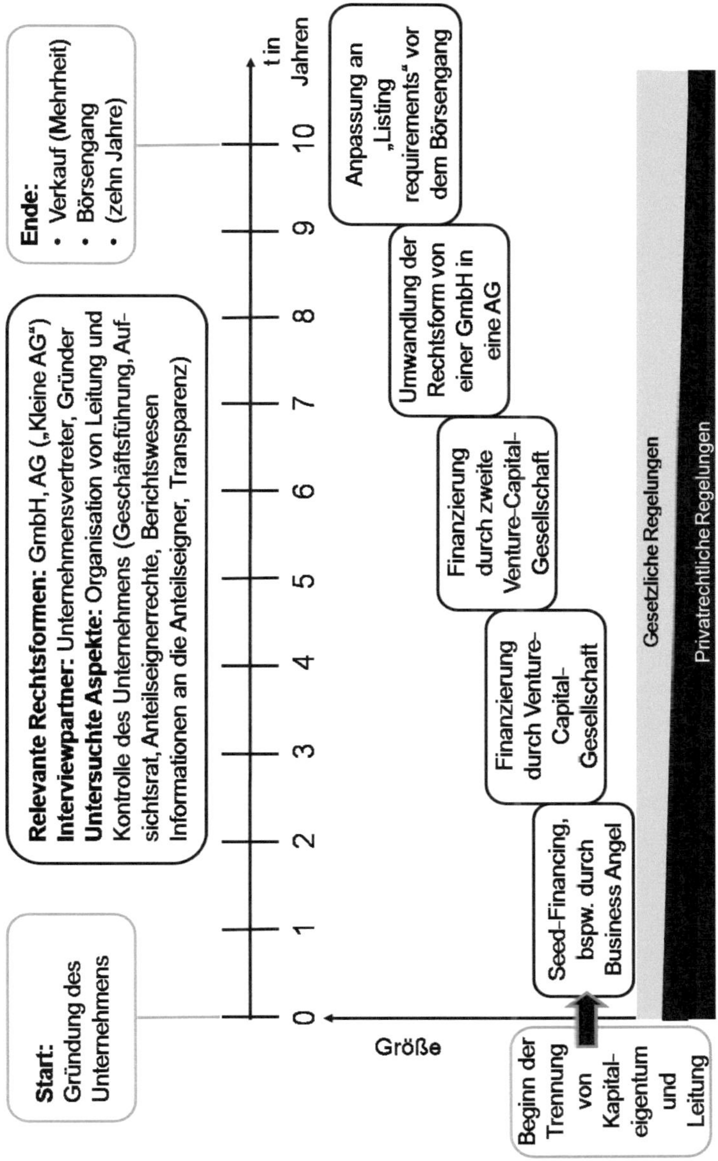

Abbildung 2: Zusammenfassung eines Wachstums- und Finanzierungsprozesses in Gründungs- und Wachstumsunternehmen, eigene Darstellung

1.2 Einordnung in bestehende Literatur

Die vorliegende Arbeit analysiert im Rahmen der Principal-Agent-Theorie[15] Leitungsstrukturen von Gründungs- und Wachstumsunternehmen. Im folgenden Abschnitt werden einzelne relevante Publikationen kurz vorgestellt und auf ihre Bedeutung für die hier durchzuführende Untersuchung bewertet. Berle und Means analysierten 1932 die 200 größten amerikanischen Unternehmen und fanden heraus, dass die Eigentumsverhältnisse dieser Unternehmen breit gestreut waren. Sie stellten fest, dass „'control' as something apart from ownership on the one hand and from management on the other"[16] sein müsste. Somit waren es vor allem die angestellten Manager, die durch die Leitung die „Kontrolle" über das Unternehmen hatten. Es war v.a. die Größe der Unternehmen, die weit über das für Einzelpersonen finanzierbare Maß hinaus angewachsen war. Die zu diesem Zeitpunkt vorherrschende neoklassische Sichtweise bot allerdings keine Erklärungsansätze für die festgestellte Unterscheidung. Die später entwickelte, in den Bereich der Neuen Institutionenökonomik gehörende, Principal-Agent-Theorie besitzt dafür aber sehr wohl Erklärungsansätze und bildet hier auch die theoretische Grundlage dieser Arbeit.

Während in der Neoklassik[17] lediglich die Ein-Mann-Unternehmung ohne Anreizprobleme betrachtet wurde und die aktuelle Corporate Governance-Literatur als wesentlichen Betrachtungsgegenstand die börsennotierte Publikumsgesellschaft hat, soll in dieser Arbeit die Entwicklung der Leitungsstrukturen der Unternehmung nachgezeichnet werden, denn die hier zu untersuchenden schnell wachsenden Unternehmen verändern ihre Leitungsstrukturen im Zeitverlauf. Die Gründer geben nach und nach Anteile am Unternehmen ab, was dazu führt, dass die dadurch einsetzende Trennung von Leitung und Eigentum an der Unternehmung die Entstehung von Kontrollmechanismen erfordert.

---

[15] Vgl. zur Principal-Agent-Theorie: Alchian und Demsetz (1972), Eisenhardt (1989a), Fama (1980), Grossman und Hart (1983), Jensen und Meckling (1976), Jost (2001b), Ross (1973), Spremann (1987).

[16] Berle und Means (1932), S. 69.

[17] Vgl. zur Abgrenzung von Neoklassik zu Neuer Institutionenökonomie: Wolf (2003), S. 257-260.

Grundsätzlich basieren ökonomische Organisationstheorien auf dem methodologischen Individualismus[18] sowie der individuellen Nutzenmaximierung und der Annahme von Opportunismus[19].[20] Im Rahmen der Neuen Institutionenökonomie werden Institutionen (Verfügungsrechte, Verträge, Hierarchien, Märkte) analysiert.[21] Bei der Principal-Agent-Theorie als Teil der Neuen Institutionenökonomie werden zwei Individuen und ihre jeweiligen Interessen betrachtet: Principal und Agent. „Eine Partei, im Folgenden Prinzipal genannt, delegiert eine bestimmte Aufgabe an eine zweite Partei, den Agenten. Letzterer soll im Sinne des Prinzipals eine bestimmte Tätigkeit durchführen bzw. eine bestimmte Entscheidung treffen."[22] Die beiden Parteien nehmen eine Arbeitsteilung vor, haben aber dabei abweichende Ziele.[23] Im Zentrum der Analyse steht dabei der Vertrag, den der Principal dem Agenten anbietet, um die Zusammenarbeit zu regeln. Typische Principal-Agent-Situationen stellen beispielsweise die folgenden Beziehungen dar: „Arbeitgeber und Arbeitnehmer, Käufer und Verkäufer, Eigentümer und Geschäftsführer, Aufsichtsrat und Vorstand, Vorstand und Führungskraft, Fremdkapitalgeber und Geschäftsführer, Vorgesetztem und Untergebenem."[24] „Zur Untersuchung der Kapitalbeschaffungsentscheidungen neu gegründeter Unternehmen sind in der Literatur vor allem Modelle der Principal-Agent-Theorie"[25] verwendet worden, daher ist die theoretische Grundlage der Principal-Agent-Theorie für Gründungs- und Wachstumsunternehmen sehr gut geeignet. Dies wird auch durch Eisenhardt bestätigt, denn es gibt einen substantiellen Zielkonflikt, der dazu führt, dass „sufficient outcome uncertainty to trigger the risk implications of the theory (e.g., new product innovation, young and small firms) ... technology-based firms are particularly attractive because they combine goal conflict between professionals and managers, risk, and jobs in which performance evaluation is difficult."[26]

[18] Die grundsätzliche Überlegung geht dabei vom Individuum aus und sieht beispielsweise Institutionen (Organisationsstrukturen) als Folge des Handelns individueller Akteure.
[19] Dabei wird ökonomisches Handeln aus der Sicht des nutzenmaximierenden Individuums betrachtet. Die zu maximierenden Ziele dieses Individuums können durch eine Nutzenfunktion beschrieben werden. Opportunismus fügt eine zusätzliche Betrachtungsweise ein, die auch die Schädigung anderer Akteure beinhaltet.
[20] Picot, Dietl et al. (2008), S. 31-35.
[21] Ebers und Gotsch (2006), S. 247.
[22] Jost (2001a), S. 11.
[23] Eisenhardt (1989a), S. 58.
[24] Ebers und Gotsch (2006), S. 258.
[25] Mellewigt und Witt (2002), S. 101.
[26] Eisenhardt (1989a), S. 71.

Familienunternehmen sind den hier betrachteten Gründungs- und Wachstumsunternehmen insbesondere hinsichtlich der Leitung und Kontrolle sehr ähnlich. Auch in Familienunternehmen gibt es in der Unternehmensleitung Vertreter, die nicht nur gleichzeitig Eigentümer sind, sondern auch meist eine emotionale Bindung an das Unternehmen aufweisen. Die Prinzipal-Agent-Theorie erwartet für Eigentümer-Geschäftsführer eine signifikante Reduktion bis hin zum kompletten Verschwinden[27] der Agency Costs, da in diesem Fall die Interessen von Principal und Agent gleichgerichtet sein müssten.[28] Für Familienunternehmen gibt es aber auch empirische Untersuchungen, die zeigen, dass bei dieser Konstellation sogar höhere Agency Costs anfallen.[29]

Hinsichtlich der Theorie der Firma verweist Albach darauf, dass es nicht die Person des Unternehmers ist, sondern ein arbeitsteiliger Prozess, den er als Innovationsfunktion bezeichnet, der die Innovation vorantreibt. Daran beteiligt sind unterschiedliche Stakeholder des Unternehmens und dazu zählen Leitung und Aufsichtsrat genauso wie Entwickler, Arbeiter und Forscher.[30] Hauptsächlich wird im Folgenden auf den Institutionen-ökonomischen Ansatz[31] Bezug genommen. Zu diesem Ansatz gehören die Transaktionskostentheorie, die Theorie der Verfügungsrechte und die Principal-Agent-Theorie[32]. Grundlage dieser Arbeit ist die Principal-Agent-Theorie und ihre Implikationen für die Corporate Governance (Leitung und Kontrolle) und die Organisationsstruktur von Gründungs- und Wachstumsunternehmen.

Viele Untersuchungen beschäftigen sich im Bereich Corporate Governance mit etablierten Publikumsgesellschaften.[33] Schillhofer hat aufgrund der Tatsache, dass institutionelle Investoren angeben, dass sie eine Prämie für Unternehmen mit einer guten

[27] Da bei einer Unternehmung mit nur einem einzigen Anteilseigner, der alle Anteile und Stimmrechte aber keine Mitarbeiter besitzt, keine Trennung von Leitung und Kontrolle gegeben ist und dadurch auch kein Agency Problem und in Folge dessen keine Agency Costs entstehen können.
[28] Jensen und Meckling (1976).
[29] Vgl. Schulze, Lubatkin et al. (2001) und Gomez-Mejia, Nuñez-Nickel et al. (2001).
[30] Albach (2002).
[31] Die Grundströmungen der Literatur zum Thema Unternehmensführung hat Macharzina in einem Schaubild entlang der Zeitachse angeordnet und Verknüpfungen dargestellt bzw. Gruppierungen durchgeführt. Die hier relevanten theoretischen Grundlagen des Institutionen-ökonomischen Ansatzes finden sich im oberen Teil des Schaubildes. Das Schaubild zur Verdeutlichung befindet sich im Anhang als Abbildung 29.
[32] Schmidt (2000a).
[33] Vgl. Drobetz, Schillhofer et al. (2004), Ingley und van der Walt (2004), Schillhofer (2003) sowie Schmidt (2000b). Auch der Deutsche Corporate Governance Kodex ist primär auf Publikumsgesellschaften ausgelegt.

Governance-Struktur zu zahlen bereit sind, diesen Zusammenhang empirisch untersucht. Kernaussage bei Schillhofer ist, dass insgesamt eine gute Governance-Struktur dazu führt, dass Investoren ihre Renditeerwartungen mindern. Dies liegt darin begründet, dass sich durch gute Governance-Strukturen das Risiko vermindert und damit natürlich auch die für das Risiko bezahlte Prämie.[34]

Für Gründungs- und Wachstumsunternehmen ließe Schillhofers Erkenntnis folgende Überlegung zu: Angenommen, es gäbe gute und schlechte Unternehmen hinsichtlich der Ausgestaltung der Governance-Struktur, dann würde sich bei guten Governance-Strukturen das Risiko vermindern und durch ein geringeres Risiko wäre auch die erwartete Rendite geringer. Gründungs- und Wachstumsunternehmen hätten durch die proaktive Gestaltung dieser Strukturen die Möglichkeit, das ohnehin für Investoren bereits sehr große Risiko zu verringern, was ihnen im Vergleich eine bessere Verhandlungsposition erlauben würde.

Im Folgenden sollen für die Bereiche Leitung, Kontrolle und Organisationsstruktur einzelne Arbeiten vorgestellt werden, die für die zu beantwortende Forschungsfrage relevant sind bzw. Teilaspekte beinhalten. Ruppen hat in seiner Untersuchung Venture-Capital-Gesellschaften in Deutschland, Großbritannien, der Schweiz und den USA befragt. Vor allem greift Ruppen Corporate Governance-Elemente auf und geht nur zu einem geringen Maße auf die Ausgestaltung der Organisationsstruktur ein. Ein wesentlicher Schwerpunkt der Arbeit liegt auf der Beschreibung der Rolle des Beirats. Interessant ist beispielsweise, dass Ruppen eine Abnahme der Insider im Verwaltungsrat im Zeitverlauf konstatiert. Allerdings lassen sich anhand der vorwiegend deskriptiven Beschreibung keine Schlüsse für einzelne Unternehmen ziehen, da die Portfoliomanager jeweils lediglich nach der Mehrzahl der Portfoliounternehmen gefragt wurden und Ruppen auf eine Proposition-/Hypothesenbildung verzichtet hat.[35]

Staud konnte anhand eines Samples von 253 deutschen Unternehmen aus allen Größenklassen[36] Anpassungen der Corporate Governance an Größe und Struktur nachweisen. Sie konnte u.a. zeigen, dass Großunternehmen eher einen Aufsichts-

[34] Vgl. Schillhofer (2003).
[35] Vgl. Ruppen (2002).

rat/Beirat haben als kleinere Unternehmen, dass bei einem steigenden Anteilseigentum der Geschäftsführer die Wahrscheinlichkeit, dass es einen Beirat oder Aufsichtsrat gibt, abnimmt und dass bei einer steigenden Anzahl der Anteilseigner die persönliche Repräsentation der Anteilseigner im Aufsichtsrat abnimmt. Dies ist für die hier zu betrachtenden Aspekte sehr relevant, da die unterschiedlichen Größenklassen der Unternehmen durchaus ein Proxy für eine zeitliche Abfolge sein können, insbesondere vor dem Hintergrund, dass sich Staud die Anpassung an Größe und Struktur angesehen hat.[37]

Talaulicar, Grundei et al. hatten in einem Sample von 404 Start-up-Unternehmen Fragen zur Zusammensetzung der Unternehmensleitung und der Aufsichtsorgane gestellt. Durch ihre Überlegungen zu „Modification Strategies"[38] greifen sie die These, dass durch Start-ups nicht „sämtliche mit der Rechtsformwahl verbundenen gesetzlichen Vorschriften"[39] auch befolgt werden, wieder auf und halten dazu fest, dass Start-ups unterstützt durch soziale Kontakte versteckte Anpassungen in ihrer Corporate Governance vornehmen, um effektivere Governance-Prozesse zu erhalten und die gesetzlichen Anforderungen zumindest scheinbar zu erfüllen. Eine Einschränkung muss im Hinblick auf die hier zu betrachtenden Gründungs- und Wachstumsunternehmen mit externer Eigenkapitalfinanzierung vorgenommen werden, denn einige der Unternehmen waren komplett im Besitz des Managements und fast die Hälfte (48,1%) waren zu über 75% im Besitz des Managements, wohingegen lediglich durchschnittlich 15% der Eigenkapitalanteile der betrachteten Unternehmen von Risikokapitalgebern gehalten wurden.[40] Das Sample wurde als Grundlage für unterschiedliche Veröffentlichungen genutzt, die eine Reihe von hier relevanten Aspekten (bspw. die Besetzung des Aufsichtsrats mit Freunden und Verwandten) aufgreifen und erste empirische Indikationen geben.

Churchill und Lewis haben ihr Modell auch durch die Befragung der Gründer/Geschäftsführer von 83 kleinen bis mittleren Unternehmen getestet.[41] Der Vorteil ihres Modells ist dabei nicht nur, dass es bereits empirisch getestet wurde, sondern

[36] 25 Kleinste, 61 Kleine, 67 Mittlere und 100 Große Unternehmen.
[37] Staud (2009).
[38] Grundei und Talaulicar (2002).
[39] Talaulicar, Grundei et al. (2001), S. 519.
[40] Ibidem.
[41] Churchill und Lewis (1983).

vor allem dass es explizit auf die Organisationsstruktur eingeht und in Ansätzen die Anteilseignerstruktur aufgreift. Dabei wird insbesondere auf die Rolle des Gründers/Eigentümers eingegangen, da sich dieser zunehmend aus dem Unternehmen zurückzieht. Sehr umfangreich – insbesondere hinsichtlich der Abgrenzung einzelner Modelle – geht Manstedten bei seiner Untersuchung der Entwicklung von Organisationsstrukturen in 24 Gründungsunternehmen der Software- und Systemhausbranche vor.[42] Auch die Arbeit von Stern sollte bereits an dieser Stelle erwähnt werden, da anhand von Fallstudien und der Untersuchung von Kommunikationsmustern in 13 Multimediaunternehmen ein Muster zur Organisationsentstehung aufstellt wird (siehe Abbildung 3).[43]

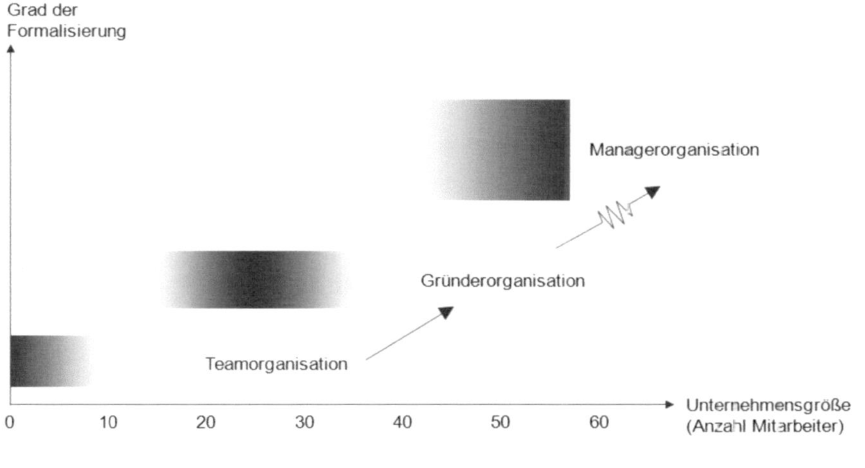

Abbildung 3: Muster der Organisationsentstehung in innovativen Neugründungen[44]

Zusammenfassend lässt sich festhalten, dass es gerade hinsichtlich der Schaffung der zweiten Hierarchieebene noch Forschungsbedarf gibt. Dies bestätigt auch Witt: „Der geeignete Zeitpunkt der Schaffung einer zweiten Hierarchieebene innerhalb des Unternehmens ist noch nicht ausreichend erforscht“[45]. Die Problemstellung, dass es ab einer gewissen Unternehmensgröße zu einer Wachstumsschwelle, die in eine

[42] Manstedten (1996).
[43] Stern (2003).
[44] Ibidem, S. 227.

Wachstumskrise führen kann, wurde allerdings schon frühzeitig identifiziert.[46] Im Zeitverlauf gewinnt der Aufbau der Organisationsstruktur bei zunehmender Größe des Unternehmens an Bedeutung, denn die informelle Teamorganisation ist dann nicht mehr leistungsfähig.[47]

Zahlreiche Autoren verweisen auf die Bedeutung von Humankapital bei der Etablierung neuer Unternehmen.[48] Diese Aussage bezieht sich, insbesondere aufgrund der Tatsache, dass das Unternehmen am Anfang vor allem aus den Gründern besteht, v.a. auf diese selbst. Die Frage ist allerdings, wie lange das Managementteam lediglich aus den Gründern besteht und ab wann zum einen externe Manager in das Management integriert werden und wann die Gründer ganz abgelöst werden. Die Ablösung kann natürlich einzeln erfolgen, aber auch das komplette Gründerteam umfassen. Dabei sind Vor- und Nachteile genau abzuwägen. Die Gründer besitzen zwar auf der einen Seite viel implizites Wissen und sind gut mit dem Geschäftsmodell vertraut, aber genau das könnte für die weitere Entwicklung des Unternehmens hinderlich sein, denn ggf. ist eine Adaptation des Geschäftsmodells notwendig und diese wird aufgrund emotionaler Verbundenheit nicht durchgeführt oder auch einfach ignoriert. Zum anderen sind natürlich auch andere Kompetenzen im Management unterschiedlicher Phasen der Unternehmensentwicklung notwendig, denn mit fortschreitender Größe des Unternehmens steigt auch der Aufwand zur Kodifizierung von Prozessen. Dies erfolgt sowohl aufgrund gesetzlicher Vorgaben als auch als Reaktion auf die schiere Größenentwicklung und der damit einhergehenden Erhöhung der Komplexität. Da die oben erwähnte Bedeutung des Humankapitals so wichtig ist, stellt sich natürlich die Frage für Eigenkapitalgeber, welche vertraglichen Rechte man sich im Bezug auf den Austausch des Managements zuschreiben lässt und v.a. zu welchem Zeitpunkt dann diese Rechte auch ausgeübt werden.

1.3 Aufbau der Arbeit

Nachdem in diesem Kapitel die Problemstellung und die Ziele der Arbeit vorgestellt und die Arbeit in die bestehende Literatur eingebettet wurde, werden in Kapitel 2 die

[45] Witt (2005), S. 15.
[46] Albach (1976).
[47] Vgl. auch Stern (2003).
[48] Siehe Hellmann und Puri (2002b), S. 170.

begrifflichen und theoretischen Grundlagen der Arbeit vertieft. Dabei wird auf grundlegende theoretische Arbeiten verwiesen und es wird aufgezeigt, wie einzelne Begriffe (Leitungsstrukturen, Leitung, Kontrolle, Organisationsstruktur) im Kontext dieser Arbeit verwendet werden. Die Principal-Agent-Theorie wird zunächst allgemein vorgestellt und anschließend wird ihre Anwendung in dieser Arbeit auf den Kontext von Gründungs- und Wachstumsunternehmen detailliert. Weiterhin werden in Kapitel 2 Familienunternehmen als vergleichbarer Untersuchungsgegenstand mit einem ähnlichen Principal-Agent-Problem und einer ergänzenden Theorie, der Stewardship-Theorie, dargestellt.

Zusätzlich wird in Kapitel 2 der Untersuchungsgegenstand auf Gründungs- und Wachstumsunternehmen eingeengt und eine Definition von Gründungs- und Wachstumsunternehmen wird gegeben. Die unterschiedlichen Arten der Finanzierungsmöglichkeiten für Gründungs- und Wachstumsunternehmen werden erläutert und nach ihrer Wählbarkeit beurteilt. Als weiterer Einflussfaktor wird die Unternehmensgröße sowie ihre Auswirkung auf die Leitung und Führung eines Unternehmens vorgestellt. Da die Größe einen Einfluss auf wichtige Entwicklungsphasen eines Unternehmens hat, werden unterschiedliche Modelle zur Unternehmensentwicklung aufgeführt.

Kapitel 3 beschreibt aufbauend auf den in Kapitel 2 aufgeführten Theorien die Propositions für die Fallstudien. Anhand der drei Faktoren Rechtsform, Anteilseignerstruktur und Größe werden die Auswirkungen auf Leitung, Kontrolle und Organisationsstruktur eines Unternehmens beschrieben. Hinsichtlich des rechtlichen Rahmens werden die einzelnen Rechtsformen in Deutschland kurz detailliert und hinsichtlich ihrer Relevanz für die hier durchzuführende Untersuchung bewertet. Im Folgenden werden dann lediglich Unternehmen betrachtet, die als Kapitalgesellschaft organisiert sind oder in einem angemessenen Zeitraum nach der Gründung sich in eine Kapitalgesellschaft umgewandelt haben.

Kapitel 4 beschreibt zunächst die Methodik der empirischen Untersuchung und stellt die Durchführung von Fallstudien als Form der Theorie-bildenden Forschung dar. Hinsichtlich der Methodik ist festzuhalten, dass die Ergebnisse der empirischen Untersuchung auf analytischer Generalisierung und nicht auf statistischen Häufigkeiten basieren. Wenn Zahlen angegeben sind, dann dienen diese lediglich zur Orientierung und zum Verweis auf einzelne Tendenzen. Eine repräsentative Analyse kann von ihnen nicht erwartet werden. In Kapitel 4 wird weiterhin die Auswahl der Unternehmen beschrieben und die einzelnen Unternehmen werden kurz vorgestellt. Anhand der einzelnen Propositions werden im Rahmen eines konfirmatorischen Vorgehens die Ergebnisse der Fallstudien dargelegt.

Kapitel 5 fasst die Arbeit zusammen und bietet einen Überblick über die Implikationen dieser Arbeit für Theorie und Praxis. Zusätzlich wird auf weiteren Forschungsbedarf verwiesen.

2 Begriffliche und theoretische Grundlagen

Zentrales Anliegen der Arbeit ist die Erklärung der Veränderung von Leitungsstrukturen in Gründungs- und Wachstumsunternehmen im Zeitverlauf. Die Analyse teilt sich dabei auf in die Ausgestaltung der Kontrolle der Leitung durch die Anteilseigner und in die Veränderung der unternehmensinternen Organisationsstruktur. Der Schwerpunkt liegt dabei auf der Analyse der Ausgestaltung der Kontrolle durch die externen Eigenkapitalgeber. Das Problem ist hochrelevant, da die Eigenkapitalgeber dem Unternehmen Risikokapital zur Verfügung stellen und die Entscheidungsbefugnis bzgl. der Verwendung der Mittel an die Unternehmensleitung delegieren. Problematisch ist, dass die Eigenkapitalgeber die Handlungen der Leitung nicht beobachten können und daher geeignete Maßnahmen zur Absicherung ihrer Investition ergreifen müssen.

Im folgenden Kapitel sollen die begrifflichen Grundlagen der Arbeit erläutert und anhand der vorhandenen Literatur soll die Forschungsfrage beschrieben werden. Hierbei geht es zunächst um die Abgrenzung und Definition der verwendeten Begriffe. Die Arbeit wird am Anfang in den Kontext maßgeblicher betriebswirtschaftlicher Theorien eingebettet. Grundlage für die Propositionbildung der Arbeit ist die Principal-Agent-Theorie[49], denn „die Prinzipal-Agenten-Theorie bildet eine geeignete Grundlage für die Betrachtung von Problemen [...] und für die Ableitung von Lösungsmöglichkeiten“[50] im Rahmen der Beziehung zwischen Venture-Capital-Gesellschaften und Gründungs- und Wachstumsunternehmen. Zusätzlich verwendet Brettel die Principal-Agent-Theorie als Grundlage zur Erklärung der Beziehung von Business Angeln und Gründungs- und Wachstumsunternehmen.[51] Zunächst werden die Begriffe Corporate Governance, Leitungsstrukturen, Unternehmensleitung, Kontrolle, Organisationsstruktur sowie Gründungs- und Wachstumsunternehmen definiert.

Die Literaturrecherche basiert auf zwei wesentlichen Quellen: Zum einen wurden die lokalen Bibliotheksangebote sowie die Möglichkeiten der Fernleihe über die Digitale

[49] Vgl. zur Principal-Agent-Theorie: Alchian und Demsetz (1972), Eisenhardt (1989a), Fama (1980), Grossman und Hart (1983), Jensen und Meckling (1976), Jost (2001b), Ross (1973), Spremann (1987).

[50] Brettel, Thust et al. (2001), S. 30.

[51] Brettel (2004).

Bibliothek genutzt. Zum anderen wurde die Recherche relevanter Literatur über Datenbanken wie u.a. ABI Inform Global, EBSCO/EPNET, LexisNexis, ScienceDirect, die Springer Fachbücher sowie über den Direktzugang einzelner Publikationen wie bspw. ZfB-online abgewickelt.

2.1 Leitungsstrukturen

Im Folgenden sollen die Begriffe Leitungsstrukturen, Leitung, Kontrolle und Organisationsstruktur definiert werden. Dabei steht „Leitungsstrukturen" für die Gesamtheit der erklärten Strukturen. Leitung bezeichnet vor allem die von Geschäftsführung bzw. Vorstand zu verantwortenden Aufgabengebiete, also das Management des Unternehmens bzw. „die Durchführung der Tagesgeschäfte"[52]. Kontrolle ist die durch die Anteilseigner unmittelbar[53] oder mittelbar durch den Beirat/Aufsichtsrat durchgeführte Überprüfung, ob die Leitung des Unternehmens in der gewünschten Art und Weise erfolgt und die gesetzten Ziele erreicht werden. Kontrolle erfolgt dabei u.a. durch regelmäßige Beirats-/Aufsichtsratssitzungen und durch Berichte. Die Organisationsstruktur bezieht sich auf die Ausprägung der Aufbauorganisation innerhalb des Unternehmens mit der Geschäftsführung/dem Vorstand an der Spitze.

Zum besseren Verständnis der folgenden Ausführungen sind in Klammern die Bezugsnummern/Buchstaben aus Abbildung 4 eingefügt. Die Kontrolle kann entweder direkt durch die Gesellschafter (Gesellschafterversammlung, 1) oder mittels eines Beirates (2) durchgeführt werden. Bei der Aktiengesellschaft ist dies gesetzlich für die Hauptversammlung (1) und den Aufsichtsrat (2) vorgegeben und kann mittels Satzung im Rahmen der gesetzlichen Grenzen unternehmensspezifisch angepasst werden. Wenn die Gesellschafterversammlung (1) das Monitoring im Sinne der Principal-Agent-Theorie selbst vornimmt, ist die Unternehmensleitung (3) in der Rolle des Agenten und die Gesellschafterversammlung (1) ist der Principal. Sollte ein Beirat/Aufsichtsrat (2) installiert sein, dann kommt es zu einer doppelten Principal-Agenten-Beziehung, da nun zum einen die individuellen Aufsichtsräte Agenten des

[52] Albach und Albach (1989), S. 38. Hierzu sollte ergänzend noch der Begriff Führung abgegrenzt werden, denn häufig werden Führung und Leitung als synonyme Begriffe gebraucht. Führung stellt aber laut Albach und Albach mehr auf die Bestimmung der Unternehmenspolitik und die Einflussnahme auf die Personalentscheidungen ab.

[53] In einer GmbH ohne Beirat.

Principals Gesellschafterversammlung sind und zum anderen der Aufsichtsrat als Principal für die Unternehmensleitung (Agent) fungiert.

Ein separates Principal-Agent-Problem entsteht im Rahmen der Organisationsstruktur. Die Unternehmensleitung (3) gibt als Principal die Entscheidungsbefugnis oder die Aufgabenausführung in einer frühen Entwicklungsphase direkt an die Arbeitnehmer (6) weiter, die diese dann als Agent übernehmen. Nachdem in einem Gründungs- und Wachstumsunternehmen die zweite Führungsebene eingezogen worden ist, gibt es eine zusätzliche Abstufung und der neueingestellte Manager (4,5) wird Agent der Unternehmensleitung (3) und delegiert selbst als Principal (4,5) an die Arbeitnehmer (6, Agent). Je nach Unternehmensgröße können weitere Principal-Agent-Beziehungen auch unterhalb der Unternehmensleitung entstehen.[54]

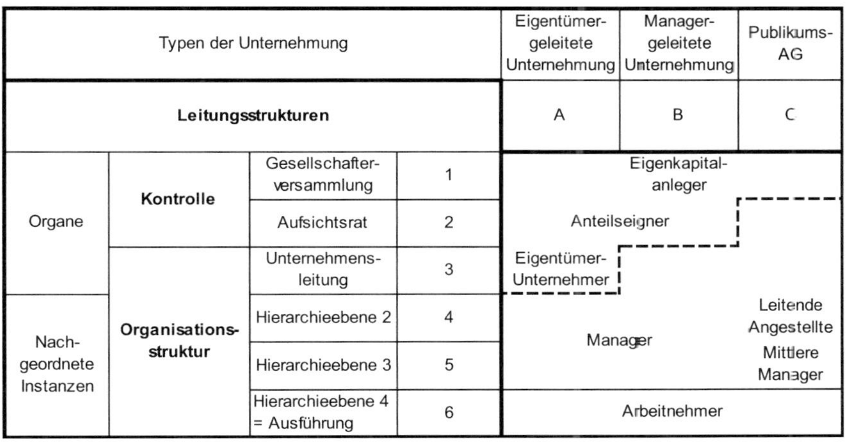

Abbildung 4: Manager und Anteilseigner für drei Unternehmenstypen, eigene Darstellung in Anlehnung an Chmielewicz[55]

[54] Beispiele wären dafür:
Manager (4/Principal bzw. 5/Principal) zu Arbeitnehmer (6/Agent)
Leitende Angestellte (4/Principal) zu Mittlere Manager (5/Agent)
Mittlere Manager (5/Principal) zu Arbeitnehmer (6/Agent)

[55] Chmielewicz (1993). Bei Chmielewicz ist zusätzlich noch als Unternehmenstyp die Konzerntochter abgebildet. Dort sind dann auch in der Gesellschafterversammlung Manager vertreten, da das Eigentum dem Konzern gehört. Dies könnte für Gründungs- und Wachstumsunternehmen nach einem Trade-Sale relevant werden.

Die gestrichelte Linie stellt die Abgrenzung von Managern und Anteilseignern dar. Bei der Eigentümer-geleiteten Unternehmung (A) wird die Unternehmensleitung (1) noch vom Eigentümer selbst übernommen. Dies ändert sich in der Manager-geleiteten Unternehmung (B), bei der auch die Unternehmensleitung von Managern übernommen wird. Bei Gründungs- und Wachstumsunternehmen ist dies der Fall, sobald die Gründer das Unternehmen verlassen und durch professionelle Manager ersetzt werden. Bei einer Publikums-AG wird dann meist auch die „Anteilseignerbank des Aufsichtsrats mit Top-Managern anderer Unternehmungen besetzt“[56]. Anzumerken ist für diese Entwicklungen, dass bewusst eine gestrichelte Linie gewählt wurde, da es durchaus sein kann,[57] dass Gründer beispielsweise auch noch den Börsengang als Vorstand und Anteilseigner begleiten.

Bei Gründungs- und Wachstumsunternehmen wird sich das „Koordinatensystem“ in Abbildung 4 nach und nach füllen. Beginnen die Gründer noch als Eigentümerunternehmer, werden nach und nach Principal-Agent-Beziehungen durch das Einstellen von Mitarbeitern und durch die Aufnahme von externem Eigenkapital entstehen.

Zunächst sollte aber an dieser Stelle noch die Abgrenzung zu vielfältigen Definitionen der „Corporate Governance“[58] erfolgen. Der Cadbury-Report verweist bei der Definition von Corporate Governance auf die Trennung von Leitung und Kontrolle: „Corporate Governance is the system by which companies are directed and controlled“[59]. In dieser praxisnahen Definition lässt sich der Unterschied zwischen Leitung und Kontrolle gut wiederfinden.

---

[56] Ibidem, S. 4410.

[57] Gerade bei Familienunternehmen ist dies der Fall.

[58] Zur Verdeutlichung der intensivierten Diskussion über das Thema Corporate Governance wurde exemplarisch für deutschsprachige Buchveröffentlichungen die Deutsche Nationalbibliothek nach diesem Schlagwort durchsucht und es konnte anhand dieser Suche ein stetiges Wachstum der Veröffentlichungen festgestellt werden. Dasselbe Vorgehen wurde für englischsprachige Zeitschriftenveröffentlichungen in EBSCO wiederholt. Die Ergebnisse sind in Abbildung 24 und Abbildung 25 im Anhang grafisch aufbereitet dargestellt. Den Ergebnissen ist klar zu entnehmen, dass das Thema Corporate Governance von 1995 bis 2007 stetig an Veröffentlichungen zugelegt hat und danach die Anzahl auf hohem Niveau annähernd gleichgeblieben ist. Interessant ist auch, dass die Wachstumsraten für die Anzahl der Veröffentlichungen in englischsprachigen Zeitschriften annähernd identisch mit der Wachstumsrate der deutschsprachigen Buchveröffentlichungen sind. Dies lässt darauf schließen, dass sowohl im deutschsprachigen Raum als auch in internationalen Zeitschriften das Thema kontinuierlich an Relevanz gewonnen hat.

[59] Cadbury (1992), 2.5.

Ruppen verwendet in seiner Untersuchung der Corporate Governance von Venture-Capital-finanzierten Unternehmen folgende Definition für Corporate Governance: „Corporate Governance ist das Verhältnis zwischen Verwaltungsrat, Management und Venture Capitalists (Aktionäre) im Rahmen der Führung und Überwachung des Unternehmens."[60] Er spricht vom Verwaltungsrat, da sich die Hauptüberlegungen auf Schweizer Unternehmen beziehen und daher die schweizerische Terminologie gebraucht wird. Hinsichtlich der Definition sollen in dieser Arbeit zusätzlich die Ausgestaltung der Leitung im Sinne Albachs untersucht werden und nicht nur die Kontrollaspekte.

Bezüglich der Definition des Begriffes Corporate Governance verweist Witt darauf, dass diese im Wesentlichen die „Organisation der Leitung und der Kontrolle eines Unternehmens beinhalte"[61]. Dies entspricht auch dem Verständnis in dieser Arbeit.

Zusätzlich soll hier aber auch der entstehende innerbetriebliche Aufbau des Unternehmens an sich, also beispielswiese die Einführung einer zweiten Führungsebene bzw. die Art der Aufbauorganisation, untersucht werden. Der Begriff Leitungsstrukturen wurde primär gewählt, da sowohl bei den Fragen die Corporate Governance betreffend (Leitung und Kontrolle) als auch bei Fragen der Organisationsstruktur die Leitung des Unternehmens (die Geschäftsführung/der Vorstand) eine zentrale Rolle einnimmt. Ziel der Arbeit ist sowohl die Untersuchung der Leitung von Gründungs- und Wachstumsunternehmen als auch das Entstehen der Kontrollmechanismen und -organe, durch die die Eigenkapitalgeber ihren Einfluss geltend machen können.

Die Geschäftsführung/der Vorstand kann dabei im Sinne der Principal-Agent-Theorie sowohl Principal als auch Agent sein. In Fragen der Corporate Governance sind die Anteilseigner der Principal und die Unternehmensleitung ist als Agent für das Management des Unternehmens zuständig. Im Bereich der innerbetrieblichen Organisation ist die Unternehmensleitung Principal und möchte sicherstellen, dass die Angestellten möglichst effizient an den vorgegebenen Aufgaben arbeiten.

[60] Ruppen (2002), S. 19.
[61] Witt (2003).

Aufgrund der verschiedenen Phasen der Entwicklung des Gründungs- und später dann Wachstumsunternehmens kann die gleiche Funktion, bspw. die Kontrolle der Geschäftsführung, durch unterschiedliche Organe des Unternehmens durchgeführt werden oder ohne Auseinanderfallen von Kapitaleigentum und Leitung in frühen Phasen schlicht nicht notwendig sein.

2.1.1 Leitung

Die Unternehmensleitung beinhaltet vor allem die Steuerung innerbetrieblicher Vorgänge und stellt auf die Entscheidungsfindung innerhalb des Managementteams ab.

Aghion und Bolton verweisen darauf, dass die Leitungsstruktur eines Unternehmens direkt mit der Eigentümerstruktur zusammenhängt. Ihr Ansatz, der fragt, ob der Investor oder der Gründer die Leitung erhalten sollte, zeigt für unterschiedliche Eigentümerstrukturen abweichende Stimmrechtsausübungsmöglichkeiten. Kernaussage ist, dass zunächst immer weiterhin der/die Gründer mit der Leitung betraut werden sollen. Sollte dies nicht zu den gewünschten Ergebnissen führen, dann soll die Leitung eingeschränkt und in Einzelfällen von der Zustimmung durch die Anteilseigner abhängig gemacht werden. Sollte dies auch nicht ausreichen, dann sollte die komplette Entscheidungsbefugnis über die Leitung an den Investor übergehen, der dann meist die Leitung ersetzen wird.[62]

Eine generelle Anmerkung sollte an dieser Stelle noch zum Wort Gründer[63] gemacht werden. In der anglo-amerikanischen Struktur nimmt der CEO meist eine Sonderrolle ein, die oftmals in Untersuchungen zur Leitung eines Unternehmens herangezogen wird und anhand derer überprüft wird, ob es sich noch um ein „founder-managed" oder ein „professionally-managed"[64] Unternehmen handelt.[65] In Deutschland ist dies in doppelter Hinsicht problematisch, da, erstens, bei einer Aktiengesellschaft für den Vorstand das Kollegialitätsprinzip gilt und es, zweitens, keine vergleichbar exponierte Stellung des Vorstandsvorsitzenden im Vergleich zum CEO gibt. Zusätzlich betrach-

[62] Aghion und Bolton (1992).
[63] Interessanterweise ist im Deutschen sogar Singular und Plural identisch, so dass bei der unbestimmten Verwendung wie hier nicht ersichtlich ist, ob es sich um einen, also „den Gründer" oder um mehrere, also „die Gründer" handelt.
[64] In der Literatur wird von Founder versus Professional Management gesprochen, wobei der Umkehrschluss naheliegen könnte, dass Founder Management nicht „professionell" sei.
[65] Vgl. Daily und Dalton (1992), Fiegener, Brown et al. (2000), He (2008) und Jain und Tabak (2008).

ten die Studien Team-Gründungen nur eingeschränkt, da beispielsweise weiterhin im Managementteam mehrere Gründer vertreten sein könnten, aber dort auch Fremdmanager sitzen. Für die hier zu betrachtende Forschungsfrage ist es vor allem wichtig, ob in der Leitung des Unternehmens Gründer, also Gesellschafter, vertreten sind und ob es dort ausschließlich Gründer oder eine Mischung mit Fremdgeschäftsführern gibt bzw. sogar ausschließlich Fremdgeschäftsführer.

2.1.2 Kontrolle

Die Ambivalenz des Begriffes „Kontrolle", die sich ebenfalls in der englischsprachigen Literatur findet,[66] ist darin begründet, dass zum einen direkter Einfluss ohne Abstimmung, das heißt im Sinne von „die Kontrolle über etwas haben", und zum anderen Überprüfung, das heißt das Vergewissern und Nachprüfen von Geschehenem, gemeint sind. Wichtig ist hierbei, dass es sich bei der ersten Bedeutung um aktive Gestaltungsmöglichkeiten handelt, wobei es sich beim zweiten Vorgang vor allem um das Nachprüfen von bereits Geschehenem durch Dritte handelt. Übersetzt auf den Kontext der Unternehmung bedeutet dies, dass die hier gemeinte Kontrolle dem „Monitoring" im Sinne der Principal-Agent-Theorie entspricht.

Durch verschiedene Instanzen oder Mechanismen kann eine Kontrolle der Leitung erfolgen: Beirat (freiwillig)/Aufsichtsrat (verpflichtend), Verteilung der Entscheidungs-kompetenzen, Gesellschafterversammlung (Hauptversammlung), Publizität, Entlohnung, Berichtswesen, Lageberichte und über einen informellen Informationsaustausch.

Zur Kontrolle zählen hier auch die Personalentscheidungen bzgl. der Besetzung der Geschäftsführung und das Berichtswesen an Eigenkapitalgeber. Da Kapitalgeber sich im Beteiligungsvertrag zahlreiche Rechte, insbesondere Informations-, Mitwirkungs- und Entscheidungsrechte, zusichern lassen, ist die Gremienbildung zur Kontrolle der Unternehmensleitung eine logische Konsequenz zur Ausübung dieser Rechte.

[66] Diese Ambivalenz findet bei Berle und Means (1932) dadurch Ausdruck, dass das Wort „control" teilweise mit Anführungszeichen geschrieben wird.

2.1.3 Organisationsstruktur

Hinsichtlich der Organisationsstruktur merkt Bhidé an, dass wenige Unternehmen von Beginn an auf die Ausgestaltung der Organisationsstruktur achten. Dies führt im Folgenden allerdings zu Beschränkungen im Wachstum der Unternehmen, da diese ohne notwendige Strukturen das Wachstum nicht bewältigen können. Die wachsende Firma kann diese Beschränkungen lediglich durch die Einführung von Vergütungssystemen, finanziellen Kontrollen und Organisationsstrukturen mit dem Ziel der Koordination der einzelnen Bestandteile des Unternehmens überwinden.[67]

Für Albach, Bock et al. gibt es drei Grundformen der Organisation, die sich im Zeitverlauf entwickeln und an die Größe der Organisation gebunden sind. Als ursprüngliche Organisationsform wird das Team genannt, bei dem jeder mit jedem kommuniziert. Mit wachsender Größe der Organisation ist dies nicht mehr darstellbar und es entstehen linienförmige Strukturen, die von einem Koordinator geleitet werden. Diese linienförmige Struktur dient meist funktionalen Zwecken und neigt mit zunehmender Größe zu Starrheit, daher folgt ihr die divisionale Organisation, bei der nach Objekten (also Produkten und Märkten) unterschieden wird und bei der den einzelnen Bereichen Ergebnisverantwortung zugeteilt wird. Dies führt auch zur Entstehung von Verrechnungspreisen bei internen Lieferungen und ahmt in gewisser Weise damit die Koordination über den Markt durch Preisbildung nach. Gerade bei wachsenden Unternehmen verändert sich die Anzahl der Mitarbeiter sehr schnell, so dass auch eine Änderung der Organisation folgen sollte. Diese Anpassung wird aber nur durchgeführt, wenn die Kosten der Anpassung geringer sind, als die Folgen des Verharrens. Hinsichtlich der Änderungen der Organisation wird zwischen einer multiplen und einer mutativen Änderung unterschieden. Bei der ersten werden lediglich Bereiche angefügt und bei der zweiten wird die Organisationsstruktur verändert.[68]

Ein wichtiger Schritt bei der Herausbildung der Organisationsstruktur ist die Einführung einer zweiten Führungsebene. Wichtig ist dabei vor allem, den geeigneten Zeitpunkt zu finden, so dass nicht erst eine Überlastungsreaktion des Managements verbunden mit einer Wachstumskrise eintritt. Denn damit müssten Veränderungen in der Leitung und damit auch Veränderungen in der Organisationsstruktur vorgenommen

[67] Bhidé (2000).
[68] Albach, Bock et al. (1985), S. 45-54.

werden. Kreikebaum formulierte dazu, dass bei zunehmender Betriebsgröße der Eigentümer zurückgedrängt und eine Erweiterung des Managementteams notwendig sei. Die entscheidenden Fragen sind dabei, welche Rolle der Gründer in diesem Entwicklungsprozess spielt und welche Veränderungen in der Art der Leitung Einfluss auf die Organisationsstruktur und die Ausgestaltung des formalen Planungssystems haben.[69]

In seiner Beschreibung der empirischen Organisationsforschung sagt Gutenberg: „Die Lektüre von Kostenvergleichen regt ebenso an wie die Kenntnisnahme von Organisationsstrukturen."[70] Diesen weist er teilweise großen Nutzen für die Praxis zu. Als Hauptdeterminanten der Ausgestaltung der Organisationsstruktur nennt er: „die Größe der Organisation, die Beschaffenheit der Umwelt, in der die Organisationen bestehen müssen, die Technologie, [...], die Stärke des Innovationsdrucks"[71]. Die Größe der Organisation ist hier der Hauptuntersuchungsgegenstand, da sich diese bei den schnell wachsenden Unternehmen stark ändert. Aufgrund der hier getroffenen Festlegung auf eine Branche (Internet- und Software-Unternehmen) sind die anderen von Gutenberg genannten Determinanten für alle untersuchten Unternehmen vergleichbar.

Zu berücksichtigen ist auch das entstehende Controlling der Unternehmen, denn dieses sollte bereits durchgeführt werden, bevor es eine organisatorische Ausprägung[72] gibt. Denn gerade die Orientierung auf bestimmte Kennzahlen bedingt die Entstehung einzelner Abteilungen.

Für die folgenden Ausführungen soll unter Organisationsstruktur vor allem die organisationale Ausprägung, also der schematische Aufbau der Organisation, betrachtet werden. Dies bezieht sich vor allem auf das innerbetriebliche Organigramm, also die Aufbauorganisation.

[69] Kreikebaum (1984), S. 654-656.
[70] Albach (1989), S. 175.
[71] Ibidem, S. 174.
[72] Rationalitätssicherung der Führung findet funktional bereits statt, bevor ein Unternehmen überhaupt den ersten Controller einstellt.

2.2 Theoretische Grundlage: Principal-Agent-Theorie

In diesem Abschnitt werden die Principal-Agent-Theorie[73] und ihre Erklärungsansätze als grundlegende Theorie zur Ableitung der Propositions dargestellt. Dabei wird zunächst die Principal-Agent-Theorie in den Kontext anderer Theorien eingeordnet und allgemein mit ihren Annahmen, Problemstellungen und Lösungsmechanismen vorgestellt. Anschließend werden die zwei für die Forschungsfrage relevanten Interessenkonflikte (Beziehung zwischen Anteilseigner und Unternehmensleitung sowie die Beziehung zwischen Unternehmensleitung und Mitarbeitern im Rahmen der Organisationsstruktur) dargelegt und die Lösungsmechanismen für den Kontext von Gründungs- und Wachstumsunternehmen bewertet.

2.2.1 Annahmen, Problemstellungen und Lösungsmechanismen

Die Grundannahme der Principal-Agent-Theorie ist der Individualnutzen maximierende Akteur, der Entscheidungen im Auftrag des Principals trifft, obwohl dessen Wille aufgrund der Unmöglichkeit, vollständige Verträge[74] zu schließen, nicht exakt definiert werden kann. Zusätzlich ist die Beziehung durch eine asymmetrische Informationsverteilung charakterisiert. Durch eine geeignete Anreizgestaltung und Kontrolle soll dennoch der Opportunismus des Agenten eingeschränkt und sein Handeln adäquat mit Anreizen gesteuert werden, denn letztendlich verbleibt das Risiko des Handelns des Agenten beim Principal.

Für die jeweilige Principal-Agent-Beziehung[75] wird die optimale Gestaltung des Vertrages gesucht. Problematisch ist dabei, dass die beiden Parteien nicht übereinstimmende Ziele haben, Wissen bei der Vertragsgestaltung asymmetrisch verteilt ist sowie Unsicherheit und Unbeobachtbarkeit für zukünftige Handlungen des Agenten bestehen. Die asymmetrische Informationsverteilung ist für den Principal insofern problematisch, da er den Agenten zwar auswählt, weil er einen gewissen Informationsvorsprung zur besseren Entscheidungsfindung oder Aufgabendurchführung hat,

[73] Vgl. zur Principal-Agent-Theorie: Alchian und Demsetz (1972), Eisenhardt (1989a), Fama (1980), Grossman und Hart (1983), Jensen und Meckling (1976), Jost (2001b), Ross (1973), Spremann (1987).

[74] Das Problem der unvollständigen Verträge führt dazu, dass nicht jedes Detail ex ante zu lösen ist oder dies nur zu prohibitiv hohen Kosten möglich ist.

[75] Für die folgende Darstellung vgl. Picot, Dietl et al. (2008), S. 72-142, Ebers und Gotsch (2006), S. 258-277 und Jost (2001a), S. 11-43.

aber auf der anderen Seite der Agent diesen zum Nachteil des Principals für seine eigenen Interessen ausnutzen kann.

Überblick zur Principal-Agent-Theorie	
Kernanliegen	In Principal-Agent-Beziehungen sollte es zu einer effizienten Bereitstellung von Informationen und einer adäquaten Übernahme der Risikokosten kommen.
Analyseeinheit	Vertrag zwischen Principal und Agent
Annahmen	Eigeninteresse, begrenzte Rationalität, Risikoaversion Zielkonflikt zwischen den Vertragspartnern Informationsasymmetrie zwischen Principal und Agent

Tabelle 1: Kernanliegen, Analyseeinheit und Annahmen der Principal-Agent-Theorie[76]

Die einzelnen Akteure sind gekennzeichnet durch mehrere Charakteristika: (1) Sie haben stabile und konsistente Präferenzen. (2) Das Ziel ist die Maximierung des individuellen Nutzens. (3) Dabei kann das Verhalten auch zur Schädigung anderer Akteure führen, d.h., opportunistisches Verhalten durch List und Betrug ist bewusst Bestandteil des Verhaltensrepertoires. (4) Die Nutzenfunktion beinhaltet nicht nur monetäre Anreize, sondern deckt ein breites Spektrum an Präferenzen (z.B. Freizeit, Prestige, Karriere) ab. (5) Die Beteiligten handeln zweckrational, d.h., die jeweils andere Partei geht auch von einem rationalen Verhalten der anderen Partei aus und kann dieses antizipieren, so dass es in Verträgen berücksichtigt werden kann. (6) Die Risikoneigung zwischen den Parteien kann abweichen, in den meisten Fällen wird für den Principal Risikoneutralität und den Agenten Risikoaversion angenommen.[77]

Informationsasymmetrie bedeutet zum einen, dass der Agent vor Vertragsschluss besser über seine Fähigkeiten (*Characteristics*) und seine Ziele (*Intention*) informiert

[76] In Anlehnung an Eisenhardt (1989a), S. 59.
[77] Vgl. Ebers und Gotsch (2006), S. 261.

ist und nach Vertragsschluss seinen Arbeitseinsatz selbst festlegen kann und der Principal diese nicht beobachten kann, denn er kann lediglich das Ergebnis feststellen. Das Ergebnis wird zwar durch einen hohen Arbeitseinsatz des Agenten wahrscheinlicher, aber es ist auch von Umwelteinflüssen abhängig, so dass selbst bei hohem Einsatz ein schlechtes Ergebnis und bei niedrigem Einsatz ein gutes Ergebnis eintreten kann. Den Arbeitseinsatz wählt der Agent entsprechend des Vertragsangebotes des Principals. Ist die Teilnahmebedingung[78] nicht erfüllt, wird er den Vertrag ausschlagen. Ein Erfüllen der Teilnahmebedingung reicht aber noch nicht aus, da der Agent auch den Vertrag akzeptieren, aber nur einen geringen Einsatz bringen könnte. Er wägt dabei Vor- (Karriere, Vergütung) und Nachteile (Arbeitsleid, Kosten) entsprechend der Nutzenfunktion genau ab und entscheidet danach.[79] Aufgrund der Unbeobachtbarkeit des Arbeitseinsatzes (*Action*) des Agenten durch den Principal kann dieser nur anhand des Ergebnisses Rückschlüsse auf den Arbeitseinsatz ziehen. Das Ergebnis ist aber, wie oben erwähnt, auch von Umwelteinflüssen abhängig. Zusätzlich erlangt der Agent aufgrund seiner Tätigkeit mehr Wissen (*Information*) als der Principal und kann dieses Wissen zu seinem Vorteil ausnutzen.[80]

Als Folge des Principal-Agent-Problems entstehen Agency Costs, diese setzen sich zusammen aus den Kontrollkosten des Principals, den Einschränkungen des Agenten[81] und den Residualkosten[82]. Im Modell von Jensen und Meckling hat der Agent diese Kosten zu tragen, da der Principal bei der Preisfindung seine Kontrollkosten und evtl. falsches Verhalten des Agenten bei der Preisfindung berücksichtigt und vom ansonsten angebotenen Preis abzieht.[83] Die Aussage bzgl. der Residualkosten ist allerdings nicht genau detailliert und recht ambivalent interpretierbar.[84] Agency

[78] Eine bestimmte Höhe der Entlohnung, die der Agent am freien Markt problemlos realisieren könnte.
[79] Dies ist auch als Vorteil zu sehen, da die Präferenzen feststehen und „nur“ der optimale Kontrakt gefunden werden muss.
[80] Picot, Dietl et al. (2008), S. 72-142.
[81] Hierbei kann es sich auch um die vorher investierten Signalisierungskosten handeln. Siehe dazu Ibidem, S. 142.
[82] Residualkosten sind die Differenz zwischen der nur bei vollständiger Information realisierbaren First-best-solution und der letztendlich vertraglich vereinbarten Lösung, die Agency Costs beinhaltet. Es handelt sich dabei also um einen Wohlfahrtsverlust, den der Prinzipal durch die Leistungserstellung des Agenten nicht realisieren kann.
[83] Jensen und Meckling (1976), S. 308.
[84] Spremann (1987), S. 22.

Costs können aber nur dann null sein, wenn die Interessen komplett angeglichen sind, d.h. in einer Situation, in der sich die Agency-Problematik gar nicht mehr stellt.[85]

Die oben aufgeführten Informationsasymmetrien haben im Principal-Agent-Kontext als wesentliche Folgen Adverse Selektion und Moralisches Risiko (*Moral Hazard*). Mögliche Lösungsansätze und die zeitliche Relation zum Vertragsabschluss sind in Tabelle 2 in einer Übersicht zusammengefasst.

Informations-asymmetrie	**Hidden Characteristics**	**Hidden Information**	**Hidden Action**
Folge	Adverse Selektion	Moralisches Risiko	Moralisches Risiko
Zeitpunkt im Bezug zum Vertrags-abschluss	Vor	Nach	Nach
Lösungsansatz	Screening (Prüfung), Signaling (Signale senden)	Contracting (Vertragsklauseln)	Monitoring (Kontrolle)

Tabelle 2: Klassifikation von asymmetrischen Informationsverteilungen und deren Folgen[86]

Die in Tabelle 2 vorgestellten Probleme sollen nun anhand ihrer Folgen und dem jeweiligen Lösungsansatz kurz allgemein vorgestellt werden. Die Adverse Selektion beschreibt die falsche Auswahl eines Agenten durch den Principal. Ein Beispiel wäre das Anbieten eines durchschnittlichen Preises für eine Dienstleistung. Für gute Dienstleister wäre der Preis zu niedrig und sie würden die Aufgabe dafür nicht übernehmen (Teilnahmebedingung nicht erfüllt, s.o.). Für schlechte Dienstleister, die normalerweise aufgrund ihrer schlechten Qualität nur einen geringeren Preispunkt durchsetzen könnten, wäre dieser Preis aber sehr attraktiv und der Principal würde

[85] Ross (1973), S. 138.
[86] In Anlehnung an Jost (2001a), S. 25.

somit genau die falschen Dienstleister anlocken.[87] Zur Vermeidung der Adversen Selektion gibt es zum einen die Möglichkeit, dass die Anbieter sich qualifizieren und dies dem Nachfrager auch mitteilen (*Signalling*), das könnte für die guten Dienstleister beispielswiese das Erlangen eines Gütesiegels bedeuten, durch dieses würde die Informationsasymmetrie beseitigt und der Nachfrager könnte gute Anbieter erkennen[88]. Zusätzlich kann der Principal selbst durch eine genaue Auswahl und Prüfung (*Screening*) die Wahl steuern, wichtig ist dabei, dass der Principal nach Signalen sucht, die möglichst nur gute Anbieter senden können und die für schlechte Anbieter besonders kostspielig zu erlangen sind. Screening bezeichnet dabei „alle Aktivitäten, durch die der Principal versucht, genauere Informationen über die für ihn relevanten Qualitätsmerkmale des Agenten"[89] zu erhalten. Die Lösungsmechanismen Screening und Signaling sollen vor allem die Qualitätsunsicherheit vor dem Vertragsschluss beheben. Da dennoch eine Unsicherheit verbleibt, sollte durch geeignete Vertragsklauseln (*Contracting*) ein Wohlverhalten des Agenten sichergestellt werden. Zusätzlich kann der Principal versuchen, durch zusätzliche (kostenträchtige) Beobachtungsmaßnahmen das Verhalten des Agenten zu beobachten (*Monitoring*). Beide Lösungsmechanismen dienen dazu, die Verhaltensunsicherheit zu reduzieren.

Nach der allgemeinen Erklärung der Principal-Agent-Theorie wird im Folgenden auf die beiden speziellen in dieser Arbeit betrachteten Interessenkonflikte eingegangen und Lösungsmöglichkeiten werden aufgezeigt.

2.2.2 Interessenkonflikte zwischen Anteilseignern und Unternehmensleitung

Wie oben gezeigt sind die Anwendungsmöglichkeiten der Principal-Agent-Theorie sehr vielfältig. Die hier beschriebene Problematik stellt eine Principal-Agent-Beziehung zwischen Eigenkapitalgeber (Principal) und Unternehmensleitung (Agent) als Folge der Trennung von Eigentum und Leitung der Unternehmung dar, dies ist

[87] Akerlof zeigt anhand des Gebrauchtwagenmarktes, dass das Zahlen von Durchschnittspreisen zum Marktversagen führen kann, da ein durchschnittlicher Preis über dem Wert von schlechten Gebrauchtwagen („Lemons") aber unter dem von guten Gebrauchtwagen liegt. Dies führt dazu, dass die Besitzer von guten Gebrauchtwagen ihre Gebrauchtwagen nicht mehr anbieten und sich vom Markt zurückziehen, was wiederum die Nachfrager beeinflusst, die dann ihre Preiserwartungen senken, was wiederum dazu führt, dass sich weitere Anbieter vom Markt zurückziehen, usw. Vgl. Akerlof (1970).
[88] Dies setzt natürlich voraus, dass auch nur gute Anbieter das Gütesiegel erlangen können.
[89] Picot, Dietl et al. (2008), S. 78.

auch der „wichtigste Anwendungsbereich“[90] für die Principal-Agent-Theorie. Bei einem Auseinanderfallen von Leitung und Kontrolle delegiert der Principal die Leitung des Unternehmens an die Geschäftsführung/den Vorstand des Unternehmens. „Die Organisation der Leitung und Kontrolle in einem Unternehmen mit dem Ziel des Interessenausgleichs zwischen den verschiedenen Anspruchsgruppen“[91] bezeichnet man als Corporate Governance.[92] Wichtig für die Relevanz von Corporate Governance ist, dass „Agency Problems are Present and Contracts are Incomplete”[93]. Das Kernproblem beschreibt Witt[94] folgendermaßen: Bei einer reinen Anteilseignerorientierung ist es das Ziel der Anteilseigner, die Manager des Unternehmens zu einem hohen Arbeitseinsatz zu motivieren, damit mit einer höheren Wahrscheinlichkeit eine Wertsteigerung (Gewinn, Steigerung des Anteilswertes) erwirkt wird. Eine Annahme ist dabei, dass der Arbeitseinsatz des Agenten zumindest die Wahrscheinlichkeit einer Wertsteigerung positiv beeinflusst. Der Principal kann allerdings das Verhalten und damit den vom Agenten gewählten Arbeitseinsatz nicht beobachten[95], somit läuft er Gefahr, dass der Agent eigene Ziele verfolgt und es zum „*Moral Hazard*“ kommt, dabei handelt es sich konkret um einen „lack of effort on the part of the agent“[96].

Bevor aber dieser Fall eintreten kann, muss für die hier zu untersuchenden Gründungs- und Wachstumsunternehmen zunächst eine Trennung von Leitung und Kapitaleigentum erfolgen, da bei der Gründung meist die Gründer als Eigentümerunternehmen starten.

Im Folgenden sollen mögliche Lösungen für den Interessenkonflikt zwischen Anteilseigner und Unternehmensleitung vorgestellt werden. Die Reihenfolge orientiert sich dabei an den oben vorgestellten Lösungsmechanismen und der zeitlichen Abfolge[97]. Die Dreiteilung entspricht der Einteilung von Kaplan und Strömberg.[98] Zusätzlich wird

[90] Ebers und Gotsch (2006), S. 266.
[91] Witt (2001a), S. 85.
[92] Vgl. dazu Kapitel 2.1.
[93] Hart (1995), S. 679.
[94] Vgl. Witt (2001a), S. 87, Witt (2001b), S. 75 und Witt (2003), S. 18-19.
[95] In einer Welt ohne Informationsasymmetrien könnte er ihm dann auch genau vorschreiben, was er tun sollte und dann die Aufgabenerfüllung genau nachhalten.
[96] Eisenhardt (1989a), S. 61.
[97] Vor Vertragsschluss: Signaling und Screening; der Vertrag selbst und die Kontrollmechanismen nach Vertragsschluss.
[98] Kaplan und Strömberg (2003b).

vor allem der Bereich Monitoring detailliert vorgestellt, da er am nächsten an der Forschungsfrage ist.

2.2.2.1 Beteiligungswürdigkeitsprüfung (Signalling und Screening)

Zur Vermeidung der Adversen Selektion führen rationale Eigenkapitalgeber eine intensive Beteiligungswürdigkeitsprüfung vor der Beteiligung durch, dabei werden das Geschäftsmodell, das Team und das Unternehmen eingehend geprüft. Grundlage ist dafür zunächst der Business Plan des Unternehmens.[99]

Da die Gründer daran interessiert sind, eine Finanzierung zu erhalten, aber durch ihre Position im Unternehmen einen Wissensvorsprung gegenüber dem potentiellen externen Eigenkapitalgeber haben, haben sie einen Anreiz, bestimmte Informationen nicht zu erwähnen und im Rahmen der Beteiligungswürdigkeitsprüfung nur positive Signale zu senden und negative Informationen zurückzuhalten. Der Eigenkapitalgeber (Principal) hat aber ein Interesse, gerade diese Informationsasymmetrie zu beseitigen und eine möglichst realitätsnahe Einschätzung der Situation des Unternehmens zu erhalten. Ein positives Signal könnte dabei das persönliche Investment der Gründungsteammitglieder sein. Ein externer Eigenkapitalgeber könnte von der Tatsache, dass der Gründer selbst an die Geschäftsidee und deren Wertsteigerungspotential glaubt und dies durch das persönliche Investment auch glaubhaft signalisiert, darauf schließen, dass dies ein glaubwürdiges Signal seitens des Gründers ist und damit das Unternehmen langfristig erfolgreich sein wird. Eine empirische Überprüfung dieser Hypothese anhand von 183 Venture Capital-finanzierten Unternehmen in den USA durch Busenitz, Fiet et al. konnte für diese Signaling-Wirkung aber keinen empirischen Nachweis finden.[100] Stärker wirken da Signale wie bereits erfolgreich gegründete Unternehmen.[101]

Typischerweise erfolgt die Prüfung von potentiellen Portfoliounternehmen bei Venture-Capital-Gesellschaften und Business Angeln in zwei Phasen. Zunächst wird kurz

---

[99] Vgl. Brettel (2001b), Brettel, Thust et al. (2001) und Reißig-Thust (2003).
[100] Vgl. Busenitz, Fiet et al. (2005).
[101] Vgl. Merz (2008). Hier konnte gezeigt werden, dass die Ressourcen-Ausstattung eines Gründungsunternehmens einen positiven Einfluss auf den Gründungserfolg hat und dass unternehmerische Erfahrung die Managementkompetenz verbessert.

der Business Plan[102] angesehen und anschließend werden interessante Unternehmen genauer geprüft. Dazu führen Eigenkapitalgeber weitreichende Aktivitäten durch, die Gespräche mit den Gründern, anderen Investoren, Branchenexperten, (potentiellen) Kunden und auch Mitarbeitern des Unternehmens beinhalten.[103] Zur Vermeidung der Adversen Selektion ist somit intensives Screening[104] ein wirksames Mittel.

2.2.2.2 Vertragsbestandteile (Contracting)

Durch Anreizgestaltung (Beteiligung des Agenten am Ergebnis) wird die Interessendivergenz zwischen Principal und Agent versucht zu beseitigen, denn wenn der Vertrag[105] zwischen Principal und Agent sich am Ergebnis orientiert, ist der Agent „more likely to behave in the interests of the principal“[106].

Venture-Capital-Gesellschaften und Business Angel werden ihre Investments durch umfangreiche Vertragsklauseln schützen.[107] Insbesondere das Sicherstellen des Arbeitseinsatzes und das Treffen Unternehmenswert-maximierender Entscheidungen und eine Einschränkung der „consumption on the job“ sind dabei die Ziele der Eigenkapitalgeber.

Eine Möglichkeit der Anreizgestaltung durch Eigenkapitalgeber und ein häufig praktiziertes Modell ist dabei das sogenannte „Staging“ von Investitionen. Dabei wird ein zugesagter Kapitalbetrag nicht in einer Summe (*lump sum payment*) ausgeschüttet, sondern die Ausschüttung weiterer Tranchen an das Erreichen von Bedingungen geknüpft.[108]

---

[102] Hall und Hofer (1993) konnten zeigen , dass Venture-Capital-Gesellschaften sogar nur sechs Minuten für die Eingangsprüfung verwenden.

[103] Für Venture-Capital-Gesellschaften vgl. Reißig-Thust (2003), bzgl. Business Angel siehe Brettel (2004).

[104] Einzelne Bestandteile im Laufe des Screening-Prozesses können aber auch Adverse Selektion erst hervorrufen. So ist beispielsweise die Nutzung einer Ausschließlichkeitsvereinbarung eher kontraproduktiv, da diese gute Unternehmen (die tendenzielle mehrere Finanzierungsmöglichkeiten haben müssten) abschreckt, wobei schlechte Unternehmen sich dieser gerne unterwerfen.

[105] Zu unterschiedlichen Klassifizierungen von Vertragsformen (klassisch, neoklassisch, relational) siehe Picot, Dietl et al. (2008), S. 16.

[106] Eisenhardt (1989a), S. 60.

[107] Zur Frage, wann vertragliche Schutzrechte im Verhältnis von Managern und Venture-Capital-Gesellschaften eingesetzt werden, siehe Barney, Busenitz et al. (1994).

[108] Vgl. Brachtendorf und Witt (2004) und Brachtendorf (2004).

Folgende in Tabelle 3 dargestellten Vertragselemente sind typischerweise Bestandteil von Beteiligungsverträgen zwischen Gründungs- und Wachstumsunternehmen auf der einen sowie Venture-Capital-Gesellschaften und Business Angeln auf der anderen Seite.

Inwiefern bestimmte vertragliche Regelungen im finalen Beteiligungsvertrag zum Einsatz kommen, hängt von der Beteiligungsverhandlung und den Informationsasymmetrien ab. Die Verbreitung einzelner Klauseln in Verträgen von Venture-Capital-Gesellschaften in Deutschland findet sich bei Reißig-Thust[109]. Für Business Angel findet sich eine ähnliche, auch auf einer empirischen Erhebung beruhende Übersicht bei Brettel[110]. Grundsätzlich sind Venture-Capital-Gesellschaften, aber auch Business Angel, erfahrener in diesen Verhandlungssituationen als Gründer, da diese häufiger von ihnen durchgeführt werden. Zusätzlich wird auch meist der Vertragsvorschlag vom Eigenkapitalgeber kommen, was dazu führt, dass dieser zunächst versuchen wird, mehr für ihn vorteilhafte Schutzklauseln in den Vertrag zu integrieren.

Einzelne Vertragsbestandteile verstärken ihre Wirkung auch durch Komplementarität. So hat beispielsweise ein Gründer, der eine Wettbewerbsklausel akzeptiert hat und zusätzlich noch eine Vesting-Klausel[111] aktiv ist, nur sehr geringe Anreize aus dem Unternehmen auszuscheiden, da er einen verminderten Wert für seine Anteile akzeptieren müsste und ggf. auch nicht bei Wettbewerbern in der gleichen Branche aktiv werden könnte bzw. ein ähnliches Unternehmen gründen könnte.

Typischerweise ist die Ausübung oben genannter Vertragsbestandteile an die Entwicklung des Unternehmens gebunden, denn „if the company performs poorly, VCs obtain full control. As company performance improves, the entrepreneur retains/obtains more control rights."[112] Besonders wichtig im Hinblick auf die Ausgestaltung der Leitungsstrukturen sind auch die Informations- und Kontrollrechte, diese werden separat in Kapitel 2.2.2.3 besprochen.

[109] Reißig-Thust (2003), S. 190-191.
[110] Brettel (2004), S. 249.
[111] Vesting bedeutet, dass es eine Übergangsperiode gibt, in der durch den Gründer nicht alle Anteile verkauft werden können oder nur zu einem sehr niedrigen, vorher festgelegten Preis.
[112] Kaplan und Strömberg (2003b), S. 23.

Board Control	Übernahme der Mehrheit durch den Eigenkapitalgeber unter bestimmten Bedingungen[113].
Informations- und Kontrollrechte	Typischerweise lassen sich Eigenkapitalgeber eine Reihe von Kontroll- und Informationsrechten zusichern. Details dazu finden sich in Kapitel 2.2.2.3.
Liquidationspräferenz	Hierbei wird eine vorrangige Beteiligung am Liquidationserlös an den Eigenkapitalgeber übertragen.
Managementwechsel	Hiermit wird die Austauschmöglichkeit einzelner Personen im Managementteam dem Eigenkapitalgeber zugestanden.
Mindestanstellung	Die Gründer verpflichten sich für eine Mindestzeit im Unternehmen zu verbleiben und ihre volle Arbeitskraft dem Unternehmen zur Verfügung zu stellen.
Mindesthalteverpflichtungen	Dies ist insbesondere nach einem IPO relevant und bezieht sich darauf, dass die Betroffenen (Eigenkapitalgeber und Gründer) nach dem Börsengang ihre Aktien nicht direkt verkaufen dürfen, sondern eine Mindesthaltedauer einhalten müssen.
Mitverkaufspflichten	Wenn die Eigenkapitalgeber ihre Anteile verkaufen, können sie die Gründer verpflichten, ebenfalls zu verkaufen (Drag along).
Ratchets	Bei diesen Vertragsklauseln können Eigenkapitalanteile zu Vorzugskonditionen beim Nicht-Eintreten bzw. Eintreten bestimmter Voraussetzungen/Meilensteine bezogen werden.
Verwässerungsschutz	Diese Klausel erlaubt es dem Eigenkapitalgeber, seinen Anteil in zukünftigen Finanzierungsrunden konstant zu halten, auch wenn andere Investoren beteiligt werden.
Vetorechte	Dazu gehört die Möglichkeit, Entscheidungen zu blockieren, obwohl der Anteil nicht dafür ausreicht.[114]
Wettbewerbsklauseln	Damit verpflichtet sich der Gründer, während und teilweise auch nach der Zeit im Unternehmen nicht für Wettbewerber aktiv zu werden.

Tabelle 3: Vertragliche Regelungen in Beteiligungsverträgen[115]

[113] Bspw. kein Erreichen vereinbarter Meilensteine oder Liquiditätsprobleme.

[114] Typische Vetorechte beinhalten: Verkauf des Unternehmens, Akquisitionen anderer Unternehmen, die Einstellung neuer Mitarbeiter mit einem Gehalt über einem bestimmten Schwellenwert oder Investitionen.

[115] Vgl. Brettel, Thust et al. (2001), Cumming (2002), Hellmann (1998), Kaplan und Strömberg (2003a), Kaplan und Strömberg (2004), Reißig-Thust (2003), Thust, Brettel et al. (2004).

Besondere Bedeutung haben auch Vetorechte, da diese den Venture-Capital-Gesellschaften die Möglichkeit geben, beispielsweise die Einstellung neuer Mitarbeiter über einer festgelegten Gehaltsgrenze zu blockieren. Ein starkes Druckmittel stellt die Möglichkeit dar, das Management auszutauschen. Die vertragliche Möglichkeit an sich hat dabei großen Einfluss auf die Besetzung der Leitung. Es ist aber auch möglich, dass bereits die Existenz dieser Klausel zur Disziplinierung der Gründer führt, so dass diese sich vertragskonform verhalten. Insbesondere das Recht, den CEO zu ersetzen, kann ein sehr starkes zur Disziplinierung des Managements sein, da gerade dies die Entscheidungsfreiheiten der Gründer zusätzlich einschränken würde. Dafür ist allerdings auch eine Mehrheit in der Gesellschafterversammlung bzw. im Aufsichtsrat notwendig.

Da sich Venture-Capital-Gesellschaften typischerweise auch ihre Vertretung im Aufsichtsrat bzw. Beirat sichern, die teilweise auch über den ihnen prozentual gemäß ihres Anteilsbesitzes zustehenden Mandaten liegen kann, haben sie durch Beteiligungsvertragsbestandteile nicht nur Einfluss auf die Errichtung eines Beirats/Aufsichtsrats, falls es diesen noch nicht gibt, sondern auch auf die Besetzung. Eine Folge der Beteiligung kann daher sein, dass ein Beirat mit Vertretern der Venture-Capital-Gesellschaft eingerichtet wird und dieser Beirat mit speziellen Kompetenzen versehen wird.

2.2.2.3 Kontrollmechanismen (Monitoring)

Die im Folgenden vorgestellten Kontrollmechanismen entsprechen den von Witt für den Interessenkonflikt zwischen Anteilseigner und Managern herausgearbeiteten Kontrollmechanismen.[116] Anzumerken ist hierbei, dass Witt diese Kriterien für Unternehmen in der Rechtsform der Aktiengesellschaft aufgestellt hat. Bei jeder einzelnen Kategorie werden direkt die Bezüge zur hier behandelten Forschungsfrage bei Gründungs- und Wachstumsunternehmen hergestellt.[117]

Kontrolle durch Stimmrechtsausübung

Voraussetzung für eine effiziente Kontrolle ist, dass sich auf der Anteilseignerversammlung eine Mehrheit der Anteilseigner findet, die es vermag, die Manager

[116] Witt (2003), S. 18-34.

adäquat zu kontrollieren und ihr Stimmrecht dementsprechend auszuüben. Hinsichtlich der Kontrolle ist es rational für jeden einzelnen, sich nicht aktiv in der Kontrolle der Unternehmensleitung zu engagieren, für die gesamte Gruppe der Anteilseigner hat eine Kontrolle der Unternehmensleitung aber positive Effekte. Zusätzlich steigt das eigene Interesse an einer Kontrolle der Unternehmensleitung –allerdings, „je mehr Anteile ein Aktionär besitzt“[118].

Übertragen auf Gründungs- und Wachstumsunternehmen bleibt zunächst festzuhalten, dass die Anteilseigner selbst in der Phase des Wachstums und vor dem Börsengang noch nicht sehr breit gestreut sind und Venture-Capital-Gesellschaften aufgrund ihres hohen Anteils ein genuines Interesse an einer Kontrolle der Unternehmensleitung haben. Durch die wiederkehrenden Aufgaben in den unterschiedlichen Portfoliounternehmen können Venture-Capital-Gesellschaften, wie große institutionelle Investoren bei börsennotierten Publikumsgesellschaften auch, Skaleneffekte realisieren. Umgekehrt könnte es für Anteilseigner mit kleinen Anteilen (bspw. Business Angeln) rational sein, ihre Kontrollaktivitäten zu reduzieren und die Kontrollaktivität den Venture-Capital-Gesellschaften zu überlassen. Da Business Angel aber meist einen signifikanten Anteil ihres Vermögens in den Portfoliounternehmen investiert haben und sie meist auch Interesse an der Entwicklung des Unternehmens haben, werden sie nicht nur aktiv die Unternehmensleitung kontrollieren, sondern sogar weitergehende Unterstützungsleistungen anbieten.[119]

Kontrolle der Manager durch feindliche Übernahmen

Wenn Anteilseigner mit Entscheidungen der Unternehmensleitung unzufrieden sind, können sie ihre Anteile an der Börse verkaufen und der Wert des Unternehmens sinkt, was dazu führt, dass es für potentielle Akquisitoren attraktiver wird. Der Marktmechanismus führt daher zur Disziplinierung des Managements.[120] „Ein funktionsfähiger Markt senkt die Agency Costs zwischen den Anteilseignern und der Unterneh-

[117] Bei den Kontrollmechanismen ist bei Witt zusätzlich noch die anreizverträgliche Entlohnung der Manager enthalten. Diese ist hier bereits unter 2.2.2.2 behandelt worden.
[118] Nötzli Breinlinger (2007), S. 33.
[119] Vgl. Brettel (2004).
[120] Vgl. Fama (1980), Fama und Jensen (1983a) sowie Fama und Jensen (1983b).

mensleitung."[121] Das Moral Hazard-Risiko wird bereits aufgrund der Androhung einer feindlichen Übernahme nicht komplett ausgenutzt.

Bei Gründungs- und Wachstumsunternehmen ist die Fungibilität der Anteile recht eingeschränkt, da diese nicht an der Börse notiert sind. Zusätzlich sind auch die Gründer weiterhin am Unternehmen beteiligt, so dass ihre Zustimmung für eine komplette Übernahme benötigt wird.[122] Venture-Capital-Gesellschaften antizipieren aber dieses potentielle Blockadeverhalten der Gründer und lassen sich im Beteiligungsvertrag Mitverkaufsrechte[123] und -pflichten[124] zusichern, denn nur so kann eine Verkaufsdrohung wirksam umgesetzt werden, da dann nämlich auch die Anteile der Gründer betroffen sind.[125]

Kontrolle der Manager durch laufende Auszahlungsverpflichtungen

Kredite sind mit laufenden Tilgungs- und Zinsverpflichtungen verbunden. Die laufenden Auszahlungsverpflichtungen führen dadurch zu einer Disziplinierung des Managements. Zusätzlich ist Kreditwürdigkeit ein positives Signal für andere Investoren.[126] Da für die meisten Gründungs- und Wachstumsunternehmen die Möglichkeit der Fremdfinanzierung aufgrund fehlender Sicherheiten und einer nicht-existenten Kredithistorie nicht vorhanden ist, ist dieser Punkt für Gründungs- und Wachstumsunternehmen von nachgeordneter Bedeutung.

Kontrolle der Manager durch Wettbewerb auf Produktmärkten

„Je schärfer der Wettbewerb auf den Produktmärkten, desto stärker ist der Effizienzdruck innerhalb des Unternehmens."[127] Dieser Druck führt dann dazu, dass die Manager weniger Spielraum für opportunistisches Verhalten haben. Wenn es einen voll-

[121] Witt (2003), S. 24.
[122] In späteren Phasen kann es durchaus sein, dass sich die Anteile der Gründer so stark verwässert haben, dass sie auch keine Sperrminorität mehr erreichen.
[123] Venture-Capital-Gesellschaften dürfen auch verkaufen, wenn der Gründer verkauft (*Tag Along*).
[124] Gründer müssen ihre Anteile ebenfalls verkaufen, wenn die Venture-Capital-Gesellschaft verkaufen möchte (*Drag Along*).
[125] Vgl. Thust, Brettel et al. (2004), S. 644.
[126] Witt (2003), S. 25-26.
[127] Ibidem, S. 26.

kommenen Wettbewerb gibt, dann dürfte es in der Theorie auch keine Agency Costs geben, da dann die Produkte zum Grenzkostenpreis angeboten würden.[128]

Bei komplett neuen Geschäftsideen kann es durchaus sein, dass das neu gegründete Unternehmen sich auch erst seinen Markt schaffen muss, da es etwas radikal Neues anbietet, was es in der bisherigen Form nicht gibt. Dadurch gibt es zwar keinen Wettbewerb durch direkte Konkurrenten, aber die Abnehmer des Produktes bzw. der Dienstleistung müssen von der Vorteilhaftigkeit überzeugt werden, ansonsten wird auch der gewünschte Markt nicht entstehen, so dass diese Situation zu einer vergleichbaren Situation führen kann, obwohl (zunächst) kein direkter Wettbewerber vorhanden ist. Sollte sich der Markt aber dann als attraktiv erweisen, wird er auch Wettbewerber anziehen.

Kontrolle der Manager durch Wettbewerb auf Managermärkten

Wenn der oben angesprochene Marktmechanismus Auswirkungen wie einen fallenden Aktienkurs hat, dann hat dies durch den „Reputationsverlust des Managements“[129] auch negative Folgen für die Attraktivität des Managers auf dem Managermarkt. Voraussetzung dafür aber ist, dass der Managermarkt auch effizient funktioniert. Während dies in den USA der Fall ist, kann es in kleineren Ländern wie Deutschland aufgrund der geringeren Anzahl an Unternehmen und einer geringeren Mobilität der Arbeitnehmer nicht immer als gegeben angenommen werden.[130] Nur erfolgreiche Manager können höhere Gehälter bei der Vertragsverhandlung mit einem neuen Arbeitgeber durchsetzen, aber der Principal wird sich an den Erfolgen orientieren, die der Manager „an seinen bisherigen Wirkungsstätten vorzuweisen hat“[131].

Auch wenn man argumentieren könnte, dass Gründer gerade kein Angestelltenverhältnis suchen werden, so hat ihre in einem Unternehmen erbrachte Leistung auch einen Einfluss auf ihre zukünftige Karriere, denn erfolgreichen Gründern wird es leichter fallen, für neue Gründungsideen eine Eigenkapitalfinanzierung zu erhalten, als dies bei nicht erfolgreichen Gründern der Fall ist. Dieser Reputationsaufbau führt

[128] Hart (1983).
[129] Ebers und Gotsch (2006), S. 270.
[130] Vgl. Witt (2003), S. 27-28.

damit auch zu einer Disziplinierung der Gründer in der Unternehmensleitung. Für Fremdmanager gilt die o.g. Argumentation, denn ihr Verhalten wird durch den Managermarkt kontrolliert. Für beide Gruppen gilt aber auch, dass das Management eines Gründungsunternehmens, selbst bei Scheitern des Unternehmens, sich der Bewerber durch den „gewonnenen `Track Record´ von anderen Bewerbern bei besonders attraktiven potentiellen Arbeitgebern“[132] abheben kann. Dies hat zur Folge, dass auch ohne Arbeitseinsatz die „Station Gründungsunternehmen“ für Gründer einen positiven Einfluss auf die Karriere hat, ohne die gewünschte Kontrollwirkung zu erreichen.

Kontrolle der Manager durch Publizität

Hinsichtlich der strategischen Ausrichtung des Unternehmens besteht eine Informationsasymmetrie zwischen Unternehmensleitung und Anteilseignern. Publizitätspflichten führen dazu, diese Asymmetrien zu verringern. Unternehmen können dieses Mittel aber auch nutzen, um Druck auf Wettbewerber auszuüben, indem sie mehr Informationen zur Verfügung stellen. Dadurch entsteht auch für die Wettbewerber die Notwendigkeit, nachzuziehen und eine vergleichbare Transparenz zu bieten.[133]

Durch die vorgeschriebene Veröffentlichung des Jahresabschlusses von Kapitalgesellschaften findet auch eine Kontrolle auf diesem Wege für Gründungs- und Wachstumsunternehmen statt, deren disziplinierende Wirkung auf die Unternehmensleitung ist aber eher gering.[134]

Anteilseigner von Gründungs- und Wachstumsunternehmen haben sich aber vertraglich meist detailliertere Berichte über den Fortschritt des Gründungsunternehmens zusichern lassen. Hinsichtlich der Informationsüberprüfung seitens der Venture-Capital-Gesellschaft (des Principals) gibt es zwei Effekte für den Principal: „On the one hand, additional information contributes positively to contracting [...]. On the other hand, the principal must bear the costs when controlling the agent."[135] Aus diesem Grund wird der Principal abwägen, welche Informationen er anfordert und welche

[131] Witt (2001b), S. 78.
[132] Brettel, Thust et al. (2001), S. 8.
[133] Vgl. Witt (2003) S. 28-30.
[134] § 325 Abs. 1 HGB und § 9 PublG.
[135] Jost (1988), S. 42.

ihm vor allem die richtige Indikation über das Verhalten des Agenten geben. Theoretische Grundlage ist, dass bei der „agency theory, information is regarded as a commodity: It has a cost, and it can be purchased.“[136] Das Reporting erfolgt teilweise sogar wöchentlich, meist aber monatlich bzw. vierteljährlich.[137] Unter Umständen haben aber sogar die Anteilseigner ein Interesse, die Informationen selbst zu erhalten, diese aber nicht der allgemeinen Öffentlichkeit zugänglich zu machen. Insbesondere für Gründungs- und Wachstumsunternehmen ist dies hochrelevant und zeigte sich auch in der empirischen Erhebung[138]. Zusammenfassend heißt dies „organizations can invest in information systems in order to control agent opportunism.“[139]

Kontrolle der Manager durch Haftungsregelungen

Agency Costs lassen sich auch durch wirksame Haftungsregelungen reduzieren. Wenn Manager für ihr Fehlverhalten haftbar gemacht werden können, haben sie bei einem hohen Strafmaß selbst bei einer geringen Aufdeckungswahrscheinlichkeit einen Anreiz, sich vertrags- und gesetzeskonform zu verhalten. Problematisch ist allerdings hierbei, dass Haftungsregelungen gerichtlich schwer durchsetzbar sind, da die Beweisführung sehr schwierig ist.[140]

Dieser Punkt hat auch eine disziplinierende Wirkung auf Gründungs- und Wachstumsunternehmen: Da diese meist mit einer sehr geringen Kapitalausstattung starten und die Geschäftsführer bzw. Vorstände sich nicht der Insolvenzverschleppung schuldig machen möchten, haben sie einen Anreiz, die Liquiditätssituation des Unternehmens auch selbst permanent zu überwachen. Nun kann es natürlich nicht das Ziel eines Eigenkapitalgebers sein, dass das Portfoliounternehmen Insolvenz anmelden muss, aber eine knappe Kapitalausstattung hat dabei durchaus eine sehr disziplinierende Wirkung auf das Management und verbessert bei folgenden Finanzierungsrunden die Verhandlungsposition der Eigenkapitalgeber. Hierbei kommt die disziplinierende Wirkung aber stärker durch die knappe Kapitalausstattung als durch

[136] Eisenhardt (1989a), S. 64.
[137] Thust, Brettel et al. (2004).
[138] So wurden beispielsweise die Umsatzzahlen in Größenklassen abgefragt, um möglichen Reaktanzeffekten auf Seiten der Unternehmen entgegenzuwirken, da der Umsatz bereits eine wichtige Information für einen Wettbewerber sein kann.
[139] Eisenhardt (1989a), S. 64.
[140] Witt (2003), S. 29-30.

die Haftungsregelung. Die Haftungsregelung führt aber zu einer strafrechtlich relevanten Sanktionierung von Fehlverhalten.

Kontrolle der Manager durch Aufsichtsgremien

Als organisatorischen Ansatz mit dem Ziel der Disziplinierung des Managements gilt die Etablierung „eines Kontrollorgans in der Führungsspitze der Unternehmung“[141]. In den USA entspricht dies dem Board, in dem inside[142] und outside directors[143] vertreten sind. Die deutsche Entsprechung ist der Aufsichtsrat. Zum Board hält Fama fest, das es „a market-based institution, the ultimate internal monitor of the set of contracts called a firm, whose most important role is to scrutinize the highest decision makers within the firm”[144]. Dies zeigt klar auf, wie wichtig die Rolle des Aufsichtsrates bei der Kontrolle der Unternehmensleitung ist – Grundei und Talaulicar gehen sogar soweit, dass „die Vernachlässigung der Überwachungsfunktion des Aufsichtsrats mit Qualitätseinbußen der Unternehmensleitung und einer ungewollten Verfestigung der Governance-Ausprägung einhergehen“[145] können. Insbesondere die Etablierung von Praktiken am Beginn des Lebenszyklus‘ des Unternehmens kann daher für die spätere Etablierung eines unabhängigen Aufsichtsrates problematisch sein.

“One particularly relevant information system for monitoring executive behaviors is the board of directors. From an agency perspective, boards can be used as monitoring devices.”[146] Die Rolle der Kontrolle kann durch das Board (den Beirat/Aufsichtsrat) dann besonders gut durchgeführt werden, umso besser informiert die Mitglieder sind. Dies ist auch der Hauptgrund, warum sich Venture-Capital-Gesellschaft und Business Angel zumeist umfangreiche Informationsrechte zusichern lassen und zusätzlich auch im Beirat/Aufsichtsrat vertreten sind. Als operative Kenngrößen schlägt Eisenhart „frequency of board meetings, number of board subcommittees, number of board members with long tenure, number of board members

[141] Ebers und Gotsch (2006), S. 268.
[142] Vergleichbar den deutschen Vorständen eines Unternehmens.
[143] Meist Manager anderer Unternehmen oder Vertreter großer Anteilseigner, vergleichbar der Kapitalseite in deutschen Aufsichtsräten.
[144] Fama (1980), S. 294.
[145] Grundei und Talaulicar (2003), S. 197.
[146] Eisenhardt (1989a), S. 65.

with managerial and industry experience, and number of board members representing specific ownership groups"[147] vor.

2.2.3 Interessenkonflikte zwischen Unternehmensleitung und Mitarbeitern

Die Principal-Agent-Theorie kann auch auf andere Bereiche, die über die Beziehung Anteilseigner zu Unternehmensleitung hinausgehen, angewendet werden. Ein Beispiel ist dafür die Beziehung von Unternehmensleitung zu den Mitarbeitern eines Unternehmens. Auch hier gibt es einen Auftraggeber, die Unternehmensleitung, und einen Auftragnehmer, die Mitarbeiter. Das im Folgenden beschriebene Organisationsproblem beinhaltet die Beziehung Management und Mitarbeiter, und ist ebenfalls davon gekennzeichnet, dass der Agent Aufgaben übernimmt und für den Principal Entscheidungen trifft, ohne genau den Willen des Principals zu kennen bzw. ohne dass die Art der Bearbeitung genau detailliert wurde. Auch diese Beziehung ist gekennzeichnet von asymmetrischer Informationsverteilung, individueller Nutzenmaximierung und begrenzter Rationalität der Beteiligten.

Das Organisationsproblem beschreibt Albach damit, dass nicht als gesichert angenommen werden kann, dass bei einer Delegation von Aufgaben oder Entscheidungen an einen Mitarbeiter der Mitarbeiter diese in derselben Weise durchführt bzw. entscheidet, wie der Unternehmensleiter dies getan hätte.[148] In Gründungsunternehmen ist dies von besonderer Bedeutung, da durch das schnelle Wachstum diese Beziehung erst herausgebildet werden muss und anfangs meist nur die Gründer aktiv sind. Die ersten Mitarbeiter können dann noch durch persönliche Weisung koordiniert und auch persönlich kontrolliert werden, mit steigender Größe verringert sich diese Möglichkeit aber, dadurch steigt die asymmetrische Informationsverteilung an, denn die Gründer/die Unternehmensleitung werden zunehmend weniger über die genaue Aufgabendurchführung wissen (Monitoring wird schwieriger) und werden auch zunehmend Entscheidungskompetenzen delegieren müssen. Die zunehmende

[147] Ibidem, S. 65.
[148] Albach (1993a), S.12.

Größe der Unternehmung führt damit auch zu einer Dezentralisierung der Entscheidungen.[149]

Potentielle Mitarbeiter bewerben sich bei einem Unternehmen auf eine ausgeschriebene Stelle. Der Bewerbungsprozess dient beiden Seiten dazu, die Eignung des Agenten für die ausgeschriebene Stelle zu beurteilen. Der Bewerber wird dabei einen Lebenslauf an den Arbeitgeber senden und durch Signalling seine Qualitäten herausstellen. Der Arbeitgeber wird dann versuchen, anhand der gesendeten Signale mittels Screening, den geeignetsten Bewerber auszuwählen und einzustellen. Diese sind dann besonders aussagekräftig, wenn die für den Erwerb der geforderten Referenz (bspw. Universitätsdiplom) erforderlichen Fähigkeiten hoch korreliert mit den Stellenanforderungen sind, wenn das Erlangen des Qualifikationsnachweises leicht für geeignete Bewerber und schwer für ungeeignete Bewerber ist und wenn der Entlohnungsunterschied am Markt gering, aber der Ausbildungsgrad groß ist, kann ein kleiner Unterschied große Qualifikationsunterschiede aufzeigen. Zusätzlich bieten die Probezeit oder die ausgiebige Nutzung von Praktika die Möglichkeit für Arbeitnehmer, ihre Produktivität unter Beweis zu stellen.[150]

Ein effektives und auch empirisch bestätigtes Signal für Unternehmensgründer bei der Einstellung von Mitarbeitern kann der Universitätsabschluss des Gründers sein.[151, 152] Für den Erwerb des Abschlusses sollten die gleichen oben genannten Kriterien erfüllt sein.

Eine anreizverträgliche Vergütungsmöglichkeit bietet der Stücklohn. Viele Tätigkeiten in Software- und Internetunternehmen (bspw. Programmierarbeiten oder Marketingkampagnen) können aber nicht durch Stücklohn vergütet werden. Um dennoch eine variable Komponente, sei es zum Ausgleich eines ggf. unter Marktniveau liegenden Fixlohns oder zur bewussten Anreizsteuerung, zu implementieren, greifen Start-ups teilweise auf die Nutzung von (ggf. virtuellen) Aktienoptionen zurück.[153]

---

[149] Vgl. Bergiel, Chrisman et al. (2004).
[150] Backes-Gellner und Wolff (2001).
[151] Backes-Gellner und Werner (2007).
[152] Zusätzlich ist der Universitätsabschluss des Gründers auch ein effektives Signal an Banken bei der Erlangung von Fremdkapital.
[153] Backes-Gellner und Wolff (2001).

Im Folgenden wird im wesentlichen davon ausgegangen, dass die Vorauswahl der Bewerber adäquat durchgeführt wird und die Mitarbeiter Verträge erhalten, die nicht nur die Teilnahmebedingung erfüllen. Den wichtigsten Punkt für den hier betrachteten Aspekt stellt wieder das Monitoring dar, da die Unternehmensleitung nach der Einstellung des Bewerbers sicherstellen muss, dass sich dieser adäquat verhält und durch seine Aufgabenerledigung und seine Entscheidungen im Interesse des Unternehmens verhält und gerade die „delegation of decision making provides a reasonable explanation of why the principal cannot observe the agent's doing in full detail“[154]. Dafür ist auch eine Anpassung der Organisationsstruktur notwendig, da bei Abteilungen mit ansteigender Leitungsspanne die Kontrolle des individuellen Mitarbeiters zunehmend schwieriger wird, was dafür spricht, Abteilungen aufzuteilen oder Teams zu bilden.

2.2.4 Kritische Würdigung der Principal-Agent-Theorie

Die Principal-Agent-Theorie kann auf eine große Zahl unterschiedlicher Auftraggeber- und Auftragnehmer-Situationen angewendet werden und bietet vielfältige Erklärungsansätze für opportunistisches Verhalten bei asymmetrischer Informationsverteilung und Interessendivergenz der beteiligten Parteien.

Kritisiert wird die Principal-Agent-Theorie vor allem aufgrund der schwierig zu operationalisierenden Agency Costs und des rein rational, gepaart mit Opportunismus, den individuellen Nutzen maximierenden Akteurs.[155] So könnte gerade für Gründungs- und Wachstumsunternehmen argumentiert werden, dass die Principal-Agent-Theorie diese Interessendivergenz zu stark betont. Meist sind die Gründer weiterhin am Unternehmen beteiligt und haben damit auch ein Interesse am Wohlergehen des Unternehmens, d.h., sie haben „ähnliche Anreize wie die Kapitalgeber, sich für den Unternehmenserfolg einzusetzen.“[156]

Hinsichtlich der empirischen Analyse ist es schwierig, die Agency Costs zu operationalisieren. Besonders schwierig ist dabei, die Differenz zwischen theoretischem Nutzenmaximum und realisiertem Nutzen des Principals abzubilden (Residualverlust).

---

[154] Spremann (1987), S. 9.
[155] Ausführlich zu den Begrenzungen der Principal-Agent-Theorie vgl. Meinhövel (1999).
[156] Mellewigt und Witt (2002), S. 102.

Eine Möglichkeit wäre die Modellierung des theoretischen Nutzenmaximums der „idealen Welt“ aus Sicht des Principals und dann der Vergleich mit dem realisierten. Problematisch ist aber, dass selbst reale Principals das eigene Nutzenmaximum nicht kennen, da ja der Wissensvorsprung des Agenten modellimmanent ist und von ihm erwartet wird, dass er die Aufgaben besser[157] als der Principal ausführt.[158] Allerdings können durch proxy-Annahmen durchaus Agency Costs nachgewiesen werden. So konnten beispielsweise Ang, Cole et al. anhand eines Samples von 1708 kleinen Corporations empirisch zeigen, dass Agency Costs deutlich höher bei einer Führung durch Fremdgeschäftsführer sind, sie sich invers zum Eigenkapitalanteil des Managers verhalten und dass diese mit der Anzahl der Eigenkapitalgeber zunehmen. Die Wahl von kleinen Unternehmen geschah dabei bewusst, da diese eine weite Spanne von null bis 100 Prozent Eigenkapitalanteile des Managements aufweisen. Zur Messung von Agency Costs verwendeten sie zwei Effizienz-Variablen: Operating Expenses im Verhältnis zum Umsatz[159] und die Asset-Utilization-Ratio[160].[161]

Eine Limitierung der Principal-Agent-Theorie sehen Meyer und Heine in der Beschränkung auf die Einstellung des Agenten, in der Hinsicht, dass dieser sich nur kooperativ oder opportunistisch verhalten könne. Sie befürworten daher die Verwendung des Akteur-Modells, da dieses zusätzlich auch das Können des Akteurs berücksichtigen würde.[162] Dem ist entgegenzuhalten, dass im Rahmen der Betrachtung der Hidden Characteristics des Agenten genau dies durch das Screening des Principals geprüft wird. Es wird darauf verwiesen, dass das Können des Agenten aufgrund asymmetrischer Informationsverteilung schwer zu erkennen ist, aber Ziel des Principals muss gerade sein, diesen Informationsvorsprung des Agenten abzubauen bzw. sogar ganz zu beseitigen.

---

[157] Theoretisch wäre es auch möglich, dass der Principal dafür besser geeignet wäre, er aber aufgrund zeitlicher Restriktionen die Aufgabe nicht übernehmen kann, was wieder darauf hinausliefe, dass der Agent besser geeignet wäre.

[158] Ebers und Gotsch (2006), S. 276.

[159] Operating Expenses beinhalten alle Aufwendungen des Unternehmens abzgl. Herstellkosten, Zinsen und Managementgehälter, so dass hier die perquisite consumption der Manager dargestellt werden kann. Problematisch ist dabei, dass beispielsweise darin keine Monitoring-Kosten der Anteilseigner enthalten sind.

[160] Die Asset-Utilization-Ratio gibt an, wie gut das Unternehmen seine Aktiva nutzt. Agency Costs sind dabei indirekt proportional zur Sales-to-asset-ratio. Die Ratio zeigt, ob der Manager die richtigen Investitionsentscheidungen trifft, ob er die Betriebsmittel effizient einsetzt oder ob er durch den Kauf unnötig teurer Bürogebäude seinen Eigennutzen und nicht den der Anteilseigner maximiert.

[161] Ang, Cole et al. (2000).

[162] Meyer und Heine (2005).

„Entrepreneurship is almost always about the pursuit of upside potential and much less about downside protection.“[163] Nach Arthurs und Busenitz geht es Eigenkapitalgebern bei der Beteiligung an einem Gründungs- und Wachstumsunternehmen vor allem darum, ein starkes Upside-Potential zu realisieren. Ihrer Meinung nach ist dafür aber die Principal-Agent-Theorie nur begrenzt als theoretisches Fundament geeignet. Dem ist allerdings entgegenzuhalten, dass es gerade am Anfang, also kurz nach der Auszahlung des Geldes, auch darum geht, sicherzustellen, dass das bereitgestellte Kapital für den vorgesehenen Zweck[164] verwendet wird. Gerade dafür bietet die Principal-Agent-Theorie durch die adäquate Vertragsgestaltung und die Einrichtung der richtigen Kontrollmechanismen sehr gute Erklärungen, die auch mit der Praxis vereinbar sind. Gerade die Kontrollaktivitäten sollen ja das Interesse der Anteilseigner sichern und dazu führen, dass durch die Aktivitäten des Managements (das ist insbesondere die Mittelverwendung) der Unternehmenswert gesteigert wird. Die Vertragsbestandteile, die das Ergebnis der Agency-theoretischen Überlegungen sind, damit nicht erwünschtes Verhalten nicht auftritt, führen im Optimalfall dazu, dass viele davon gar nicht durchgesetzt werden müssen. Dies gilt insbesondere vor dem Hintergrund, dass die Möglichkeit, dass der Principal bestimmte Rechte ausüben könnte, was bereits dazu führt, dass der Agent diszipliniert ist und sich entsprechend vertragskonform verhält.

Albach kritisiert die Principal-Agent-Theorie, da er diese für ein Konfliktmodell hält und sich ein solches seiner Meinung nach nicht als Grundlage für eine Theorie der Firma eignet. Er befürwortet stattdessen ein Modell auf der Basis von Vertrauen und Loyalität, bei dem die Beteiligten sich auch an Risiko und Erfolg beteiligen, womit insgesamt keine Interessengegensätze mehr existieren würden.[165] Witt führt dazu aus, dass die Principal-Agent-Theorie vor allem dann sehr gute Erkenntnisse liefert, wenn sich zwischen den Beteiligten noch kein Vertrauensverhältnis entwickeln konnte. Durch die Anwendung der Principal-Agent-Theorie können dann mögliche Verhaltensweisen der beteiligten Parteien antizipiert und im Vertrag festgehalten werden. In der Interaktion der Beteiligten kann dann im Laufe der Zeit die von Albach gewünsch-

---

[163] Arthurs und Busenitz (2003), S. 153

[164] Als Beispiel zur Illustration eignet sich hier ein Unternehmen, das ein ähnliches Produkt wie den Windows Media Player an den Markt bringen wollte. „Pixelon had spent no less than $16 million - out of $20 million in financing closed just one month earlier - for a star-studded launch party" (Goodin (2000)).

te vertrauensvolle Zusammenarbeit entstehen.[166] Als Beispiel ist bei Witt die Produkthaftung angeführt. Im Schadensfall sind die Unternehmen zu Schadenersatz verpflichtet und den Beteiligten drohen unter Umständen sogar strafrechtliche Konsequenzen. Ziel ist dabei aber vor allem die Abschreckung, so dass es gar nicht erst zum Schadensfall kommt.[167] Abschließend hält Witt fest, dass teilweise „bereits die Existenz eines einzigen, effizient funktionierenden Kontrollmechanismus ausreicht, um die Agency Costs zu beseitigen und zu einem Harmoniemodell zu kommen“[168].

2.3 Vergleichbare Ansätze in Familienunternehmen

In diesem Abschnitt werden zunächst Familienunternehmen als Gründungs- und Wachstumsunternehmen vergleichbare Analyseobjekte definiert und vorgestellt. Anschließend wird die Stewardship-Theorie als alternativer bzw. ergänzender Ansatz zur Principal-Agent-Theorie mit dem Ziel der Erklärung des Verhaltens von Managern in Familienunternehmen erörtert. Zusätzlich werden die Stewardship-Theorie und Principal-Agent-Theorie miteinander verglichen und weitere Implikationen für die Propositionbildung in Kapitel 3 dargelegt.

Zwei Beispiele aus den Bereichen Managementnachfolge sowie Interessenkonflikte zwischen Anteilseignern und Unternehmensleitung sollen zunächst die Ähnlichkeiten von Familienunternehmen und Gründungs- und Wachstumsunternehmen verdeutlichen.[169]

Bei Familienunternehmen stellt sich häufig die Frage, ob ein Familienmitglied durch einen externen Manager ersetzt werden soll. Ein von außen neu eingestellter Manager könnte dabei zu einer Verbesserung des Erfolgs des Unternehmens beitragen, aber zu Unzufriedenheit in der Familie führen, weil beispielsweise ein Familienmitglied nicht berücksichtigt wurde. Dieses Problem kann ähnlich in einem Gründungsunternehmen auftreten, wenn es um die alternative Besetzung einer Management-

---

165 Albach (1997).

166 Man könnte an dieser Stelle auch sagen: „Verträge sind für schlechte Zeiten geschrieben und verbleiben ansonsten in der Schublade.“

167 Witt (2003), S. 19-20.

168 Ibidem, S. 34.

169 Die grundlegende Problembeschreibung von Familienunternehmen entspricht dabei der Darstellung von Steier, Chrisman et al. (2004).

Position durch einen Nicht-Gründer geht, was evtl. zur Ersetzung oder zur Kompetenzbereichsverringerung eines Gründers führen kann.

Bei Familienunternehmen und Gründungs- und Wachstumsunternehmen liegen häufig ähnliche Konstellationen, die Anteilseigentum und Leitung betreffen, vor. Die in der Unternehmensleitung vertretenen Familienmitglieder sind meist auch Anteilseigner des Familienunternehmens, dies trifft auch für Gründer in Gründungs- und Wachstumsunternehmen zu. Fraglich ist an dieser Stelle, inwiefern Interessenkonflikte auftreten, da beide Gruppen auch Anteilseigner sind und durch ihre Anteile auch von einer Unternehmenswertsteigerung profitieren.

2.3.1 Definition Familienunternehmen

Obwohl es noch keine Übereinstimmung hinsichtlich einer „universally accepted operational definition of a family firm“[170] gibt, werden doch immer wieder ähnliche Merkmale angeführt. Die wichtigsten dabei sind Verteilung der Anteile, Verteilung der Stimmrechte, Management des Unternehmens, Nachfolgeregelungen und Unternehmenskultur. Allgemein akzeptiert ist die Definition als Familienunternehmen, wenn sowohl Anteile am Unternehmen verbunden mit Stimmrechten durch die Familie gehalten werden und die Familie im Management des Unternehmens involviert ist.[171] Miller und Le Breton-Miller beschränken sich in ihrer Definition bspw. lediglich auf den Anteil am Unternehmen und sprechen von Familienunternehmen, wenn eines oder mehrere Familienmitglieder mindestens 20% der Stimmanteile halten.[172]

Gemäß der Definition des Instituts für Mittelstandsforschung Bonn handelt es sich bei einem Unternehmen um ein Familienunternehmen, wenn „bis zu zwei natürliche Personen oder ihre Familienangehörigen mindestens 50 % der Anteile eines Unternehmens halten und diese natürlichen Personen der Geschäftsführung angehören“[173]. Die Definition für Familienunternehmen ist dabei größenunabhängig, denn sowohl Kleine und Mittlere Unternehmen (KMU) als auch Großunternehmen können dieser Definition entsprechend ein Familienunternehmen sein, entscheidende Punkte sind die Anteilsverteilung und die aktive Teilnahme an der Geschäftsführung. Diese Art

[170] Ibidem.
[171] Chua, Chrisman et al. (1999).
[172] Miller und Le Breton-Miller (2006), S. 74.
[173] Institut für Mittelstandsforschung Bonn (2009).

der Definition macht Familienunternehmen vergleichbar mit den in dieser Arbeit betrachteten Gründungs- und Wachstumsunternehmen, denn auch hier halten die Gründer nach der Beteiligung externer Eigenkapitalgeber weiterhin Anteile am Unternehmen und bleiben in der Geschäftsführung des Unternehmens. Familienunternehmen sind Gründungs- und Wachstumsunternehmen auch ähnlich, da sowohl bei Familienmitgliedern als auch bei Gründern häufig ein Großteil ihres Vermögens im Unternehmen investiert ist. Gründer als auch die genannten Familienmitglieder „cannot reduce financial risk through diversifying financial assets."[174] Dies gibt ihnen allerdings auch einen Anreiz, eher das eigene Wohlergehen zu optimieren.

Einen beachtlichen Anteil an allen Unternehmen stellen Familienunternehmen. Gemäß der Definition des Instituts für Mittelstandsforschung Bonn generieren Familienunternehmen 41,5% des Umsatzes aller Unternehmen in Deutschland, beschäftigen 57,3% aller Beschäftigten und stellen hinsichtlich der reinen Anzahl 94,1% aller Unternehmen in Deutschland.[175] Bei einem Drittel der US-Unternehmen, die im Standard and Poor's 500 enthalten sind, halten weiterhin Mitglieder aus den Gründungsfamilien Anteile am Unternehmen, deren Anteil im Durchschnitt 19% am Unternehmen beträgt.[176]

2.3.2 Vergleich von Stewardship-Theorie und Principal-Agent-Theorie in Familienunternehmen und Gründungs- und Wachstumsunternehmen

Die Stewardship-Theorie wird als Ergänzung der Principal-Agent-Theorie verstanden und basiert darauf, dass sie das bei der Principal-Agent-Theorie zu Grunde gelegte Menschenbild nicht für alle Menschen gelten lassen möchte. Die Motivation des Managers in der Stewardship-Theorie ist daher auch intrinsischer Natur. Er ist zwar auch ein Nutzenmaximierer, aber die Nutzenfunktion ist derart gestaltet, dass sie sich an der Entwicklung des Unternehmens orientiert und der Manager einen Nutzen daraus zieht, dass sich das Unternehmen optimal entwickelt. Der Steward ist „devoted to the interests of the owners."[177]

---

[174] Berghe und Carchon (2003), S. 174.
[175] Institut für Mittelstandsforschung Bonn (2009).
[176] Anderson, Mansi et al. (2003).
[177] Chrisman, Chua et al. (2007).

	Principal-Agent-Theory	Stewardship Theory
Model of Man	Economic man	Self-actualizing man
Behavior	Self-serving	Collective serving
Motivation	Lower order/economic needs (physiological, security, economic) Extrinsic	Higher order needs (growth, achievement, self-actualization) Intrinsic
Social Comparison	Other managers	Principal
Identification	Low value commitment	High value commitment
Management Philosophy	Control oriented	Involvement oriented
Risk orientation	Control mechanisms	Trust
Time frame	Short term	Long term
Objective	Cost control	Performance Enhancement

Tabelle 4: Vergleich von Charakteristika der Principal-Agent-Theorie und der Stewardship-Theorie[178]

Tabelle 4 verdeutlicht die Unterschiede von Principal-Agent-Theorie und Stewardship-Theorie. Das Verhalten und die Motivation der Handlungen sind grundverschieden, aber bieten für sich genommen wertvolle Einblicke. Die Principal-Agent-Theorie bietet durch die Verhaltensannahmen nützliche Einsichten zur Aufnahme von Schutzmechanismen in den Vertrag. Die Stewardship-Theorie ist vor allem in wiederkehrenden Situationen, in denen sich Vertrauen aufbauen kann, von Vorteil.

[178] Davis, Schoorman et al. (1997), S. 37.

Auch das Verfolgen nicht-finanzieller Ziele motiviert Familienmanager intrinsisch und zusätzlich sind sie emotional an das Unternehmen gebunden und treffen dadurch eher Entscheidungen im Sinne der Eigentümer, sprich der Familie.[179]

Es wird angenommen, dass Manager im Sinne der Stewardship-Theorie „freiwillig gute Verwalter und Treuhänder (‚stewards') sind"[180]. Der Antrieb der Manager liegt dabei primär in der Verantwortungsübernahme und der Selbstverwirklichung. Dazu gehört ebenfalls, dass sie als Manager Anerkennung und Handlungsfreiheit erhalten. Wenn diese Annahmen erfüllt sind und die Manager tatsächlich durch Verantwortungsübernahme geleitet werden, dann würden viele Kontrollmechanismen obsolet.

Häufig wird die Stewardship-Theorie auf Familienunternehmen angewendet. Dabei wird davon ausgegangen, dass sich das Verhalten der Unternehmensleitung in familiengeführten Familienunternehmen besser durch die Stewardship-Theorie erklären lässt. Wie später gezeigt wird, gibt es aber auch Untersuchungen, die zeigen, dass die Principal-Agent-Theorie bessere Erklärungen liefert. Im Folgenden werden die beiden Theorien Stewardship-Theorie und Principal-Agent-Theorie[181] mit einander verglichen sowie ihre Anwendbarkeit auf Gründungs- und Wachstumsunternehmen diskutiert.

Eine Grundannahme der Principal-Agent-Theorie ist, dass es der Agent andere Interessen als der Principal verfolgt. Zusätzlich ist in Familienunternehmen eine hohe Übereinstimmung von Anteilseigentum und Mitarbeit im Management festzustellen.[182] Daher waren Jensen und Meckling ursprünglich zu der Aussage gelangt, dass in diesen Situationen eine hohe Übereinstimmung der Ziele gegeben sein müsste und es daher weniger Agency-Konflikte und als Folge daraus weniger Kontrollmechanismen geben müsste.[183] „Until recently, researchers have assumed that family

[179] Corbetta und Salvato (2004).
[180] Nippa (2002), S. 15.
[181] Die reine Beschränkung auf die Diskussion von Principal-Agent-Theorie im Vergleich zur Stewardship-Theorie bei Familienunternehmen wird von einigen Autoren als zu stark vereinfachend dargestellt. Da diese Kritik sich aber hauptsächlich an Kriterien die Familie betreffend manifestiert und damit nicht Hauptgegenstand dieser Arbeit ist, wird diese Vereinfachung hier durchgeführt. Vgl. dazu Achleitner, Braun et al. (2009).
[182] Dies muss gemäß der oben genannten Definition zur Charakterisierung von Familienunternehmen, sofern diese Anteilseigentum und Management (vgl. Definition des Instituts für Mittelstandsforschung Bonn) und eben nicht nur Anteilseigentum beinhaltet, sogar eine zwangsläufige Folge sein.
[183] Jensen und Meckling (1976)

businesses have zero or low agency costs because ownership and management interests are believed to be congruent."[184] Das Zitat bestätigt die voranstehende Aussage, verweist aber auch darauf, dass es mittlerweile ebenfalls gegenteilige Ansichten gibt. Zwei Arbeiten[185] dazu sollen im Folgenden detaillierter vorgestellt werden.

Gomez-Mejia, Nuñez-Nickel, et al. zeigen, dass Agency-Probleme, die durch Entrenchment entstehen, in Familienunternehmen sogar stärker ausgeprägt sein können, als dies bei Nicht-Familienunternehmen der Fall ist. Sie haben alle spanischen Zeitungen über einen Zeitraum von 27 Jahren auf Anteilseignerstruktur und Verweildauer des Vorstandsvorsitzenden untersucht. Bestandteil war dabei auch die Implikation eines Tauschs des Vorstandsvorsitzenden auf die Organisation. Interessant ist dabei, dass das Ersetzen eines Vorstandsvorsitzenden aus der Familie eine Verlängerung der Überlebensdauer zur Folge hatte, während dies bei Nicht-Familienunternehmen keinen Effekt hatte. So halten sie fest, dass wenn „appropriate monitoring mechanisms are in place, agency threats in family firms are less severe"[186]. Übertragen auf Gründungs- und Wachstumsunternehmen heißt das, dass dort auch die Wirkung von Kontrollmaßnahmen genau geprüft werden muss, da ggf. die Beteiligung der Gründer am Anteilseigentum nicht ausreicht, die Gründer a) auf die maximale Unternehmenswertsteigerung zu incentivieren und b) ihre „consumption on-the-job" zu minimieren.

Schulze, Lubatkin, et al. argumentieren, dass in Familienunternehmen in der Beziehung zwischen Familienmitgliedern in der Unternehmensleitung und in der zweiten Führungsebene Probleme wie verzerrte Wahrnehmung der wirklichen Leistung, schwierige Durchsetzung von Regeln (Verträgen) und exzessive „consumption on-the-job" auftreten können. Als Grundlage haben sie 3860 Antworten einer Umfrage des Arhur Andersen Center for Family Business unter amerikanischen Familienunternehmen genutzt. Entgegen der Annahme, dass Eigentümermanagement Agency Costs verringert, halten sie fest, dass „agency problems associated with private ownership and owner management"[187] schwieriger zu lösen sind. Wenn beispielsweise der unternehmensinterne Markt für Management Familienmitglieder bevorzugt, hat

[184] Chrisman, Chua et al. (2007), S. 98.
[185] Gomez-Mejia, Nuñez-Nickel et al. (2001) und Schulze, Lubatkin et al. (2001).
[186] Gomez-Mejia, Nuñez-Nickel et al. (2001) S. 91.
[187] Schulze, Lubatkin et al. (2001) S. 102.

dies auch Auswirkungen auf die Anreizgestaltung von Nicht-Familienmitgliedern im Unternehmen, da dadurch ihre Beförderungschancen gemindert werden und sie das Unternehmen auch als weniger attraktiv einschätzen.[188] Auch die Entscheidungsfindung kann externe Manager abschrecken, denn „[they] might fear that family members make important decisions informally and that a glass ceiling limits the career opportunities of outsiders."[189] Zusätzlich wird auch der Anreiz der Agenten, sich untereinander gegenseitig zu überwachen, aus demselben Grund gemindert. Ein Problem, dass sich auch stark bei Gründungs- und Wachstumsunternehmen wiederfindet, denn gerade am Anfang sind bei einer Teamgründung meist alle Führungspositionen mit den Gründern besetzt. Redlefsen argumentiert für Familienunternehmen weiterhin, dass Agency-Probleme nicht nur zwischen Anteilseignern und Unternehmensleitung entstehen können, sondern dies auch zwischen großen und kleinen Anteilseignern der Fall sein kann.[190] Dies kann sich ebenfalls in der Anteilseignerstruktur von Gründungs- und Wachstumsunternehmen ergeben.[191]

		Principal's Choice: Manager is considered as …	
		Agent	Steward
Manager's Choice:	Agent	- Minimise potential costs - Mutual agency relationship	- Agent acts opportunistically - Principal is angry - Principal is betrayed
	Steward	- Principal acts opportunistically - Manager is frustrated - Manager is betrayed	- Maximize potential performance - Mutual stewardship relationship

Abbildung 5: Principal-Manager Choice Model von Davis, Schoorman et al.[192]

Abbildung 5 zeigt die Wahlmöglichkeiten der Unternehmensleitung, dargestellt durch den Manager und die Wahlmöglichkeiten der Eigenkapitalgeber. In der Abbildung

[188] Dies steht im Gegensatz zum „competence-based recruitment" von börsennotierten Publikumsgesellschaften.
[189] Caspar, Días et al. (2010), S. 5.
[190] Redlefsen (2004).
[191] Vgl. dazu Kapitel 3.2.

entsprechen die Eigenkapitalgeber dem Principal (Auftraggeber) und der Manager stellt den Agent (Auftragnehmer) dar. Der Manager wählt zu Beginn der Tätigkeit, ob er sich wie ein Steward oder ein Agent verhalten wird.[193] Der Principal (Auftraggeber, Familie) wählt, ob es sich bei dem Manager aus seiner Sicht um einen Agent oder einen Steward handelt und macht ein entsprechendes Angebot. Dies führt dann zu den entsprechenden, in Abbildung 5 dargestellten Ergebnissen. Wenn beide übereinstimmend die gleiche Entscheidung treffen, gibt es keine Nachteile für eine Seite. Wählen beide die Principal-Agent-Beziehung, sind die Kosten minimiert, denn es werden verbindliche Kontrollmechanismen greifen. Wählen beide die Principal-Steward-Beziehung wird lt. Davis, Schoorman et al. der Firmenwert maximiert[194], denn beide haben korrekte Verhaltensannahmen des Gegenübers und verhalten sich entsprechend. Der Manager hat eine Nutzenfunktion, die maximiert wird, wenn er die Ziele der Organisation erreichen kann und der Principal schafft ein Umfeld, das dieses aktive Einbringen zulässt.

Wenn man die Entscheidungssituation individuell betrachtet, wird sich jeder, d.h. sowohl der Principal als auch der Manager für die Agency-Variante entscheiden, da die Wahl der Steward-Alternative das Risiko birgt, dass sich der andere entgegengesetzt entscheidet und damit die Vorteile der Steward-Alternative nicht zum Tragen kommen. Hierbei ist anzumerken, dass damit allerdings Stewards häufig enttäuscht werden. Kritisch zu betrachten ist die Tatsache, dass eine Wahl vorgegeben wird, die meist dazu führt, dass die dominante Strategie die Wahl einer Principal-Agent-Beziehung mit den entsprechenden Kontrollstrategien ist. Die Kontrollmechanismen der Principal-Agent-Theorie führten auch in einer Experiment-Anordnung für BWL-Studenten häufiger zu Gewinn-maximierenden Entscheidungen als dies bei Stewardship-theoretischen Mechanismen der Fall war.[195]

---

[192] Davis, Schoorman et al. (1997), S. 39.
[193] Fraglich ist, inwiefern sich der Manager für einen Typen entscheidet oder ob dies inhärent gegeben ist. Die theoretische Möglichkeit der Entscheidung wird hier aber genutzt, um die Unterschiede in den sich ergebenen Konstellationen darzustellen. Als Folge wird er sich den Annahmen der entsprechenden Theorie gemäß verhalten.
[194] Dagegen spricht allerdings, dass Individuen unter Agency-Kontrollmechanismen mehr in gewinnmaximierende Alternativen investieren, als dies bei Stewardship-Kontrollmechanismen der Fall ist. Vgl. dazu Tosi, Brownlee et al. (2003).
[195] Ibidem.

Das Modell von Davis, Schoorman et al. verdeutlicht aber sehr gut den Unterschied zwischen Vertragstheorie und wirklicher Interaktion zwischen den Beteiligten. Die vertraglich festgelegten Schutzmechanismen der Principal-Agent-Theorie dienen der Absicherung des Principals, damit der Agent auch den notwendigen Einsatz bringt. Im Gegenzug hat der Agent entsprechend seiner Risikoneigung auch nur ein begrenztes Risiko zu tragen und könnte sich opportunistisch verhalten. Übertragen auf das Verhältnis von Eigenkapitalgebern zu Gründungs- und Wachstumsunternehmen lässt sich festhalten, dass diese in ihren Verträgen „Agency-Covenants" wählen sollten, aber in der Interaktion mit der Leitung durchaus Ansätze der Stewardship-Theorie aufgreifen sollten.

Bei Venture-Capital-Gesellschaft ist inhärent im Geschäftsmodell angelegt, dass sie ihre Beteiligung nach einer gewissen Zeit wieder verkaufen müssen, daher sind sie eher an einer kurzfristigen Wertsteigerung interessiert. Gründer haben aufgrund ihrer emotionalen Bindung an das Unternehmen meist einen längeren Zeithorizont[196]. Gründer sind in diesem Sinne wieder Familien und den einzelnen Familienmitgliedern recht ähnlich, denn diese agieren „as coherent units in which optimization decisions are made with the entire family and future family members in mind."[197] Aus diesem Grund verweilen Gründer teilweise auch länger in der Leitung des Unternehmens, als es evtl. für das Unternehmen gut wäre.

Es bleibt noch kritisch festzuhalten, dass wie die Principal-Agent-Theorie auch der Stewardship-Ansatz von einem einseitigen Menschenbild[198] („While agency theory paints a gloomy picture of the agent, stewardship theory paints an excessively rosy picture of the steward"[199])ausgeht.[200] Nippa merkt dazu an, dass diese Kritik zwar theoretisch richtig ist, aber in der Praxis eher nicht zutreffend, da das Verhalten der Entscheidungsträger nicht von Extremen[201] geprägt ist. Reine Erklärungen durch Principal-Agent-Theorie oder Stewardship-Theorie bewerten auch Achleitner, Braun,

---

[196] Weshalb das Problem in der Literatur auch „Horizon" genannt wird.
[197] James (1999), S. 52.
[198] Während die Principal-Agent-Theorie einen zum Opportunismus neigenden Agenten zeigt, ist der Steward umgekehrt durch seine Nutzenfunktion an das Unternehmen gebunden.
[199] Arthurs und Busenitz (2003), S. 155.
[200] Obwohl dies ja der kritische Ansatzpunkt für den Stewardship-Ansatz mit Blick auf die Principal-Agent-Theorie ist.
[201] In Tabelle 4 wird dies durch die Gegenüberstellung der Annahmen von Principal-Agent-Theorie und der Stewardship-Theorie offensichtlich.

et al. in diesem Zusammenhang als „overly simplistic“[202]. Dazu führt Nippa an, dass zum einen Manager oder Aufsichtsräte selten vollständig opportunistisch noch komplett treuhänderisch und selbstlos handeln werden, sondern ihr Verhalten auch situationsabhängig sein wird.[203]

2.4 Wachstum von Gründungs- und Wachstumsunternehmen

Bevor über die Entwicklungsphasen gesprochen werden kann, soll hier zunächst verdeutlicht werden, was unter dem Begriff Gründungs- und Wachstumsunternehmen verstanden wird. Anschließend werden relevante Modelle der Unternehmensentwicklung vorgestellt.

2.4.1 Der Begriff Gründungs- und Wachstumsunternehmen

Gründungs- und Wachstumsunternehmen können sowohl nach einem statischen als auch nach einem dynamischen Ansatz definiert werden.[204] Der statische Ansatz folgt dabei dem „Traits-approach“[205], der Unternehmer klassifiziert und damit die Unternehmen definiert. Dieser Ansatz versucht vor allem, Unternehmer und deren Eigenschaften und Charakteristika zu beschreiben und zu analysieren. Grundannahme ist dabei, dass ein Unternehmer spezifische Merkmale besitzt, die ihn als guten oder eben schlechten Unternehmer kennzeichnen.[206]

Hier soll der dynamischen Sichtweise gefolgt werden. Dabei werden unterschiedliche Phasen der Unternehmensentwicklung identifiziert, so dass die Gründungs- und Wachstumsunternehmen hinsichtlich ihrer Entwicklung diesen Phasen zugeordnet werden können. Detaillierte Ausführungen zu verschiedenen Entwicklungsphasen der Unternehmen finden sich in Kapitel 2.4.2, speziell zu Gründungsphasen in Kapitel 2.4.2.2.

[202] Achleitner, Braun et al. (2009), S. 5.
[203] Nippa (2002), S. 16.
[204] Reißig-Thust (2003), S. 8.
[205] Grundannahme ist dabei, dass Unternehmer durch bestimmte Eigenschaften gekennzeichnet sind. Vgl. McClelland (1961).
[206] Einen Überblick zur Charakterisierung des Entrepreneurs in theoretischen und empirischen Arbeiten geben Carland, Hoy et al. (1984).

Merkmal	Ausprägung 1	Ausprägung 2
Strukturexistenz	Originär	Derivativ
Innovationsgrad	Innovativ	Imitierend
Selbstständigkeitsgrad der Gründerpersonen	Selbstständig	Unselbstständig

Tabelle 5: Merkmale und dichotomische Ausprägungen der Gründungstypologie[207]

Die in Tabelle 5 dargestellten Merkmalsausprägungen sind zwar jeweils an den Extremen festgemacht, verdeutlichen aber sehr gut die eigentliche Problemstellung. Hinsichtlich der Strukturexistenz sind originäre Gründungen neue Unternehmen[208], die nicht in einem Verbund, nicht als Ausgliederung oder durch Fusionen, sondern komplett neu starten.[209] Der Innovationsgrad beschreibt, ob es sich bei der Geschäftsidee um etwas radikal Neues (innovativ) oder um die Nachbildung einer bereits vorhandenen Geschäftsidee handelt. Der Selbstständigkeitsgrad bezieht sich auf die Gründerperson und beschreibt, dass sie in Vollzeit für das Unternehmen arbeitet oder dass sie dies nicht im Rahmen oder neben einer anderen Tätigkeit durchführt. Imitierende Unternehmensgründungen ahmen bereits erfolgreiche Gründungen nach und versuchen, deren Markterfolg zu replizieren, wohingegen innovative Gründungen eine neue Faktorkombination im Sinne Schumpeters realisieren möchten. [210]

Im Folgenden sollen ausschließlich originär-selbstständige Gründungen betrachtet werden, d.h., es entsteht ein neues Unternehmen und die Gründer arbeiten in diesem Unternehmen Vollzeit. Hinsichtlich des Innovationsgrades werden es tendenziell eher innovative Unternehmen sein, die aber auch imitierende Geschäftsmodelle haben können. Die Frage ist hierbei natürlich, inwiefern die Übernahme eines Geschäftsmodells aus den USA innovativ oder imitierend ist. Da es das Geschäftsmodell bereits in den USA gibt, lässt sich argumentieren, dass die Gründung imitierend sein könnte. Da es ein vergleichbares Angebot in Deutschland aber noch nicht gibt, besteht auch die Möglichkeit zu sagen, dass die Gründung innovativ sei. Die für die empirische Untersuchung vorgenommene Branchenfestlegung auf Unternehmen aus

[207] Nathusius (2001), S. 4.
[208] Zu Eigenschaften neu entstehender Unternehmen vgl. Katz und Gartner (1988) sowie Brush, Manolova et al. (2008).
[209] Der aus der Internationalen Management-Literatur stammende Begriff „greenfield" verdeutlicht diese Art der Gründung sehr gut.
[210] Nathusius (2001), S. 4-6.

der Software- bzw. Internetbranche wird tendenziell zu stärker innovativen Gründungen führen und sollte an dieser Stelle als Einteilung genügen.

Die Ausführungen hinsichtlich der Gründungstypologie haben auch Auswirkungen auf das Controlling-System, denn nur originäre-selbstständige Gründungen werden ein selbst erarbeitetes Controlling-System aufbauen, weil es für die anderen Ausprägungen der Kombination von Strukturexistenz und Selbstständigkeitsgrad zu Übernahmen von bestehenden Systemen aus dem Mutterunternehmen kommen wird.[211]

Die Beantwortung der Frage, ob eine Wachstumsabsicht in einem Unternehmen vorliegt, lässt sich am einfachsten positiv beantworten, indem man innovative Unternehmen mit einem Exit-orientierten Risikokapitalgeber untersucht.[212] Diese Annahme ist bei Portfoliounternehmen von Venture-Capital-Gesellschaften erfüllt. Da diese meist einen Fonds mit einer begrenzten Laufzeit verwalten und die Rückgabe der Gelder nach Ende der Laufzeit an die Fondsanteilseigner notwendig ist, ist auch der Verkauf der Anteile der Venture-Capital-Gesellschaft am Portfoliounternehmen eine zwingende Folge. Das Geschäftsmodell von Venture-Capital-Gesellschaften ist darauf ausgelegt, eine Wertsteigerung des Fondswertes durch eine Wertsteigerung der einzelnen Anteile an den Portfoliounternehmen zu erlangen. Daher müssen diese innerhalb von wenigen Jahren eine kritische Größe erreichen, die Produkte in den Markt eingeführt sein und das Unternehmen muss ein möglichst großes Wachstum verzeichnen. Da also das Wachstumserfordernis für die Venture-Capital-Gesellschaft gilt, muss es zwangsläufig auch für das Portfoliounternehmen gelten, da ansonsten die Partnerschaft mit der Venture-Capital-Gesellschaft nicht zustande gekommen wäre. Die gleiche Überlegung trifft auf Business Angel zu.[213]

Ein ähnlicher Ansatz, der aber nicht unbedingt der starken Wachstumsorientierung aus der Venture-Capital-Finanzierung entsprechen muss, ist die Fokussierung auf Spin-Offs aus der Forschung. Diese werden aber dennoch bei starker Wachstumsabsicht dann die Partnerschaft mit Venture-Capital-Gesellschaften suchen, was das

[211] Krugger (2005), S. 31-33.
[212] Witt (2004b), S. 398.
[213] Sahlman (1990).

oben genannte Argument, starkes Wachstum macht Venture-Capital-Finanzierung notwendig, verstärkt.[214]

Der Großteil der Corporate Governance-Literatur fokussiert sich auf börsennotierte Publikumsgesellschaften. Dabei sind natürlich auch Aspekte der Corporate Governance Literatur auf nicht börsennotierte Unternehmen anwendbar.[215] Die hier betrachteten Unternehmen weisen zunächst keine Notierung an einer Börse auf. Wahrscheinlich haben sie zunächst auch erst eine Rechtsform, die keine Notierung an der Börse ermöglicht. Da die Investoren Exit-orientiert sind, werden sie auch danach streben, ihren Anteil wieder zu verkaufen. Dies werden sie entweder durch einen Börsengang oder durch einen Trade Sale versuchen.[216] Eine grundlegende Präferenz wird es hierbei nicht geben, da sich ein renditeorientierter Eigenkapitalgeber vor allem an den höheren Erlösmöglichkeiten orientieren wird, d.h., der Eigenkapitalgeber wird das Unternehmen je nach erwartetem Verkaufserlös entweder an die Börse bringen oder in einem Trade-Sale verkaufen.

Ein wesentlicher Unterschied von nicht börsennotierten Unternehmen zu börsennotierten Publikumsgesellschaften ist die Nutzung von Exit und Voice. In großen börsennotierten Publikumsgesellschaften werden insbesondere Anteilseigner mit einem marginalen Anteil an der Gesellschaft bei Entscheidungen der Unternehmensführung, die nicht in ihrem Interesse sind, nicht versuchen, diese Entscheidung durch das Erheben der eigenen Stimme zu beeinflussen, sondern einfach ihren Anteil verkaufen. Dies liegt vor allem an der hohen Fungibilität, der meist ausreichend vorhandenen großen Anzahl an Transaktionen pro Tag und nicht zuletzt an der Tatsache, dass gerade Aktionäre mit einem geringen Anteil keine Möglichkeit haben, ihrer Stimme auch Gehör zu verleihen.

Aufgrund der geringen Fungibilität und des zunächst fehlenden institutionalisierten Marktes für Unternehmensbeteiligungen sind Unternehmensanteile an Gründungs- und Wachstumsunternehmen nicht am Markt handelbar. Die Anzahl der Anteilseigner ist allerdings noch überschaubar und daher wird es auch mit einem geringen An-

---

[214] Vgl. Baack und Thielmann (2000). Siehe dazu auch Blum (2006).
[215] Vgl. hierzu bspw. Raschig (2004), der detailliert Kodexempfehlungen für nicht-börsennotierte Unternehmen analysiert. Vgl. auch Staud (2009).
[216] Weitere Exit-Kanäle wären der Management-Buy-Out oder der Management-Buy-In.

teil leichter, seiner Meinung als Anteilseigner Gehör zu verschaffen, zumal dies meist auch noch vertraglich abgesichert ist. Mit einem kleinen Anteil bleibt aber dennoch der Einfluss begrenzt, wobei dieser durch bestimmte vertragliche Regelungen durchaus höher sein kann. Wichtig ist auf jeden Fall, dass die Anforderungen an die Ausgestaltung von Leitungsstrukturen in Gründungs- und Wachstumsunternehmen den speziellen Gegebenheiten angepasst werden, denn „copying insights from corporate governance practices in traditional companies may prove insufficient, if not outright incorrect“[217].

Die Grenzziehung zwischen Gründungs- und Wachstumsunternehmen nimmt Wittenberg anhand des Markteintrittes vor. Gründungsunternehmen sind demzufolge Unternehmen, deren Markteintritt noch bevorsteht und Wachstumsunternehmen haben diesen bereits hinter sich.[218] Diese Unterscheidung erscheint für die hier anzustellenden Überlegungen jedoch verfrüht, da zu diesem Zeitpunkt noch gar nicht überprüft werden konnte, ob sich das Unternehmen überhaupt am Markt bewähren wird, um wirklich nachhaltiges Wachstum zu erreichen. Hier sollen neu gegründete und rechtlich am Markt neu etablierte Unternehmen betrachtet werden. Aus dieser Gruppe sollen speziell diese mit Wachstumsabsicht ausgewählt werden. Gerade für zunächst kleine Unternehmen ist Wachstum eine Notwendigkeit und führt dazu, dass die Unternehmen „gegen ihren Untergang widerstandsfähiger“[219] werden. Dafür ist allerdings auch die Absicht, zu wachsen, notwendig, die, wie eine Studie von Davidson über schwedische Kleinunternehmer gezeigt hat, nicht immer vorhanden ist.[220]

Lücke beschreibt Wachstum als die zeitliche Veränderung einer Maßzahl, d.h., wenn man eine Maßzahl findet, die das Wachstum der Unternehmen adäquat abbildet, dann kann man aus der Veränderung dieser Maßzahl erkennen, wie ein Unternehmen gewachsen ist. Die erste Ableitung der Wachstumsfunktion beantwortet dann die Frage, ob Wachstum vorliegt (Wachstum, Stagnation, Schrumpfung). Die zweite Ableitung würde eine Aussage über die Wachstumsform (progressiv, konstant oder degressiv) ermöglichen.[221] Problematisch ist allerdings, eine geeignete Maßzahl zur

[217] Berghe und Levrau (2002), S. 135.
[218] Wittenberg (2006).
[219] Lücke (1982).
[220] Davidsson (1989).
[221] Dies gilt im umgekehrten Fall natürlich auch für die Schrumpfungsphase.

Abbildung des Wachstums zu bestimmen. Lücke stellt 62 Merkmale zur Beschreibung eines Unternehmens vor und schließt damit, dass die Maßzahl zur Wachstumsbestimmung für den jeweiligen Fall individuell festgelegt werden sollte.

Schnell wachsende Unternehmen haben auch ein höheres Mitarbeiterwachstum.[222] Daher stellt die Orientierung an der Mitarbeiterzahl zur Bestimmung des Wachstums eine geeignete Maßzahl dar.[223] Zusätzlich werden aber auch die Höhe des Umsatzes und der Gewinn sowie der operative Cash Flow betrachtet.

Einzelne Gesetze sind ebenfalls an Größenklassen gebunden. Verwendet wird hier häufig die Mitarbeiterzahl[224], Umsatzklassen[225] oder Mindestumsätze[226] bzw. Mindestbilanzsummen[227] zur Einteilung der Unternehmen.

Die Europäische Kommission und das Institut für Mittelstandsforschung Bonn verwenden ebenfalls eine Kombination aus Mitarbeiterzahl und Jahresumsatz oder Bilanzsumme. Die Werte für die Definition gemäß der Europäischen Kommission finden sich in Tabelle 6. Um der Preis- und Produktivitätsentwicklung zu entsprechen, wurden die Schwellenwerte im Vergleich zu 1996 angehoben.

Größenklasse	**Mitarbeiterzahl** und	**Jahresumsatz** oder	**Jahresbilanzsumme**
Großes Unternehmen	>250	>50 Mio. Euro	>43 Mio. Euro
Mittleres Unternehmen	<250	<50 Mio. Euro	<43 Mio. Euro
Kleines Unternehmen	<50	<10 Mio. Euro	<10 Mio. Euro
Kleinst-Unternehmen	<10	<2 Mio. Euro	<2 Mio. Euro

Tabelle 6: Schwellenwerte für die Größenklassifikation von Unternehmen gemäß der Definition der Europäischen Kommission[228]

[222] Steinle und Schumann (2003), S. 44 und Engel (2003), S. 318.
[223] So auch Audretsch und Lehmann (2004), S. 346, die darauf basierend auch die Wachstumsraten angeben.
[224] BetrVG, MitbestG, DrittelbG, HGB.
[225] HGB.

Im Vergleich zur Europäischen Kommission beschränkt sich das Institut für Mittelstandsforschung Bonn auf drei Größenklassen bei zwei Kriterien (Mitarbeiter, Jahresumsatz). Kleine Unternehmen in der Definition des Instituts für Mittelstandsforschung Bonn entsprächen auch der Definition von Kleinst-Unternehmen der Europäischen Kommission.

Größenklasse	Mitarbeiterzahl	Jahresumsatz
Großes Unternehmen	>500	>50 Mio. Euro
Mittleres Unternehmen	<500	<50 Mio. Euro
Kleines Unternehmen	<10	<1 Mio. Euro

Tabelle 7: Schwellenwerte für die Größenklassifikation von Unternehmen gemäß der Definition des Instituts für Mittelstandsforschung Bonn[229]

Umsatz ist ein sehr geeignetes Maß, um die Größe einer Unternehmung und den Erfolg eines Gründungs- und Wachstumsunternehmens abzubilden, insbesondere da wichtige betriebswirtschaftliche Kennzahlen auf dem Umsatz aufbauen.[230] Ein zusätzliches Argument ist auch, dass einige der im Folgenden vorgestellten Modelle den Umsatz und die Anzahl der Mitarbeiter als Bezugsgröße angeben.[231]

2.4.2 Modelle der Unternehmensentwicklung

Während Coase noch mit Verweis auf seinen Zeitgenossen Knight herausstellte, „that it is impossible to treat scientifically the determinants of the size of the firm"[232], sollen in diesem Kapitel Theorien zum Unternehmenswachstum vorgestellt werden.

[226] PublizitätsG.
[227] PublizitätsG, HGB.
[228] Europäische Kommission (2005), S. 14.
[229] Institut für Mittelstandsforschung Bonn (2002).
[230] Brüderl, Preisendörfer et al. (1996), S. 93. Bsp. wären Umsatzrendite oder Profitabilitätsmargen.
[231] Vgl. Greiner (1972), Timmons und Spinelli (2006) sowie in abgewandelter Form die Einteilung der Finanzierungsphasen mit der abhängigen Größe Netto Cash Flow.
[232] Coase (1937), S. 393. Coase schloss sich dieser Meinung allerdings nicht an und entwickelte im gleichen Artikel die Grundlagen der Transaktionskostentheorie („the costs of market transactions"). Hinsichtlich der Größe (size), stellte Coase in einem späteren Artikel klar, war vor allem die Bestimmung des Outputs gemeint, nicht die Spanne des Produktangebotes. Auch wenn natürlich gleichzeitig die Aktivposten und die Anzahl der Mitarbeiter durchaus als Größenmaßzahl verwendet werden können (Coase (1998)).

Ziel ist hierbei nicht die Bestimmung der optimalen Größe der Unternehmung, sondern vielmehr die Einteilung des Unternehmenswachstums in unterschiedliche Phasen. Dies hat nämlich auch Auswirkungen auf die Leitungsstrukturen, denn „as organizations evolve through their life cycle they have differing governance requirements ... [and the] challenge of governance in start-ups is to balance the demands for effective governance with the challenges of high growth."[233]

Albach unterscheidet in seinem Artikel über Unternehmenswachstum im Handwörterbuch der Betriebswirtschaft drei grundsätzliche Modelle der Unternehmensentwicklung: „Beim ersten Modell[234] gilt für den gesamten Entwicklungsverlauf die Gleichgewichtsbedingung, daß *Grenzertrag* gleich *Grenzkosten* ist. Beim zweiten[235] kann es auch erratische Entwicklungen geben. Beim dritten[236] wird die tatsächliche Entwicklung aus der Koordination von Partialoptima erklärt."[237] Das erste Modell wurde wesentlich durch die Pionierarbeit von Arrow im Jahre 1968 bestimmt, der davon ausging, dass die Unternehmensgröße durch den Kapitalstock bestimmt wird. Die Abwägung war eine Grenzbeobachtung, d.h., der Kapitalstock sollte durch Investitionen wachsen, bis der Grenzertrag den Grenzkosten des Kapitals entspräche und damit die optimale Firmengröße erreicht sei.[238] Abhängig von der aktuellen Größe entstehen dann Wachstums- bzw. Schrumpfungsmodelle. Im zweiten Modell wird das Wachstum des Unternehmens durch Forschungs- und Entwicklungsinvestitionen (Forschungsrate) determiniert. Da der Erfolg dieser Investitionen nicht exakt vorausgesagt werden kann, verläuft die Entwicklung des Unternehmens chaotisch und ungleichgewichtet. Festgelegt wird eine Forschungsrate, die sich bestimmt aus dem Umsatz und der anteiligen Reinvestition des Gewinns. Allerdings gibt es eine maximale Forschungsquote und einen abnehmenden Grenzertrag der Forschung. Zudem entsteht ein Koordinationsproblem, denn zunehmende F&E-Tätigkeit führt zu steigenden Koordinations- und Anpassungskosten.[239] Im dritten Modell bei Albach entsteht Entwicklung durch Koordination von Partialoptima. Die Unternehmen sind organisatorisch in funktionale Bereiche aufgeteilt, in denen optimale Entscheidungen

[233] Ingley und McCaffrey (2007), S. 4.
[234] „Das kontrolltheoretische Modell gleichgewichtiger Unternehmensentwicklung"
[235] „Das chaotische Modell ungleichgewichtiger Unternehmensentwicklung"
[236] „Das neoklassische Modell der Firmenentwicklung"
[237] Albach (1993b), S. 4420.
[238] Arrow (1968).
[239] Albach (1993b).

getroffen und mit anderen Bereichen abgestimmt werden. Allerdings verursacht die Umsetzung der Entscheidungen Anpassungskosten. „Die Anpassung der Zahl der Belegschaftsmitglieder an veränderte Produktionsbedingungen dauert fast viermal so lang wie die Anpassung im Lagerbereich“[240], dies unterstreicht zusätzlich die Bedeutung des Managements des Wachstums und den Aufbau der Leitungsstrukturen.

Albach geht bei allen drei vorgestellten Modellen schwerpunktmäßig von produzierenden Industrieunternehmen aus. Bei den hier untersuchten Unternehmen der Internet-/Software-Branche sind nicht alle Bereiche (Produktion, Lagerhaltung) von identischer Bedeutung, da diese teilweise immaterielle Güter anbieten, die bei Software beispielswiese mit Grenzkosten nahe null reproduziert werden können. Zu beachten ist auch, dass die Modelle hinsichtlich der Finanzierung die Nutzung von Fremdkapital mit einbeziehen. Den hier betrachteten Unternehmen ist es damit gar nicht möglich, Fremdkapital zu erlangen. Im neoklassischen Modell hieße das, dass die Zinskosten prohibitiv hoch wären, da diese dann den Preismechanismus für Fremdkapital darstellen würden. Die Zinskosten in Form der Renditeerwartung von Venture-Capital-Gesellschaften sind zwar auch hoch[241], aber stellen hier die einzige am freien Markt verfügbare Finanzierungsmöglichkeit dar.[242] Eine Analogie lässt sich aber sehr gut anhand des zweiten Modells erkennen. Dort wird von einer Entwicklungsleistung gesprochen. Diese ist bei einzigartigen und neuen Geschäftsmodellen gegeben. Hauptaussage ist an dieser Stelle daher zunächst, dass die Unternehmensentwicklung in Phasen abläuft und diese entsprechend einzuteilen sind.

Notwendigkeit der Einteilung

Eine Einteilung in Wachstumsphasen ist notwendig, da in unterschiedlichen Phasen unterschiedliche Herausforderungen im Rahmen der Entwicklung des Unternehmens zu bestehen sind. Dies gilt insbesondere für die Richtung der Entwicklung, denn in Wachstumsphasen gibt es andere Anforderungen an das Management, als dies bei Unternehmen, die sich in Schrumpfungsphasen befinden, der Fall ist.

---

[240] Ibidem, S. 4433.

[241] Die Renditen für das eingesetzte Kapital lagen zwischen 1984 und 2000 für Venture-Capital-Gesellschaften in den USA zwischen 18-20% und für die sehr guten Unternehmen bei über 30% pro Jahr. Vgl. dazu Alsop (2002).

Phelps, Adams et al. zeigen anhand einer Übersicht die Verteilung der Entstehungszeitpunkte von Lebenszyklusmodellen und die Anzahl der relevanten Phasen.[243] Manstedten stellt detailliert und strukturiert eine Vielzahl von unterschiedlichen Modellen (Lebenszyklusmodelle, Krisenmodelle, Strategie-Strukturänderungsmodelle, Strukturänderungsmodelle, Verhaltensänderungsmodelle) vor.[244] Eine ähnlicher Überblick findet sich auch bei Stern (Metamorphosemodelle, Krisenmodelle, Strukturänderungsmodelle, Verhaltensänderungsmodelle, und Marktentwicklungsmodelle).[245]

Lebenszyklusmodelle	Bruce (1976), Mintzberg (1983)
Krisenmodelle	Albach (1976), Albach, Bock et al. (1985), Lippitt und Schmidt (1967)
Strukturänderungsmodelle	Churchill und Lewis (1983), Greiner (1972), Scott und Bruce (1987)
Verhaltensänderungsmodelle	Gibbons (1992), Swayne und Tucker (1973)
Marktentwicklungsmodelle	Adizes (1989), Levitt (1965)

Tabelle 8: Ausgewählte Beispiele für Modelle der Unternehmensentwicklung[246]

Relevante Kriterien für die Phaseneinteilung werden vor allem folgende Punkte sein: Anzahl der Mitarbeiter, Alter, Umsatzklassen, Art der Organisationsstruktur, Gewinn (ja/nein), operativer Cash Flow positiv (ja/nein). Weitere Kriterien werden dann speziell im Modell betrachtet. Detailliert soll zunächst ein allgemeines Modell (Greiner) und eine Ergänzung dazu vorgestellt werden. Im Anschluss werden Modelle speziell für Gründungs- und Wachstumsunternehmen vorgestellt.

[242] Für bestimmte Größenordnungen scheiden Business Angel aus und staatliche Förderinstitutionen haben eine Reihe von Nebenzielen (Schaffung von Arbeitsplätzen, Förderung von Zukunftstechnologien, etc.), so dass diese nicht als reine Marktteilnehmer auftreten.
[243] Phelps, Adams et al. (2007).
[244] Manstedten (1996).
[245] Stern (2003), S. 46-49.
[246] Vgl. auch Manstedten (1996) und Stern (2003)

2.4.2.1 Allgemeine Modelle

Es gibt eine Vielzahl von Unternehmensentwicklungsmodellen, die versuchen, die Entwicklung des Unternehmens in Phasen einzuteilen und diese abzugrenzen. Drei generelle Ansätze wurden bereits eingangs beschrieben. Hier geht es darum, ausgewählte allgemeine dynamische Modelle kurz vorzustellen.

Das Modell von Greiner geht davon aus, dass in wachsenden Unternehmen mit zunehmendem Alter und steigender Größe der Organisation während des Wachstums Krisen entstehen. Greiner beschreibt dabei fünf Arten von Wachstum, die anschließend in einer definierten Krise münden. In zeitlicher Abfolge wächst das Unternehmen durch Kreativität, direkte Führung, Delegation, Koordination und Zusammenarbeit. Diese Phasen des kontinuierlichen Wachstums werden bei Greiner als Evolutionsphasen bezeichnet. Jede dieser Evolutionsphasen führt aber in einen spezifischen Krisenzustand, der Revolutionsphase. Bei Überwindung der Revolutionsphase folgt dann der Eintritt in die nächste Evolutionsphase. Spezifiziert sind die Krisen für die Phasen 1-5 und bezeichnen eine Führungsstilkrise, eine Autonomiekrise, eine Kontrollkrise und eine Bürokratiekrise.

Für den hier untersuchten Zweck ist es gut, dass die Neigung der Funktion im Koordinatensystem durch die Art des Unternehmens bestimmt wird, so ist bei innovativen High-Tech-Unternehmen die Steigung höher, dies liegt technisch gesehen daran, dass die Wachstumsrate höher liegt und die Unternehmen dadurch schneller an Größe gewinnen. Auch hat das eine Auswirkung auf die zur Verfügung stehende Zeit, denn ein schnelleres Ansteigen bedeutet auch, dass die genannten Krisen innerhalb eines kürzeren Zeitrahmens durchschritten werden, was die mögliche Prävention noch wichtiger macht, da in der Krise weniger Zeit zur Verfügung steht.

Besondere Relevanz hat Greiners Modell für die hier betrachteten Gründungs- und Wachstumsunternehmen, da die anfängliche informelle Kommunikation nicht aufrechterhalten werden kann und die Unternehmen anschließend aufgrund mangelnder Kommunikation mit den Mitarbeitern in die Führungsstilkrise kommen, die durch das Einführen fester Strukturen überwunden werden kann. Ohne das Überwinden der Führungsstilkrise, kann das Unternehmen nicht in die folgende Wachstumsphase eintreten. Das Problem sind laut Greiner dann die Gründer selbst: „The founders often hate to step aside even though they are probably temperamentally unsuited to be managers."[247]

Wenn es dem Unternehmen gelingt, effiziente Strukturen einzuführen, dann stellt sich im Anschluss das Problem, dass zunehmend dezentral Entscheidungen getroffen werden müssen, aber für eine vormals erfolgreich delegierende Unternehmensleitung ist es schwierig, diese Autorität aufzugeben und die Entscheidungen dezentral treffen zu lassen.

Kritisch ist zu Greiners Modell anzumerken, dass es nicht auf empirischen Untersuchungen basiert, sondern eher als ein „rein theoretisches Konzept"[248] anzusehen ist.

„Aufgrund des Unternehmenswachstums und des Aufbaus einer Organisationsstruktur können Finanz- und Führungskrisen entstehen."[249] Witt merkt dazu weiter an, dass diese Phasen bislang noch unzureichend erforscht sind und ein Gründungsunternehmen unterschiedliche Arten dieser Krisen bewältigen muss, daher soll hier ebenfalls kurz ein Krisenverlaufsmodell vorgestellt werden, da dieses Erklärungsansätze zur Identifikation und damit auch zur Reaktion auf Krisen gibt.

In dieser Arbeit geht es nicht primär um Krisen und deren Entstehung, aber der Aufbau und die Veränderung von Leitungsstrukturen werden oft maßgeblich in Phasen der Krise vorangetrieben.

In dem in Abbildung 7 vorgestellten Krisenphasenmodell werden ausschließlich die Phasen einer Krise und nicht der komplette Lebenszyklus eines Unternehmens betrachtet. Dies ist sehr nützlich, da so die eigentliche Krise, die bei Greiner lediglich als Revolutionsphase aufgeführt ist, genauer analysiert werden kann und auch deutlich wird, dass diese Krise nämlich nicht immer auch bewältigt werden muss, was

[247] Greiner (1972), S. 42.
[248] Mellewigt und Witt (2002), S. 84.
[249] Witt (2005), S. 16.

dann zur Insolvenz führt. Abbildung 7 stellt somit eine Lupe für die bei Greiner als Revolutionsphasen gekennzeichneten Krisen[250] dar.

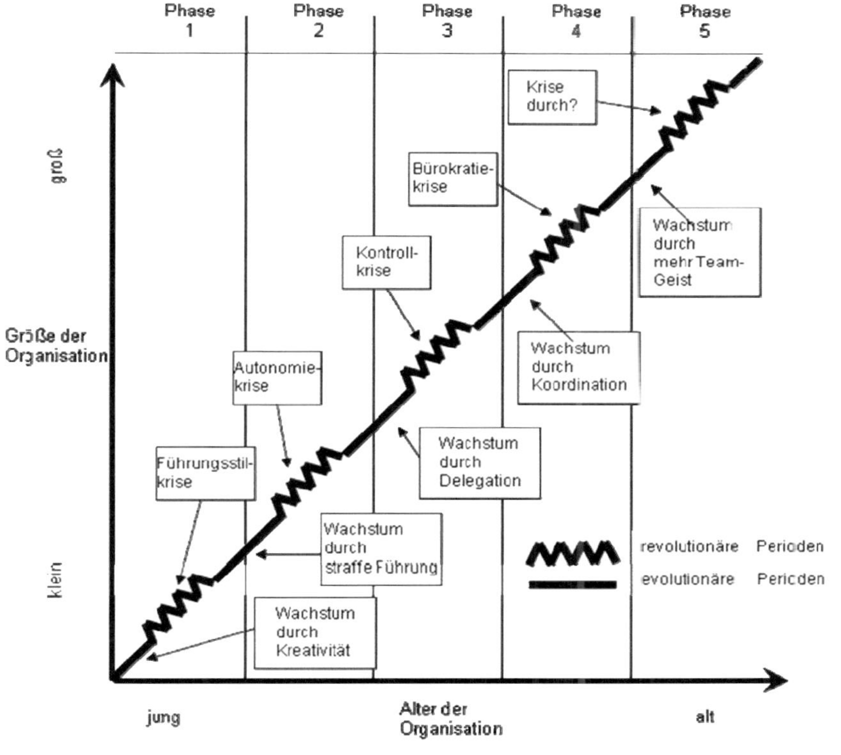

Abbildung 6: Evolutions- und Revolutionsphasen wachsender Organisationen[251]

Das Modell von Greiner[252] hat gezeigt, dass bei einem höheren Wachstum auch weniger Zeit für die einzelnen Phasen zur Verfügung steht, daher ist der hier vorgestell-

[250] Müller bietet darüberhinaus auch eine Klassifizierung der Krisen nach Richtung der Unternehmensentwicklung, Stadium des Lebensszyklus der Unternehmung, den Krisenursachen, des Zeitdrucks und den bedrohten Unternehmenszielen an. Vgl. dazu Müller (1986).
[251] Greiner (1972), S. 41.
[252] Greiner (1972).

te Zeitabschnitt bei Gründungs- und Wachstumsunternehmen auch kürzer, als dies bei etablierten Großunternehmen der Fall ist.[253]

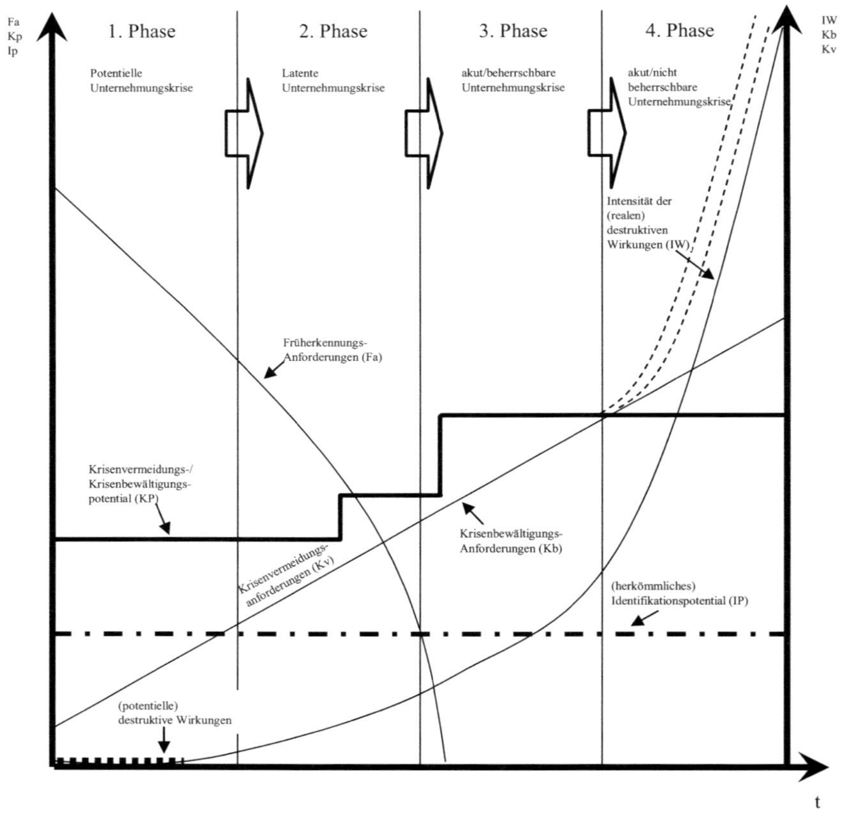

Abbildung 7: Organisatorische Möglichkeiten der Krisenbewältigung[254]

Die anfänglichen Krisenvermeidungsanforderungen gehen ab der dritten Phase in Krisenbewältigungsanforderungen über, denn ab diesem Zeitpunkt ist die Krise zu erkennen. In Phase vier werden die Krisenbewältigungsanforderungen und das Kri-

253 Ein zusätzlicher Punkt ist dabei noch die meist begrenzte Kapitalausstattung bei Gründungsunternehmen, was Krisen noch gefährlicher macht, da dann sehr schnell auch die Existenz des Unternehmens betroffen ist.
254 Krystek (1980), S. 64.

senbewältigungspotential bereits von den destruktiven Wirkungen der Krise überstiegen.

In Krysteks Darstellung gibt es einen Schwellenwert, der erreicht sein muss, damit die destruktiven Wirkungen der Krise wahrgenommen werden können. Dies verdeutlicht, warum Krisen häufig zu spät erkannt oder nicht als solche wahrgenommen werden. In Krysteks Modell lassen sich zwei interessante Punkte gut beobachten: Erstens, der Grund, warum Krisen häufig zu spät erkannt werden und, zweitens, dass nur ein begrenztes Zeitfenster zur Überwindung der Krise zur Verfügung steht. Offen bleibt allerdings, wie die einzelnen Phasen erkannt und abgrenzt werden.

Das Krisenmodell Krysteks wurde hier vorgestellt, da empirisch nachgewiesen werden konnte, dass Venture-Capital-Gesellschaften vor allem dann aktiv werden, wenn sich ein Portfoliounternehmen in der Krise befindet.[255] Auswirkungen auf die Leitung können sich dann ergeben, wenn der Eigenkapitalgeber sein vertragliches Recht, die Leitung zu verändern, entweder durchsetzt oder damit droht, dieses umzusetzen. Zusätzlich hat Kosnik darauf verwiesen, dass ein Aufsichtsgremium erst in einer Krise zeigen kann, ob es in der Lage ist, die Interessen der Anteilseigner wirksam umzusetzen.[256] Damit wird der Zustand der Krise auch eine Probe für die Ausgestaltung der Leitungsstrukturen.

Bei Gründungsunternehmen sind speziell in der Übergangsphase, wenn aus dem informell arbeitenden Team der Anfangszeit ein Unternehmen mit Strukturen wird, Krisenanzeichen zu beobachten, wobei diese anfangs, aufgrund der vorherigen Arbeitserfahrung im Team, zunächst nicht sichtbar werden und später ggf. nicht wahrgenommen werden wollen. Dies hat auch etwas mit der Fähigkeit der Gründer, ihre eigene Managementkompetenz zu erkennen und ggf. anzupassen oder einen Fremdmanager hinzuzubestellen, zu tun. Wachstumsprobleme sind daher meist direkt mit dem Management verbunden oder können auf Fehler im Management zurückgeführt werden.

[255] Frederiksen und Klofsten (2001).
[256] Kosnik (1987), S. 164.

Grundsätzlich ist es möglich, dass Unternehmenskrisen zu jedem Zeitpunkt des Lebenszyklus der Unternehmung auftreten.[257] Nach Albach[258] und Albach, Bock et al.[259] könnten dies Gründungskrisen, Wachstumskrisen und Alterskrisen sein. Anfänglich starten Unternehmen mit einer geringen Kapitalausstattung und sind damit besonders anfällig für eine Insolvenz. Sobald die Unternehmen aber überlebensfähig sind, ist die Gründungskrise überwunden und eine Phase des Wachstums kann folgen. Wenn das Unternehmen es aber versäumt hat, strukturelle Anpassungen rechtzeitig vorzunehmen, dann wird das Unternehmen in die Wachstumskrise geraten. Insbesondere Unternehmensgründer könnten dann aber, obwohl gegebenenfalls ihr Anteil am Unternehmen abgenommen hat, an der bereits etablierten Leitungsstruktur festhalten und damit notwendige Veränderungen blockieren. Die Abgrenzung innerhalb des Lebenszyklus ist dabei aber nicht immer eindeutig. Zusätzlich führen Krisen meist dazu, dass sich die Richtung der Entwicklung umkehrt, so werden aus wachsenden Unternehmen schrumpfende.

2.4.2.2 Gründungsphasenmodelle

In diesem Abschnitt sollen Modelle vorgestellt werden, die direkt für Gründungs- und Wachstumsunternehmen entwickelt wurden und daher für den hier betrachteten Aspekt eine höhere Spezifität aufweisen.

Eine weit verbreitete Einteilung für Gründungsphasen ist die Einteilung nach Finanzierungsphasen. Die Beschaffung von Kapital ist meist das entscheidende Problem, um überhaupt adäquat das Geschäftsmodell zu realisieren.

Theoretisch unterstützt wird dieser Ansatz natürlich durch die Annahmen des Resource-Based-View[260], da die Finanzierungsphasen abbilden, dass die knappste Ressource Kapital ist und diese in unterschiedlichen Phasen über Finanzierungsrun-

[257] Dies entspricht auch den Entwicklungsstadien des Albach'schen Modells.
[258] Albach (1976).
[259] Albach, Bock et al. (1985).
[260] Begründet durch die Schlüsselpublikation von Edith Penrose (Penrose (1959)) analysiert die ressourcenbasierte Sichtweise auf Unternehmen den Zugang und die Kontrolle über für die weitere Entwicklung kritische Ressourcen. Wachstum heißt für Gründungsunternehmen die Ressourcenknappheit zu überwinden und sich zu etablieren. Diese Knappheit an Ressourcen resultiert für Gründungsunternehmen vor allem aus der „liability of smallness“ und der „liability of newness“. Der erste Nachteil ergibt sich aus der vergleichsweise geringen Größe und der zweite aus der Unbekanntheit. Die Überwindung dieser Nachteile kann dann zu Wachstum führen.

den zu erhalten ist. Da Kapital weder schwierig zu transferieren noch schwierig zu kopieren ist, wird hier auch nicht näher auf den Resource-Based-View eingegangen.

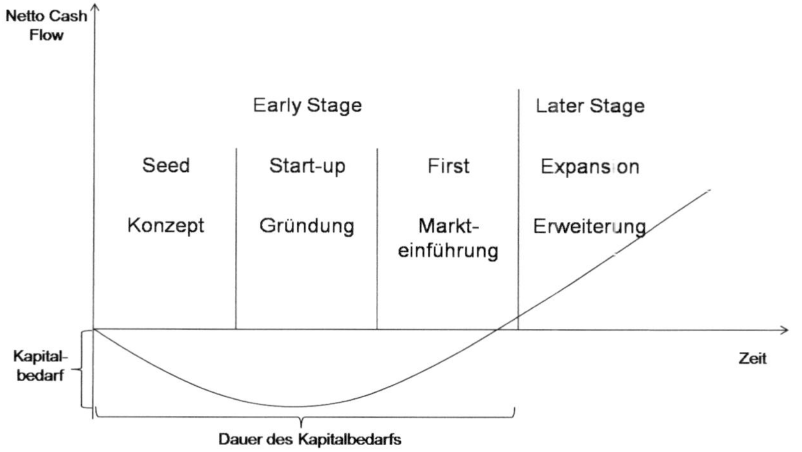

Abbildung 8: Lebenszyklus nach Finanzierungsphasen[261]

Churchill und Mullins[262] argumentieren, dass die finanziellen Restriktionen eines Unternehmens das Wachstum stark begrenzen können und erarbeiten ein Modell zur Ermittlung der maximalen Wachstumsrate, die eng an die Selbstfinanzierungsrate geknüpft ist. Dies ist für die betrachteten Unternehmen allerdings lediglich bis zum Zeitpunkt des Investments eines externen Eigenkapitalgebers relevant, da dann der Kapitalbedarf abgeschätzt und die Investition ermittelt werden kann (siehe auch Abbildung 8).

Das Modell von Churchill und Lewis (Abbildung 9) ist besonders interessant, da es zum einen empirisch anhand von 83 Unternehmen überprüft wurde und zwei für diese Arbeit relevante Aspekte sehr gut hervorhebt.

---

[261] In Anlehnung an: Betsch, Groh et al. (2000), S. 20, Malek und Ibach (2004), S. 383-391 und Brettel, Rudolf et al. (2005), S. 19.
[262] Churchill und Mullins (2001).

	Stage I Existence	Stage II Survival	Stage III-D Success-Disengagement	Stage III-G Success Growth	Stage IV Take-off	Stage V Resource Maturity
Management style	Direct supervision	Supervised supervision	Functional	Functional	Divisional	Line and staff
Organization						
Extent of formal systems	Minimal to non existent	Minimal	Basic	Developing	Maturing	Extensive
Major strategy	Existence	Survival	Maintaining profitable status quo	Get resources for growth	Growth	Return on investment
Business and Owner						

Abbildung 9: Charakteristika eines kleinen Unternehmens in der jeweiligen Entwicklungsphase[263]

Dies ist zum einen die Tatsache, dass sich die Beziehung zwischen dem Unternehmen und dem Gründer verändert. Churchill und Lewis sprechen vom „owner“ (Eigentümer). Hierbei gibt es zwei Aspekte zu beachten: Erstens gehen die hier betrachteten Unternehmen mit Venture-Capital-Gesellschaften Beteiligungsverträge ein , so dass sie nicht mehr Alleineigentümer sind, aber weiterhin als Gründer bezeichnet werden können und, zweitens, kann sich die abgebildete Beziehung auch auf die Organisation und die Einbindung des Gründers als Manager beziehen, dann wäre die Beteiligung am Unternehmen zweitrangig. Die anfängliche Identifikation des Unternehmens mit dem Gründer löst sich mehr und mehr auf und das Unternehmen und sein Produkt bzw. die Dienstleistung rücken stärker in den Vordergrund. Der zweite wichtige Punkt ist der explizite Bezug auf die Ausgestaltung der Organisationsstruktur.[264]

Ebenfalls interessant ist das Modell von Timmons und Spinelli, das verschiedene Management-Modi unterscheidet. Die Art des Managements wechselt in dem Sinne, dass andere Anforderungen gelten und sich der Fokus vom reinen Erledigen („doing“) zunehmend in Richtung Delegation und Leitung („managing“) verschiebt. Auch hier sind implizit immer wieder Krisen für das Unternehmen möglich.

[263] Churchill und Lewis (1983), S. 38.
[264] Ibidem.

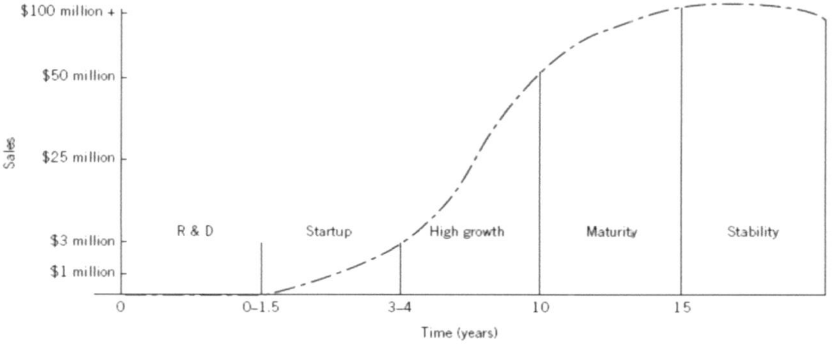

Crucial transitions:

Sales	0–$5 million	$5–$15 million	$10–$25 million+
Employees	0 to 20–25	25–75	75–100+
Core management mode	Doing	Managing	Managing managers

Abbildung 10: Wachstumsphasen, wichtige Übergänge und Management-Modi[265]

Auch die oben beschriebenen Krisenmodelle haben hohe Relevanz für die Gründungs- und Wachstumsunternehmen, denn Krisen kommen auf jeden Fall, die Frage ist, wann und wie vorbereitet Unternehmen reagieren. Der Grund einer Krise findet sich meist in der Unternehmensentwicklung. Bestimmte Wachstumsschwellen müssen überwunden werden, an diesen Punkten gibt es dann Probleme. Die hier vorgestellten Modelle zeigen auch, dass Veränderungen meist durch Krisen induziert werden.

Im Internetbereich kann es sogar sein, dass für den Aufbau am Anfang eine größere Anzahl Personen benötigt wird, als dann langfristig notwendig sind, so dass eine Schrumpfungsphase nach Erreichen der notwendigen Marktposition[266] durchaus ein normaler Bestandteil der Entwicklung sein kann. Dies liegt im Internet im Speziellen an der Art des Geschäftsmodells, das am Anfang den Aufbau einer Plattform bein-

[265] Timmons und Spinelli (2006), S. 260.
[266] Dies kann im Internetbereich durchaus ein „Winner takes all“-Markt sein.

haltet und anschließend oftmals vernachlässigbare Grenzstückkosten hat. Eine spezielle Übersicht zu den Einflussfaktoren auf den Erfolg von Gründungsunternehmen in unterschiedlichen Modellen findet sich bei Jacobsen. Dort sind ebenfalls Definitionsansätze für die Bestimmung von Erfolg in Gründungsunternehmen vorhanden.[267]

Hinsichtlich der Entwicklung eines Unternehmens verweisen Zimmermann und Zeitz[268] auf die Schaffung von Legitimität durch neugegründete Unternehmen. Dabei komme es vor allem darauf an, dass die „liability of newness" überwunden werde.[269] Der Legitimitätsaufbau soll vor allem durch vier Strategien erreicht werden. Das Unternehmen erreicht Legitimität durch Konformität, Selektion, Manipulation oder Schaffung von Neuem. Die Argumentation von Zimmermann und Zeitz ist insofern für den hier betrachteten Aspekt interessant, da sowohl die Modelle von Greiner als auch das Modell von Churchill und Lewis Bezug auf das Erreichen bestimmter Minimalanforderungen (bei Zimmermann und Zeitz „*Threshold*" genannt) nehmen. So ist beispielsweise das Überstehen der „Existence"-Phase und das Erreichen der „Survival"-Phase ein Indiz für „crossing a threshold beyond which the situation of the new organization is less precarious."[270]

Kritik an Lebenszyklusmodellen

Bhidé kritisiert Lebenszyklusmodelle, da diese seines Erachtens nach die Vielfältigkeit der Entwicklung unternehmerischer Aktivität nicht adäquat abbilden könnten und daher bereits die Idee nicht zielführend sei. Dem ist entgegenzuhalten, dass gerade die Praktikabilität der Empfehlungen die Modelle so nützlich macht, da somit eine höhere Planbarkeit der Entwicklung möglich[271] wird. Allerdings gesteht Bhidé in diesem Zusammenhang zu, dass die Entwicklung von adäquaten Organisationsstrukturen sehr wohl erfolgskritisch ist.[272]

[267] Jacobsen (2003).
[268] Zimmerman und Zeitz (2002).
[269] Welche Faktoren darauf bei der Markenbildung von Start-ups Einfluss nehmen, lässt sich bei Witt und Rode (2005) erkennen.
[270] Zimmerman und Zeitz (2002), S. 427.
[271] Kritiker würden einwenden: „suggeriert" wird.
[272] Bhidé (2000), S. 244-248.

Auch Albach, Bock et. al. verweisen darauf, dass die vielen Metamorphosenmodelle[273] „kein allgemeingültiges Phasenschema“[274] aufweisen. Für sie steht allerdings fest, dass eine Änderung der Organisation an kritischen Wachstumsschwellen notwendig ist und von den erfolgreichen aggressiv wachsenden Unternehmen – sogar die Wachstumsschwellen antizipierend –Organisationsänderungen vorgenommen werden. Der Verlauf von Lebenszyklusmodellen konnte in ihrem Sample nicht bestätigt werden, jedoch bestand dies zu 93% aus Unternehmen mit einem Alter von mindestens 20 Jahren.

2.5 Arten der Finanzierung

Witt hält fest, dass die Corporate Governance im Sinne der Principal-Agent-Theorie erst dann zu einem relevanten betriebswirtschaftlichen Phänomen wird, wenn in einem arbeitsteiligen Unternehmen mit Delegation der Aufgaben Informationsasymmetrie herrscht, es potentielle Interessenkonflikte zwischen den Beteiligten gibt und vollständige Verträge nicht möglich sind.[275] Diese drei Aspekte sind für die Beteiligung von Risikokapitalgebern an Gründungs- und Wachstumsunternehmen gegeben. Zusätzlich ist es noch eine offene Forschungsfrage, wie sich ein Gründungsunternehmen „bei seinen Finanzierungsentscheidungen insgesamt niedrigere Kapitalkosten sichern kann.“[276] Die Arten der Finanzierung werden daher in diesem Kapitel dargestellt.

Die Finanzierungsalternativen sind allgemein sehr vielfältig, aber für junge Gründungs- und Wachstumsunternehmen stehen aufgrund eines hohen Ausfallrisikos nicht alle Alternativen zur Verfügung. Die erste Ebene stellt dabei die Innen- bzw. Außenfinanzierung dar. Die Innenfinanzierung ist für Gründungs- und Wachstumsunternehmen sehr eingeschränkt, da meist am Anfang noch keine bzw. nur geringe Umsätze generiert werden und auch keine Finanzierung aus Abschreibungen oder

[273] Für einen detaillierten Überblick vgl. Manstedten (1996), S. 332-414 und Phelps, Adams et al (2007), S. 23-30.
[274] Albach, Bock et al. (1985), S. 52.
[275] Witt (2003), S. 5-6.
[276] Mellewigt und Witt (2002), S. 104.

Rückstellungen möglich ist. Die Außenfinanzierung gliedert sich in Beteiligungs- oder Eigenfinanzierung (Eigenkapital) und Kreditfinanzierung (Fremdkapital).[277]

Die Pecking Order-Theorie von Myers besagt, dass neue Investitionen zunächst mit einbehaltenen Gewinnen, dann mit Fremdkapital und erst zuletzt mit der Ausgabe neuer Aktien finanziert werden sollten.[278] Für Gründungs- und Wachstumsunternehmen stellt sich die erste Frage gar nicht, denn meist sind am Anfang eher Verluste vorherrschend, für Fremdkapital bestehen meist keine Sicherheiten, so bleibt nur noch die Finanzierung über Eigenkapitalinvestitionen. Die Frage nach der optimalen Finanzierung über Fremd- und Eigenkapital soll im Folgenden genauer betrachtet werden.

Fremdkapital

Hinsichtlich der Frage, inwiefern Fremdkapital als alternative Finanzierungsform für Gründungsunternehmen relevant ist, haben Audretsch und Lehmann anhand eines Datensatzes von Unternehmen, die am „Neuen Markt" gelistet waren, untersucht, welche Rolle Banken bei der Finanzierung innovativer Firmen spielen. Gemäß ihrer Untersuchung weisen Unternehmen mit Bankenfinanzierung eine schlechtere Performance auf. Sie ziehen daraus die Schlussfolgerung, dass Deutschland einen Nachholbedarf bei der Entwicklung eines Venture Capital-Angebotes hätte.[279]

Ungeachtet der Frage der Eignung des Samples ist hierzu festzustellen, dass innovative Unternehmen nicht für Fremdkapitalfinanzierungen durch Banken ausgewählt werden, da eine zwingende Voraussetzung für eine solche das Vorhandensein von Sicherheiten ist, ein neu gegründetes Unternehmen diese allerdings meist nicht aufweisen kann. Zusätzlich sind aufgrund des Verhältnisses von Risiko zu Rendite Fremdkapitalfinanzierung und eine Eigenkapitalfinanzierung durch Risikokapitalgeber[280] sich gegenseitig ausschließende Finanzierungsformen, da Banken aufgrund des hohen Risikos keine Fremdfinanzierung vergeben werden und Venture-Capital-

[277] Jacob, Klein et al. (1994), S. 153-157. Eine breitgefasst Übersicht der Finanzierungsmöglichkeiten findet sich auch bei Malek und Ibach (2004), S. 374-383.
[278] Myers (1984).
[279] Audretsch und Lehmann (2004).
[280] In der konkreten Veröffentlichung Venture-Capital-Gesellschaften, im Kontext dieser Arbeit Venture-Capital-Gesellschaften, informelle Eigenkapitalgeber und Corporate Venture-Capital-Gesellschaften.

Gesellschaften das betreffende Unternehmen aufgrund der möglichen hohen Rendite interessant finden und im Gegenzug bereit sind, das Risiko zu tragen.[281] Somit kann das Ergebnis von Audretsch und Lehmann auch als zwingende Notwendigkeit gesehen werden, denn wenn die gelisteten Unternehmen ohne Fremdkapitalfinanzierung eine bessere Performance als die mit fremdkapitalfinanzierten Unternehmen aufweisen, kann dies auch einfach daran liegen, dass höheres Risiko mit Eigenkapital finanziert wird und lediglich die Überlebenden ein Listing an der Börse schaffen.

Williamson argumentiert, dass das Verhältnis von Eigenkapital zu Fremdkapital zu einer unterschiedlichen Ausgestaltung der Corporate Governance führt. Die Wahl zwischen Eigen- und Fremdkapital ist seines Erachtens nach von der Spezifität des Anlagevermögens abhängig. Je spezifischer[282] ein Gegenstand des Anlagevermögens ist, desto schwieriger ist es dafür eine Fremdkapitalfinanzierung zu erhalten. Die Begründung liegt in der Verwertungsmöglichkeit durch die Bank im Falle des Nichtbedienens des Kredites durch den Kreditnehmer. Banken werden sich mittels Sicherungsvertrag die Verwertungsrechte einer Sache oder eines Rechtes zusichern lassen, um sich bei Kreditausfall abzusichern. Da die in dieser Arbeit zu betrachtenden Unternehmen meist völlig neue Dienstleistungen und Produkte anbieten, sind die Investitionen hochgradig spezifisch und gerade Investitionen in die Bereiche Kundenaufbau oder Markenbildung können schwer übertragen werden und bieten keinerlei Sicherheitsleistung, die bei Zahlungsausfall durch die Bank verwertbar wäre. Daher ist auch nach Williamson die Präferenz für Eigenkapital bzw. die Unmöglichkeit, Fremdkapital zu erhalten, begründbar.[283]

Zusammenfassend lässt sich festhalten, dass für die im Rahmen dieser Arbeit betrachteten Aspekte die Finanzierung der Gründungsunternehmen durch Fremdkapital nicht näher untersucht werden.

Eigenkapital

Hinsichtlich der Finanzierung von Unternehmen verweisen Jensen und Meckling auf einen begrifflichen Unterschied. Sie sprechen nicht von der Kapitalstruktur von Fir-

[281] Witt (2004a).
[282] Spezifisch im Sinne von lediglich für das eine Unternehmen verwendbar.
[283] Williamson (1988).

men, sondern von der Eigentümerstruktur, Gesellschafterstruktur oder Anteilseignerstruktur. Die Begründung dafür liegt in der Tatsache, dass es ihrer Meinung nach nicht ausreicht, das Verhältnis von Eigen- und Fremdkapital festzulegen, sondern ein wesentlicher Punkt der relative Anteil des „inside equity" ist. Inside equity bezeichnet hierbei den Anteil der Geschäftsführung am Eigenkapital.[284] Da im vorangegangen Abschnitt eine Festlegung auf Eigenkapital-finanzierte Firmen getroffen wurde, soll jetzt auch der Begriff Anteilseignerstruktur im Vordergrund stehen.

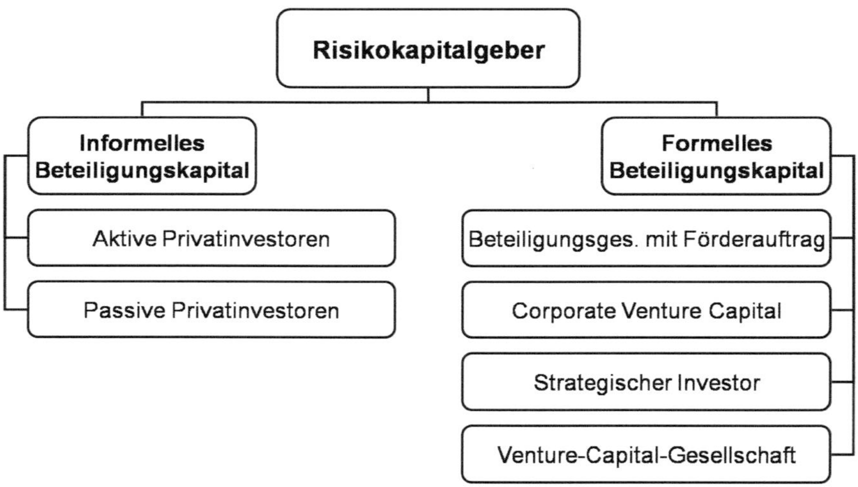

Abbildung 11: Risikokapitalgebergruppen[285]

Die grundsätzliche Unterscheidung zwischen formellem und informellem Kapitalmarkt dient vor allem dazu, dass unterschiedliche Merkmale voneinander abgegrenzt werden können. Dazu gehören vor allem die Unternehmensphasen, das Finanzierungsvolumen, Kontroll- und Informationsrechte sowie die Unterstützung im Management durch den Investor. Gemäß Engelmann et al. investieren Business Angel[286] vor allem in frühen Phasen, wohingegen formelle Kapitalgeber in allen Phasen präsent sind. Ist das Finanzierungsvolumen von Business Angeln meist auf eine halbe

[284] Jensen und Meckling (1976).

[285] Eigene Darstellung in Anlehnung an Brettel (2004).

[286] Business Angel gehören zum Bereich des informellen Beteiligungskapitalmarktes. Da Business Angel meist auch noch Know-how und ein persönliches Netzwerk zur Verfügung stellen, sind sie dem Bereich der aktiven Privatinvestoren zuzuordnen.

Million Euro begrenzt,[287] wird eine Finanzierung durch formelle Kapitalgeber von Beträgen „unter einer halben Million € hingegen fast als zu gering"[288] eingeschätzt. Die Beteiligung von Risikokapitalgebern führt dazu, dass Agency Costs[289] entstehen, u.a. durch den Aufwand für die Kontrolle der Unternehmensleitung. Die Ausgestaltung der Kontroll- und Informationsrechte ist bei Business Angeln weniger formalisiert und weniger wichtig, als dies für formelle Kapitalgeber der Fall ist. Diese lassen sich umfangreiche Kontrollrechte zusichern und möchten ein standardisiertes und periodisiertes Berichtswesen. Dementsprechend sind auch die Rückmeldungen zur aktuellen Entwicklungssituation von formellen Kapitalgebern regelmäßiger, als Business Angel dies anbieten könnten.[290] Sowohl Business Angel als auch Venture-Capital-Gesellschaften bieten allerdings nicht nur Kapital, sondern stellen auch Know-how und Beratung für das Gründungs- und Wachstumsunternehmen zur Verfügung.[291]

Eine Sonderform der Finanzierung stellen Inkubatoren dar. Diese stellen nicht nur Kapital bereit, sondern bieten auch zentriert an einem Ort Räume und Infrastruktur für neu gegründete Unternehmen. Diese sollen aufgrund der speziellen Unterstützung und aufgrund der starken zeitlichen Angebotsunterschiede[292] hier nicht näher betrachtet werden.[293]

Die Finanzierung durch eine Venture-Capital-Gesellschaft wird meist durch folgende Eigenschaften gekennzeichnet: Eigenkapitalfinanzierung als Minderheitsbeteiligung, zeitliche Begrenzung sowie Kontroll- und Mitspracherechte, die bis zu einzelnen Managementfunktionen reichen können.[294]

Für die praktische Durchführung der Beteiligung gibt es eine Vielzahl an Möglichkeiten, wie sich Venture-Capital-Gesellschaften beteiligen können. Aghion und Bolton

---

[287] Der mehrjährige Durchschnitt des Business Angel Panels, das in Zusammenarbeit zwischen dem Business Angel Netzwerk Deutschland, der RWTH Aachen, den VDI nachrichten und der WHU erhoben wird, schwankt um die 80.000 Euro pro Business Angel pro Investment.

[288] Brettel, Rudolf et al. (2005), S. 143.

[289] Diese Kosten entstehen mit der Trennung von Anteilseigentum und Kontrolle des Unternehmens. Jensen und Meckling zeigen theoretisch, dass diese Kosten mit zunehmen, wenn der Anteil des Eigentümerunternehmers abnimmt (Jensen und Meckling (1976)). Dies konnte empirisch von Ang Cole et al. (2000) nachgewiesen werden.

[290] Engelmann, Juncker et al. (2000).

[291] Casamatta (2003).

[292] Sehr viele renditeorientierte Inkubatoren während der Zeit des Neuen Marktes haben sich danach aufgelöst.

[293] Vgl. Brettel, Rudolf et al. (2005), S. 135-156 oder Witt und Zillmer (2002).

stellen dafür modell-theoretisch eine feste Abfolge vor, die den Gründern empfiehlt, zunächst Vorzugsaktien ohne Stimmrecht zu vergeben, dann einen Teil der Aktien mit Stimmrecht auszugeben und erst als Letztes alle Entscheidungsrechte an den Investor abzutreten und im Gegenzug alle Finanzierungsnotwendigkeiten abzudecken.[295] Die Argumentation von Aghion und Bolton zielt vor allem darauf ab, dass es eine „pecking-order theory of governance structures"[296] gibt. Sie folgern, dass die Anteilseignerstruktur einen Einfluss auf die Ausgestaltung der Entscheidungsrechte hat. Für diese Ausgestaltung gibt es drei Ausprägungen: „Entrepeneur control, contingent control and investor control"[297]. Anzumerken ist hierzu, dass das Modell Bezug auf die Anteilseignerstruktur nimmt, aber auch eine zeitliche Abfolge beinhaltet, die hohe Relevanz für die sich verändernden Leitungsstrukturen von Gründungs- und Wachstumsunternehmen besitzt. Sehr häufig werden Kombinationen von Eigenkapitalanteilen, Vorzugsaktien, Wandelanleihen und Mezzanine Beteiligungen gewählt. Eine detaillierte Aufstellung dazu findet sich bei Kerber.[298]

Venture-Capital-Gesellschaften investieren Mittel aus Fonds mit einer begrenzten Laufzeit. Diese führt dazu, dass diese Gesellschaften ein Ausstiegsszenario, teilweise bereits zum Investitionszeitpunkt festgelegt[299], benötigen, um innerhalb der Fondslaufzeit ihr Investment auch wieder verkaufen zu können. Für den Verkauf der Anteile des externen Eigenkapitalgebers gibt es im Wesentlichen zwei Möglichkeiten, erstens, das Unternehmen geht an einen strategischen Investor (Trade Sale), dieser übernimmt dann allein die Kontrolle an dem Unternehmen und führt auch seine Controllingmechanismen im Unternehmen ein oder das Unternehmen geht an die Börse und muss die bereits bestehenden Mechanismen selbst weiter ausbauen und verfeinern.[300]

Möglich ist natürlich auch, dass eine Venture-Capital-Gesellschaft ihren Anteil an eine andere Venture-Capital-Gesellschaft weiterverkauft. Dies kann bspw. aufgrund

[294] Schefczyk (2000), S. 9 ff.
[295] Aghion und Bolton (1992).
[296] Ibidem, S. 491.
[297] Ibidem, S. 491.
[298] Kerber (2002), vgl. auch Geisel (2004).
[299] Cumming (2002) argumentiert bspw., dass die Art der Eigenkapitalbeteiligung die Art des Exits größtenteils determiniert. Dies gilt in seinem Sample ebenfalls für die Anzahl der Veto- und Kontrollrechte.
[300] Vgl. zum Gesellschafterausstieg in großen Familienunternehmen Redlefsen und Witt (2006).

von fehlender Fristenkongruenz[301] der Fall sein und muss nicht zwangsläufig mit der Entwicklung des Portfoliounternehmens zusammenhängen. Zusätzlich sind natürlich auch ein Management-Buy-Out oder ein Management-Buy-In denkbar.

Interessant ist die Frage, ob es für Venture-Capital-Gesellschaften eine Präferenz für eine bestimmte Exit-Form gibt. Lerner untersuchte 350 Firmen der Biotechnologiebranche und weist nach, dass eine Präferenz für den IPO eines Portfoliounternehmens dann gegeben ist, wenn die Bewertung an den Börsen hoch ist. Dafür ist es natürlich erforderlich, den richtigen Zeitpunkt zu finden. Diese Eigenschaft schreibt Lerner insbesondere erfahrenen Venture-Capital-Gesellschaften zu, denn diese platzieren den IPO zeitlich besonders nah an Markthöchstbewertungen. Ausnahmen stellen junge Venture-Capital-Gesellschaften dar, denn für deren Reputationsaufbau kann es durchaus opportun sein, ein Portfoliounternehmen zu einem nicht-optimalen Zeitpunkt an die Börse zu bringen und damit nicht den Erlös aus der einzelnen Beteiligung zu maximieren, sondern vom Reputationsaufbau zu profitieren. Ansonsten suchen Venture-Capital-Gesellschaften in schwächeren Börsenzeiten eher den Verkauf durch einen Trade-Sale.[302]

Während bei Lerner die Platzierbarkeit und ein damit hoher zu erwartender Erlös für die Wahl des Exitkanals verantwortlich war, zieht die Untersuchung von 151 Venture Capital-finanzierten Unternehmen des Neuen Marktes durch Witt und Schmidt zusätzlich den Schluss, dass „die gewinnmaximierende Exitstrategie davon [abhängt], ob die Liquiditätsprämie oder der strategische Wert des Unternehmens größer ist."[303] Die Liquiditätsprämie besteht in der erhöhten Fungibilität der Aktien und der strategische Wert bemisst sich vor allem durch die Einschätzung des Käufers. Zusätzlich ist bei Witt und Schmidt zu erkennen, dass die Venture-Capital-Gesellschaften zum Untersuchungszeitpunkt nur einen Teil ihrer Anteile verkauft hatten, was an vertraglichen Bindungen oder schlechten Signaling-Effekten liegen konnte.

[301] Ein Fonds steht evtl. kurz vor der Auflösung, ein mögliches Exit-Szenario ist aber noch nicht durchführbar und da der Anteil liquidiert werden muss, erfolgt eine Übernahme durch eine andere Venture-Capital-Gesellschaft.
[302] Lerner (1994).
[303] Witt und Schmidt (2002).

Sonstige Finanzierungsmöglichkeiten

Eine Vielzahl von staatlichen Förderungsmöglichkeiten steht für Gründungs- und Wachstumsunternehmen ebenfalls zur Verfügung. Das Spektrum reicht dabei von Bürgschaften und Krediten auf der einen Seite bis hin zu Zuschüssen und Beteiligungen.[304] Teilweise haben einzelne Bundesländer Beteiligungsgesellschaften gegründet, die allerdings häufig Begrenzungen hinsichtlich der Höhe der Beteiligung enthalten. Die staatlichen Fördermöglichkeiten durch Fremdkapital scheiden für den hier relevanten Aspekt aufgrund der bereits o.g. Nicht-Verfügbarkeit von Fremdkapital aufgrund mangelnder Sicherheiten von vornherein aus. Staatliche Förderung kann ergänzend in Anspruch genommen werden, soll aber in der hier vorzunehmenden Untersuchung nicht explizit berücksichtigt werden.

[304] Insgesamt ist das Angebot aufgrund der Vielzahl von angebotenen einzelnen Förderungen sehr unübersichtlich. Das Bundesministerium für Wirtschaft und Technologie stellt im Internet unter der Adresse www.foerderdatenbank.de eine Übersicht der zur Verfügung stehenden Fördermöglichkeiten bereit.

3 Einflussfaktoren auf Leitungsstrukturen

Als Forschungsmethode wurden Fallstudien gewählt. Yin merkt zur Durchführung von Fallstudien Folgendes an: Die Fallstudienbefragung „benefits from the prior development of theoretical propositions to guide data collection and analysis“[305]. Genau dies soll in diesem Kapitel vorgenommen werden, nämlich die Aufstellung von Propositions, die anschließend im empirischen Teil überprüft werden.

Als Haupteinflussfaktoren auf die Leitungsstrukturen und die Entscheidungsfindung werden im Folgenden vor allem drei Kriterien Rechtsform, Anteilseignerstruktur und Größe diskutiert. Die Gliederung des Kapitels entspricht dabei den drei Haupteinflussfaktoren für die jeweils die Auswirkungen auf die Leitung, die Kontrolle und die Organisationsstrukturen besprochen werden.

Grundsätzlich gilt für die folgenden Ausführungen die Principal-Agent-Theorie. Es soll hier gefragt werden, wie die Kapitalgeber mittels vertraglicher Vereinbarungen ihre Rechte sichern. Zusätzlich soll überprüft werden, welche Einflussfaktoren auf die Entstehung der zweiten Führungsebene wirken und wie funktionale Abteilungen entstehen.

3.1 Rechtsform

Jensen und Meckling weisen darauf hin, dass die Höhe der Agency Costs zu einem wesentlichen Teil von historisch entstandenen und zum jeweiligen Zeitpunkt gültigen Gesetzen und der Rechtsprechung abhängig sind.[306] Eine wesentliche Struktur bestimmende Entscheidung ist die Wahl der Rechtsform. Diese Entscheidung ist zwar schon zu Beginn zu treffen, sollte aber regelmäßig überprüft werden.[307] Die Rechts-

[305] Yin (2003), S. 14.
[306] Jensen und Meckling (1976).
[307] Rödder (2004), S. 24.

formwahl beeinflusst im wesentlichen drei Merkmale: Kontrolle[308], Haftung[309] und Wert-/Gewinnverteilung[310].[311]

3.1.1 Einführende Erläuterungen

In dieser Arbeit werden lediglich die Gesellschaft mit beschränkter Haftung (GmbH) und die Aktiengesellschaft (AG), damit natürlich auch die sogenannte „kleine Aktiengesellschaft“, behandelt. Einzelunternehmen bleiben aufgrund ihrer fehlenden betriebswirtschaftlichen Relevanz unberücksichtigt. Personengesellschaften werden aufgrund der in 3.1.1.2 beschriebenen Kriterien[312] als nicht geeignete Rechtsform gesehen und daher sollten diese Unternehmen nur berücksichtigt werden, wenn die Rechtsform sich nach einer Startphase[313] entsprechend angepasst hat. Der Wechsel der Rechtsform kann als ein Wachstumsindikator gesehen werden, denn er zeigt an, dass „das bisherige rechtliche Kleid zu eng für das wachsende Unternehmen geworden ist und zwar sowohl bezüglich Finanzierung als auch hinsichtlich der Organisation der Geschäftsführung“[314]. Genau die beiden genannten Aspekte sind der hier untersuchte Gegenstand.

Da die Rechtsform des Unternehmens einen wichtigen Einfluss auf die Gestaltung der Leitungsstrukturen besitzt, soll in diesem Kapital aufgezeigt werden, welche Kriterien für deren Wahl relevant sind und daraus folgend soll der Untersuchungsgegenstand auf bestimmte Rechtsformen begrenzt werden. Zusätzlich wurde oben auch die Anteilseignerstruktur betrachtet, dazu sei bereits hier angemerkt, dass die Möglichkeiten der Beschaffung von Eigenkapital „in hohem Maße von der gewählten Rechtsform der betreffenden Unternehmung abhängig“[315] sind.[316]

---

[308] Wer trifft die Entscheidungen? Welche Principal-Agent-Beziehungen gibt es zwischen den einzelnen Organen?

[309] Welcher der Stakeholder hat für Verluste zu haften und in welchem Umfang?

[310] Wie wird der Gewinn verteilt? Wie partizipieren die Beteiligten an der Firmenwertsteigerung?

[311] Vgl. Callison (2000).

[312] Besonders hervorzuheben sind dabei sicherlich der Haftungsausschluss und die klare gesetzlich vorgegebene Trennung von Anteilseignern und Geschäftsführern.

[313] Maximal ein Jahr nach Gründung sollte der Wechsel in eine Kapitalgesellschaft erfolgt sein.

[314] Albach, Bock et al. (1985), S. 218.

[315] Jacob, Klein et al. (1994), S. 157.

[316] Zu den Auswirkungen der deutschen Rechtsformwahl im Vergleich zu anderen Ländern siehe Boehmer (2001).

Da in dieser Arbeit spezielle Ausprägungen von Leitungsstrukturen sowie der Einfluss der Rechtsform auf diese Strukturen untersucht werden sollen, ist auch die Rechtsformwahl entscheidend, da per Gesetz bestimmte Strukturen verbindlich vorgegeben werden. Milgrom und Roberts verweisen darauf, dass normalerweise der „Legal-entity approach" hinsichtlich der Organisation von Unternehmen nicht zielführend ist. Für den hier betrachteten Teilaspekt ist die Rechtsform aber durchaus relevant. Diese soll dabei v.a. für das entstehende Unternehmen[317] berücksichtigt und deren Auswirkungen auf die Leitungsstruktur festgehalten werden. Für alle anderen Aspekte ist der Einwand von Milgrom und Roberts aber relevant und wird dort auch so berücksichtigt, d.h., die Organisationsstruktur der Unternehmen wird unabhängig von unterschiedlichen Gliederungen der Rechtsform betrachtet. Abhängige Unternehmen, die zwar eigene juristische Personen sind, werden, sofern die betriebswirtschaftliche Organisation davon unabhängig ist, nicht gesondert ihrer rechtlichen Form entsprechend behandelt.[318]

Monks und Minow evaluieren die Attraktivität einer Rechtsform anhand von vier Kriterien von Robert Clark. Dazu gehören eine Begrenzung der Haftung, eine Übertragbarkeit der Anteile, eine eigene Rechtspersönlichkeit des Unternehmens und ein zentralisiertes Management. Alle vier Kriterien sind historisch entstanden und haben alle eine Verbindung zur Größe der entstandenen Unternehmen. Historisch gesehen war die Größe der Unternehmen dafür verantwortlich, dass einfache Partnerships nicht mehr ausreichten und andere juristische Lösungen gefunden werden mussten.[319]

Die Anzahl der unterschiedlichen Unternehmen pro Rechtsform in Deutschland ist in Abbildung 12 dargestellt. Diese Übersicht gibt zwar einen Eindruck hinsichtlich der reinen Anzahl, aber es lässt sich nicht erkennen, wie viele Beschäftigte den einzelnen Rechtsformen zugeordnet werden können.

[317] Ein Teilaspekt der hier getätigten Betrachtungen ist gerade die Veränderung der Rechtsform und der Einfluss dieser Änderungen im Zeitverlauf.
[318] Milgrom und Roberts (1992), S. 20-21. Zu den rechtlichen Aspekten siehe Emmerich und Habersack (2001).
[319] Monks und Minow (2004), S. 11-13.

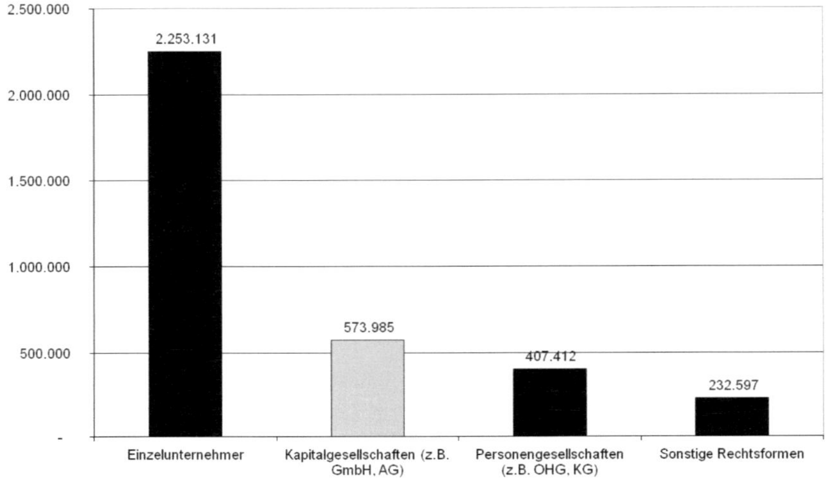

Abbildung 12: Verteilung der Rechtsformen in Deutschland
Aktive Unternehmen der Wirtschaftsabschnitte C-K und M-O[320] mit steuerbarem Umsatz oder mit sozialversicherungspflichtigen Beschäftigten im Berichtsjahr 2005.[321]

Wenn es eine Beziehung zwischen der Rechtsform und der daraus resultierenden Größe ausgedrückt in Beschäftigten[322]gibt, dann wäre beispielsweise der Wechsel hin zu einer Kapitalgesellschaft bzw. der Rechtsformwechsel von der GmbH zu einer AG ein Erfolgsmaß und damit Beleg für das Wachstum der Unternehmen.[323] Hier bleibt aber zu beachten, dass oftmals der Rechtsformwechsel eher eine Folge von Wachstum ist und nicht der Rechtsformwechsel das Wachstum auslöst.

Den Daten des statistischen Bundesamtes ist bei der Verteilung der Rechtsform auch ein klarer Größenbezug zu entnehmen. Während bei Unternehmen mit 0 bis 9 Angestellten 74% in der Form des Einzelunternehmens firmieren, kehrt sich das Bild

[320] Die Einteilung der Wirtschaftsabschnitte bezieht sich auf die vom Statistischen Bundesamt vorgenommene Einteilung und schließt die Wirtschaftsabschnitte Land- und Forstwirtschaft (A), Bergbau (B), Grundstücks- und Wohnungswesen (L) und einzelne öffentliche Bereiche (Erziehung, Gesundheits- und Sozialwesen, etc.) ein.
[321] Statistisches Bundesamt Deutschland (2007).
[322] Die Größenanordnung mit zunehmender durchschnittlicher Beschäftigtenzahl wäre Einzelunternehmen, Personengesellschaften und dann Kapitalgesellschaften zunächst mit der GmbH und dann mit der AG.
[323] Vgl. Lücke (1982) oder Albach, Bock et al. (1985), S. 217.

bei den anderen Größenklassen um. Dort ist eine klare Präferenz der Mehrzahl der Unternehmen für die Kapitalgesellschaft zu erkennen.[324]

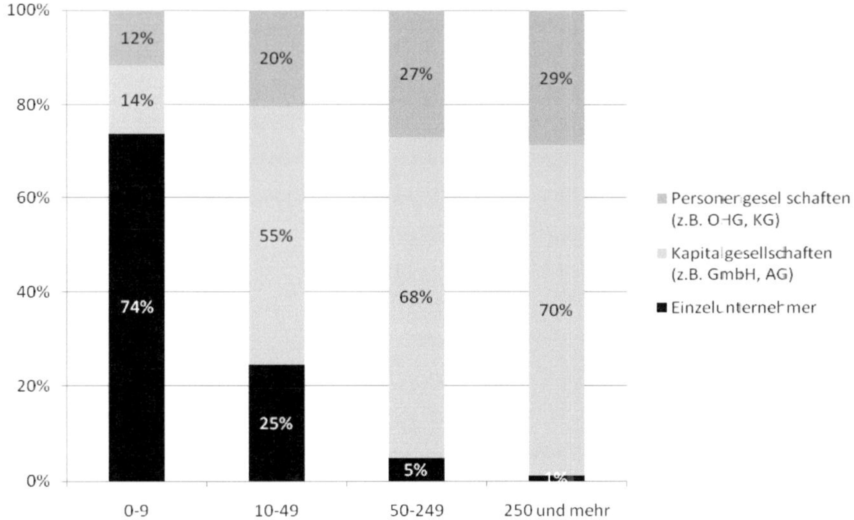

Abbildung 13: Prozentuale Verteilung der Rechtsformen in Unternehmen mit ... bis ... sozialversicherungspflichtigen Beschäftigten im Jahr 2005[325]

Hinsichtlich Rechtsform und Größe sei an dieser Stelle noch angemerkt, dass streng genommen Rechtsform und Größe nicht direkt in Verbindung zu setzen sind, da eben auch Einzelunternehmen in die Größenkategorie von 250 und mehr Mitarbeitern vordringen. In Abbildung 13 ist allerdings auch zu erkennen, dass mit zunehmender Größe eher die Rechtsform der Kapitalgesellschaft gewählt wird.

3.1.1.1 Einzelunternehmen

Bei einem Einzelunternehmen kann der geschäftsführende Einzelunternehmer allein über die Verwendung der Betriebsmittel entscheiden und ist ebenfalls alleiniger Eigentümer des Unternehmens. Somit scheidet das Einzelunternehmen bereits per definitionem für die hier durchzuführende Untersuchung aus, da es bei einem Einzelunternehmen keine Trennung von Leitung und Kapitaleigentum gibt und es daher

[324] Statistisches Bundesamt Deutschland (2007).

auch nicht der Herausbildung von Leitungsstrukturen bedarf.[326] Witt stellt sogar explizit fest, dass „es aufgrund fehlender anderer Interessen- oder Anspruchsgruppen in diesem Fall gar keine Notwendigkeit für eine getrennte Kontrolle gibt"[327]. Verstärkt wird dies durch die Aussage Albachs, der, auf eine Vielzahl von Autoren verweisend, das Einzelunternehmen „überhaupt nicht für den Gegenstand der Betriebswirtschaftslehre"[328] hält.

3.1.1.2 Personengesellschaften

Im Folgenden soll kurz für die Gesellschaft bürgerlichen Rechts (GbR)[329], häufig auch als BGB-Gesellschaft bezeichnet, die Offene Handelsgesellschaft (OHG)[330] und die Kommanditgesellschaft (KG)[331] gezeigt werden, warum sich diese Rechtsformen für die durchzuführende Untersuchung nicht eignen.

Das Anforderungsprofil an die Ausgestaltung der Corporate Governance für etablierte und börsennotierte Aktiengesellschaften kann sehr stark von den Anforderungen an die Ausgestaltung bei Unternehmen mit der Rechtsform einer Personengesellschaft abweichen.[332] Über die Anforderungen der Rechtsform hinaus, ist auch die Zusammensetzung der Gesellschafterstruktur verschieden, da es keine durchgängige Trennung von Leitung und Kontrolle gibt. Raschig zeigt, dass es zwar für Personengesellschaften auf Basis des Deutschen Corporate Governance Kodex Möglichkeiten der Gestaltung analog zum Kodex gibt, aber die Ausgestaltung der Leitungsstruktur eines Unternehmens allein aufgrund der fehlenden Börsennotierung auf unterschiedlichen Voraussetzungen basiert. Auch verweist Raschig auf die Tatsache, dass bereits „andere Rechtsformen wesentlich größere Freiheiten"[333] in der Gestaltung erlauben. Raschigs Ausführungen orientieren sich sehr stark an der Implementierbarkeit einzelner Kodex-Elemente. Es wird aber sehr deutlich, dass gerade bei nicht börsennotierten Unternehmen, insbesondere mit einer Rechtsform, die nicht die der Aktiengesellschaft ist, und bei konzentriertem Anteilsbesitz der Geschäftsführer weiterer Forschungsbedarf besteht.

---

[325] Ibidem.
[326] Vgl. Albach und Albach (1989), S. 37-38 und Witt (2003), S. 11.
[327] Witt (2003), S. 11.
[328] Albach (2000), S. 279.
[329] Rechtsgrundlage: §§ 705-740 BGB.
[330] Rechtsgrundlage: §§ 105-160 HGB.

Kriterien für die Entscheidung zwischen Personen- und Kapitalgesellschaft

Die Unterteilung in Personen- und Kapitalgesellschaft erfolgt hauptsächlich aufgrund der Kapitalbeteiligung und der Geschäftsführung. Bei Kapitalgesellschaften steht die Beteiligung der Gesellschafter am Gesellschaftsvermögen im Vordergrund, wobei eine Personalunion von Gesellschaftern und Geschäftsführern zwar möglich, aber nicht notwendig ist. Kapitalgesellschaften existieren unabhängig von ihren Gesellschaftern als juristische Personen. Personengesellschaften haben lediglich eine eingeschränkte Rechtsfähigkeit.[334]

Im Folgenden werden Kriterien vorgestellt, die für die Wahl, ob eine Personen- oder eine Kapitalgesellschaft gegründet werden sollte, wichtig sind. Hier soll vor allem zunächst auf den Unterschied zwischen Personen- und Kapitalgesellschaften abgestellt werden. Wesentliche Merkmale sind dabei der Zweck, die Steuern, die Haftung, die Personenabhängigkeit, die Geschäftsführung und die Kapitalaufbringung.

Zweck

Sowohl die GmbH als auch die AG können für jeden erlaubten Zweck errichtet werden.[335] Die Offene Handelsgesellschaft (OHG) und die Kommanditgesellschaft (KG), die sich gemäß §161 HGB lediglich durch das Vorhandensein eines, bis zur Höhe der zugesagten Kommanditeinlage, haftenden Kommanditisten von der OHG unterscheidet, sind auf den Betrieb eines Handelsgewerbes beschränkt. Eine Gesellschaft bürgerlichen Rechts (GbR), häufig auch als BGB-Gesellschaft bezeichnet, kann zwar für jeden beliebigen Zweck errichtet werden, allerdings gilt, dass sobald man einen nach Art oder Umfang „in kaufmännischer Weise eingerichteten Geschäftsbetrieb"[336] hat, die BGB-Gesellschaft dem HGB unterworfen ist.

Steuern

Ein wichtiger Aspekt bei der Wahl der Rechtsform ist die steuerliche Behandlung der Gewinne. Gerade am Beginn kann die Wahl der Personengesellschaft für die Anteilseigner, die, bevor externe Eigenkapitalinvestoren beteiligt werden, meist iden-

---

331 Rechtsgrundlage: §§ 161-177a HGB.
332 Vgl. Raschig (2004).
333 Ibidem, S. 384.
334 Die BGB-Gesellschaft hatte zunächst in der Rechtsprechung keine Rechtsfähigkeit. Inzwischen wird aber von einer Teilrechtsfähigkeit ausgegangen.
335 § 1 GmbHG.

tisch mit der Unternehmensleitung sind, vorteilhaft sein. Dieser steuerrechtliche Unterschied ergibt sich, da die Anteilseigner den Gewinn einer Personengesellschaft nach Abzug der Gewerbesteuer direkt mit dem eigenen Einkommensteuersatz versteuern[337], während bei einer Kapitalgesellschaft die Besteuerung erst auf Unternehmensebene und anschließend nochmals auf persönlicher Ebene erfolgt[338]. Steuersubjekt ist dabei zunächst die Kapitalgesellschaft als juristische Person und anschließend der Anteilseigner persönlich.

Ein ausführlicher Vergleich der unterschiedlichen Einflussfaktoren bei Durchgriffsprinzip und Trennungsprinzip nach dem Halbeinkünfteverfahren[339] findet sich bei Erle und Ring[340]. Wesentliche Bestandteile der Unterschiede sind: Gewinnthesaurierung, Höhe des Geschäftsführergehalts, sonstiges Einkommen (persönlicher Steuersatz des Anteilseigners), Gewerbesteuerhebesatz.

Sowohl Personen- als auch Kapitalgesellschaften sind zunächst gewerbesteuerpflichtig. Der Unterschied ergibt sich dann in der Bemessungsgrundlage, denn bei der Ermittlung der Bemessungsgrundlage für den persönlichen Steuersatz des Gesellschafters wird die Gewerbesteuer bei Gesellschaftern einer Personengesellschaft angerechnet. Somit führen unterschiedliche Hebesätze auch zu unterschiedlichen Steuerbelastungsquoten.

Die Besteuerung einer Personengesellschaft erfolgte bisher unabhängig von der Gewinnverwendung, d.h., der Anteilseigner musste seinen Gewinnanteil voll versteuern, obwohl er ggf. nur einen geringeren Teil entnommen hat. Bei einer Kapitalgesellschaft wurde zunächst auf den Gewinn nach Gewerbesteuer Körperschaftssteuer erhoben. Thesaurierter Gewinn blieb für den Gesellschafter steuerfrei. Für sämtliche Ausschüttungen galt aber das Halbeinkünfteverfahren, d.h., „die eine Hälfte der Dividenden ist einkommensteuerpflichtig, die andere Hälfte ist ohne Progressionsvorbehalt steuerfrei“[341]. Der Vorteil der Personengesellschaft war und ist, dass

336 § 1 Abs. 2 HGB.
337 Steuerrechtliches Durchgriffsprinzip.
338 Steuerrechtliches Trennungssystem.
339 Die Darstellung des inzwischen durch das Unternehmensteuerreformgesetz 2008 überholte Halbeinkünfteverfahren erfolgt, da es für die zu betrachtenden Unternehmen zum Zeitpunkt der Gründung das relevante Verfahren zur steuerrechtlichen Behandlung ihrer Unternehmensgewinne war.
340 Erle und Ring (2002), S. 14-34. Siehe auch Zielke (2000).
341 Rödder (2004), S. 36.

die Anfangsverluste direkt in der persönlichen Steuererklärung des Anteilseigners berücksichtigt werden konnten.

Da bei einer GmbH das Geschäftsführergehalt als Betriebsausgabe angesehen wird, wirkt es sich gewinnmindernd und damit auch Gewerbesteuer- und Körperschaftsteuer-mindernd aus.

Ein Ziel der Unternehmenssteuerreform 2008 war, die bislang fehlende Rechtsformneutralität der Besteuerung zu erreichen. Die Gesetze konnten dies zwar nicht komplett erreichen, dennoch ist der frühere Abstand zurückgegangen und die Unterscheidungsmerkmale konnten verringert werden. Dies wurde unter anderem dadurch erreicht, dass thesaurierter Gewinn von Personengesellschaftern einer geringeren Versteuerung unterworfen wird, was ähnlich der Kapitalgesellschaft ist. Zusätzlich ändert sich die steuerliche Anrechenbarkeit von Fremdkapitalzinsen. Da alle am empirischen Teil der Studie teilnehmenden Unternehmen sich nach altem Recht für eine Rechtsform entschieden haben, soll diesbzgl. hier auch nur der Aspekt des alten Rechts betrachtet werden.

Zusätzlich werden die hier betrachteten Unternehmen am Anfang zunächst Verluste haben und damit ist für diesen Zeitraum die steuerliche Betrachtung bzgl. einer Personengesellschaft ohnehin zu vernachlässigen, sofern keine anderen Einkünfte des Anteilseigners vorliegen, vielmehr ist es sinnvoll diese Verlustvorträge direkt in einer Kapitalgesellschaft zu sammeln.[342] Zusätzlich sind hier Wachstumsunternehmen im Fokus, so dass mit zunehmender Unternehmensgröße natürlich auch die Haftungsrisiken steigen.

Haftung

Teilweise wird in Existenzgründungsratgebern[343] empfohlen, dass die Gründung einer Personengesellschaft vorteilhaft gegenüber einer Kapitalgesellschaft für die Überlassung von Fremdkapital sei. Es wird begründet, dass es aufgrund der persönlichen Haftung einfacher sei, eine Kreditbewilligung einer Bank zu erhalten. Diese Argumentation schließt aber leider aus, dass es zum einen der Bank durch die Ver-

[342] Der pragmatische Merksatz „Nicht nach Steuern steuern" sei hier nur am Rande vermerkt, da die wesentliche Aussage sich bereits im o.g. Bereich befindet.
[343] Vgl. Collrepp (2004), S. 100 und 127.

tragsgestaltung möglich ist, gleichartige Klauseln in den Vertrag zu integrieren und, zum anderen, dass letztendlich die Bereitstellung von Fremdkapital an die Stellung von Sicherheiten gebunden ist. Da im Folgenden schnellwachsende Unternehmen untersucht werden sollen, für die die Überlassung von Fremdkapital durch Banken aufgrund des hohen Kreditausfallrisikos und der meist nicht vorhandenen Sicherheiten ohnehin nicht in Betracht kommt, ist auch dieses Argument hinsichtlich der Wahl der Rechtsform irrelevant. Bhidé sieht in der Begrenzung der persönlichen Haftung der Unternehmer sogar eine Voraussetzung für ein starkes Wachstum der Gesellschaft.[344]

Ein Grundmerkmal der Kapitalgesellschaften ist, dass lediglich das Gesellschaftsvermögen für die Verbindlichkeiten haftet.[345] Eine über das Gesellschaftsvermögen hinausgehende Haftung ist ausgeschlossen.[346]

Ein interessanter Aspekt zur Begrenzung der Haftung findet sich bei Jensen und Meckling. Alchian und Demsetz hatten bereits festgehalten, dass Individuen es nicht als erstrebenswert ansehen, erstens, als einzelner Aktionär gesamtschuldnerisch unbegrenzt zu haften und, zweitens, die positiven Risikodiversifikationseffekte aufgrund fehlender Haftungsbegrenzung nicht zu erhalten.[347] Die Begründung dafür liegt lt. Jensen und Meckling aber letztendlich bei den Transaktionskosten. Ein fehlender Haftungsausschluss würde nämlich bedeuten, dass jeder Aktionär nicht nur auf die Verbindlichkeiten der sich in seinem Portfolio befindlichen Unternehmen achten müsste, er müsste vielmehr auch auf das Vermögen der jeweils anderen Aktionäre achten. Diese Kosten wären allerdings wesentlich höher als die Kosten, die das jeweilige Unternehmen in Form von Aufschlägen seinen Fremdkapitalgebern[348] zu zahlen hätte.[349]

Erwähnt werden sollte noch, dass es auch bei den Personengesellschaften Beteiligungsmöglichkeiten mit Haftungsbeschränkung gibt. So haftet bei der KG der Kom-

[344] Bhidé (2000), S. 357.
[345] § 1 Abs. 1 Satz 2 AktG, § 13 Abs. 2 GmbHG.
[346] Ausnahmen können durch eine verspätete Anmeldung der Insolvenz durch die Geschäftsführung entstehen. Das Gleiche gilt für nicht voll eingezahlte Mindesteinlagen und die Zeit zwischen Anmeldung und Gründung.
[347] Alchian und Demsetz (1972).
[348] Bspw. höhere Zinsen bei Banken und ungünstige Konditionen wie Vorkasse bei Lieferanten.
[349] Jensen und Meckling (1976).

manditist lediglich mit seiner Einlage. Durch das Ersetzen einer natürlichen Person als Komplementär durch eine GmbH in der Konstruktion der GmbH & Co. KG kann ebenfalls eine Begrenzung der Haftung herbeigeführt werden.

Organschaft

Nur eine Organschaft ermöglicht die umfassende Ergebnisverrechnung zwischen verschiedenen Gesellschaften.[350] Die Organschaft bewirkt, dass sich die Haftung zweier vormals getrennter Kapitalgesellschaften nicht separat auf jede einzelne Gesellschaft bezieht, sondern aufgrund des notwendigen Ergebnisabführung- und Verlustausgleichvertrags über das gesamte Konstrukt erstreckt.

Trennungsprinzip

Das Trennungsprinzip bedeutet, dass eine Gesellschaft als juristische Person unabhängig von ihren Gesellschaftern existiert.[351]

Zwar kann sowohl eine OHG als auch eine KG unter ihrer Firma „Rechte erwerben und Verbindlichkeiten eingehen, Eigentum und andere dingliche Rechte an Grundstücken erwerben vor Gericht klagen und verklagt werden"[352] und hat damit zumindest Rechtsfähigkeit, aber eine juristische Person ist sie nicht. Aufgrund der Rechtsprechung des BundesVerfG hat in den letzten Jahren sogar die BGB-Gesellschaft Teilrechtsfähigkeit erlangt.

Fremdorganschaft

Durch Fremdorganschaft[353] kann die Gesellschaft einen Dritten, der nicht an der Gesellschaft beteiligt sein muss, zur Vertretung der Gesellschaft berechtigen und ihn mit der Geschäftsführung beauftragen. Die Möglichkeit der Fremdorganschaft hat zur Folge, dass Geschäftsführung und Anteilseigner nicht identisch sein müssen. Aus Sicht der Principal-Agent-Theorie wären damit Interessendivergenzen zwischen Geschäftsführung und Anteilseignern möglich.[354]

[350] Rödder (2004).
[351] § 1 Abs. 1 Satz 1 AktG, §§ 11 Abs. 1 und 13 Abs. 1 GmbHG.
[352] § 124 Abs. 1 HGB.
[353] § 76 AktG, §35 GmbHG.
[354] Die einzigen Gesellschafter einer Personengesellschaft, die nicht in Personalunion auch zur Geschäftsführung berechtigt sind, sind die Kommanditisten in der Sonderform der OHG, der KG.

Ergebnis
Die Nicht-Berücksichtigung von Personengesellschaften in dieser Arbeit erfolgt insbesondere aufgrund der Vorschriften hinsichtlich der Übertragbarkeit der Anteile, der Personenunabhängigkeit sowie der Haftungsvorschriften.

Da der Rechtsformwechsel mit hohem Zeitaufwand und Kosten verbunden ist[355], sollte eine ernsthafte Gründung mit starkem Wachstumspotential auch direkt oder zumindest zeitnah nach der Aufnahme des Geschäftsbetriebes die Rechtsform der Kapitalgesellschaft wählen.

Eine umfassende Darstellung der Vor- und Nachteile, die über die einzelnen hier herausgestellten Aspekte hinausgeht, findet sich bei Krüger[356]. Beachtet werden sollte dabei aber, dass einige der erwähnten Regelungen nicht mehr existieren. Insbesondere der Bereich Unternehmenssteuern wurde mit der Unternehmenssteuerreform 2008 stark neu gestaltet.[357]

Ein weiteres gewichtiges Argument für den Ausschluss von Rechtsformen ohne Haftungsbegrenzung liefert die Theorie, so argumentieren Jensen und Meckling bereits vor dem Verkauf von Anteilen über eine Rechtsform mit Haftungsbegrenzung, also noch zu einem Zeitpunkt, an dem der Eigentümer dem Manager entspricht und es noch keine Interessendivergenzen gibt.

Zusammenfassend lässt sich festhalten, dass aufgrund der fehlenden Haftungsbeschränkungen, der schwierigeren Beteiligung von externen Eigenkapitalgebern, der Zweckbindung und der fehlenden Personenunabhängigkeit bei Personengesellschaften in den folgenden Ausführungen eine Konzentration auf deutsche Kapitalgesellschaften[358] erfolgt, wobei auch aktuelle Entwicklungen berücksichtigt werden sollen. Diese Einschränkung haben auch Talaulicar, Grundei et al. vorgenommen.[359]

---

[355] Collrepp (2004), S. 81.
[356] Krüger (1999), S.44-100.
[357] Höreth und Ortmann-Babel (2007).
[358] Die Kapitalgesellschaftsformen GmbH und AG werden im Folgenden mit ausgewählten Kriterien einzeln vorgestellt.
[359] Talaulicar, Grundei et al. (2001).

3.1.1.3 Kapitalgesellschaften

Beide im Folgenden vorgestellten Rechtsformen, AG und GmbH, sind juristische Personen, bei denen nicht die handelnden Personen im Vordergrund stehen, sondern die Kapitalbeteiligung. Bei den Regelungen für die GmbH handelt es sich um überwiegend dispositive Vorgaben, d.h., es gibt für die handelnden Personen und für die Ausgestaltung des Gesellschaftsvertrages Spielraum. Das AktG ist zwingender.

Die Publizitätspflichten werden nicht einzeln für die GmbH und die AG aufgeführt, da beide als Kapitalgesellschaften dem HGB unterliegen und zur Veröffentlichung der Bilanz verpflichtet sind.[360] Für kleine[361] und mittelgroße[362] Kapitalgesellschaften erlaubt das Gesetz Erleichterungen hinsichtlich der Publizität.

Gründung und Kapitalaufbringung

Grundsätzlich kann eine GmbH durch drei Wege entstehen: Neugründung, Umwandlung, Mantelverwendung. Falls die Gründer vor der eigentlichen Gründung der Kapitalgesellschaft zunächst als Personengesellschaft aktiv waren, wird die GmbH durch Umwandlung entstehen, dies wäre dann eine GmbH-Gründung ohne Unternehmensgründung (da das Unternehmen bereits vorher bestand). Für Gründer, die sich direkt für die GmbH entscheiden, kann dies durch komplette Neugründung durch Bar- bzw. Sachmittel oder eine Kombination erfolgen (GmbH-Gründung mit Unternehmensgründung). [363] Dieselben Möglichkeiten bestehen für die AG.

Zur Beschleunigung von Gründungsformalitäten eignet sich die Mantelverwendung. In diesem Fall wird eine bereits vorhandene GmbH Träger des neuen Unternehmens. Dies führt auch dazu, dass der Haftungsschutz schneller eintritt, da die GmbH erst durch Eintragung in das Handelsregister den Status der juristischen Person und damit auch die Haftungsbegrenzung erhält. Denn erst ab der Eintragung wirkt das Trennungsprinzip, das die Vermögenssphären der Gesellschafter und der GmbH trennt.[364]

[360] § 325 HGB.
[361] § 326 HGB.
[362] § 327 HGB.
[363] Schwaiger (2002), S. 41.
[364] Ibidem, S. 63.

Die GmbH kann durch eine oder mehrere natürliche Personen gegründet werden. Das Stammkapital der GmbH liegt bei mindestens 25.000 Euro[365], davon muss zur Eintragung der GmbH mindestens die Hälfte der geforderten Mindesteinlage erbracht sein[366]. Für bis zum Stammkapital nicht eingebrachte Einlagen gilt eine Nachschusspflicht.

Bei der AG wird nach der Feststellung der Satzung zunächst der Aufsichtsrat bestellt. Dieser ist dann im Anschluss für die Bestellung des Vorstandes zuständig.

In der Satzung der AG muss festgelegt werden, ob die ausgegebenen Aktien Nennwert- oder Stückaktien sind.[367] Bei beiden darf der Wert nicht unter einem Euro liegen. Zusätzlich muss festgehalten werden, ob es sich bei den Aktien um Namens- oder Inhaberpapiere handelt. Lediglich die erste Übernahme der Aktien ist notariell zu beglaubigen. Das Stammkapital einer AG beträgt mindestens 50.000 Euro.[368] Auf den Nennwert bezogen muss bei Bareinlagen davon mindestens ein Viertel eingezahlt werden.[369] Falls ein Agio verlangt wurde, so ist dieser Mehrbetrag komplett einzuzahlen. Der Regelfall ist die Bargründung.

Gesellschaftsvertrag (Satzung)

Der Gesellschaftsvertrag ist zur Gründung zu erstellen und notariell zu beglaubigen.[370] Der Gesellschaftsvertrag ist zur Eintragung der Gesellschaft dem zuständigen Gericht[371] vorzulegen.[372]

Die GmbH kann die grundsätzliche Vertragsfreiheit in der Gestaltung des Gesellschaftsvertrages nutzen. Gesetzlich vorgeschrieben sind nur wenige Punkte, die dieser enthalten muss (Ort, Firma, Gegenstand des Unternehmens, Stammkapital, Gesellschafteranteil)[373], die grundsätzliche weitere Ausgestaltung ist frei.

[365] § 5 Abs. 1 GmbHG.
[366] § 7 Abs. 2 GmbHG.
[367] § 8 AktG.
[368] § 7 AktG.
[369] § 36a Abs. 1 AktG.
[370] § 2 Abs. 1 GmbHG.
[371] § 7 Abs. 1 GmbHG.
[372] § 8 Abs. 1 Nr. 1 GmbHG.
[373] § 3 Abs. 1 GmbHG.

Sind Eigenkapitalgeber bereits bei der Gründung der GmbH vorhanden, so können deren Rechte (bspw. Mitverkaufsrechte und -pflichten) auch direkt im Gesellschaftsvertrag festgehalten werden. Die Rechte können natürlich auch in einem separaten Beteiligungsvertrag festgehalten werden. Die Änderungen des Gesellschaftsvertrages müssen dem Amtsgericht mitgeteilt werden.

Zur Gründung muss die Satzung der AG festgestellt werden und der Mindestinhalt besteht aus: Firma, Sitz der Gesellschaft, Gegenstand des Unternehmens, Höhe des Grundkapitals, Art der Aktien und den Mitgliedern des Vorstands.[374] Die Satzung der AG ist stärker reglementiert als die der GmbH. Während bei der GmbH für den Gesellschaftsvertrag eine ausgeprägte Satzungsfreiheit gilt, ist bei der AG eine Abweichung nur möglich, wenn diese im Gesetz erlaubt ist.[375]

Organe

Grundsätzlich besteht die GmbH aus zwei Organen, der Gesellschafterversammlung und der Geschäftsführung. Die Gesellschafterversammlung bestimmt die Geschäftsführung und diese ist im Anschluss für die Ausführung der Geschäfte zuständig. Bei der Aktiengesellschaft handelt es sich um eine dreigliedrige Rechtsform, deren Organe die Hauptversammlung, der Aufsichtsrat und der Vorstand sind. Obwohl beide Rechtsformen Kapitalgesellschaften sind, ist das Zusammenspiel der einzelnen Organe doch verschieden. Bei der AG ist die Kompetenzverteilung zwischen den einzelnen Organen genau gesetzlich kodifiziert, für die GmbH überlässt „das GmbHG die Ausgestaltung der Funktionsverteilung zwischen den Gesellschaftern und der Geschäftsführung weitestgehend der Gesellschafterautonomie“[376].

Die strikte Trennung der drei Organe (Vorstand, Aufsichtsrat und Hauptversammlung) bewirkt, dass Anteilseigner, deren Interessen nicht mit den Unternehmenszielen übereinstimmen, nicht direkt in die Leitung der AG eingreifen können.[377] Dies kann lediglich indirekt über den Aufsichtsrat und einmal pro Jahr durch die Hauptver-

---

[374] § 23 AktG.

[375] Eine Übersicht dazu findet sich bei Zätzsch (2004), S. 188-189. Die Einschränkung findet sich in § 23 Abs. 5 AktG.

[376] Schmiegelt (2002), S. 102.

[377] Schawilye, Gaugler et al. (2000), S. 10.

sammlung erfolgen. Zusätzlich können allerdings einzelvertragliche Zustimmungspflichten und Vetorechte vereinbart werden.

Sowohl bei der AG als auch bei der GmbH müssen die Vorstände bzw. Geschäftsführer nicht Anteilseigner des Unternehmens sein, so dass eine Fremdgeschäftsführung möglich ist. Umgekehrt können allerdings Anteilseigner durchaus Geschäftsführer bzw. Vorstand werden.[378]

Geschäftsführung

Der oder die Geschäftsführer sind für die Leitung der Gesellschaft und deren Vertretung nach außen zuständig. Die bestellten Geschäftsführer müssen den Weisungen der Gesellschafterversammlung folgen. Die Handlungsvollmacht eines Geschäftsführers ist in der Außenwirkung nicht einzuschränken, kann aber im Innenverhältnis begrenzt oder zustimmungspflichtig gestaltet werden. Für mehrere Geschäftsführer kann es unterschiedliche Regelungen geben, die von der Alleinvertretungsberechtigung bis zu einer gemeinsamen Vertretung reichen können. Bei der gemeinsamen Vertretung ist meist das Vier-Augen-Prinzip als Grundlage anzusehen.[379]

Beirat

Die Bildung eines Beirates ist freiwillig. Sollte die GmbH dem MitbestG oder dem DrittelbG unterliegen, ist die Gesellschaft verpflichtet, einen Aufsichtsrat einzurichten. Die Bildung eines Aufsichtsrates ist bei einer GmbH mit dauerhaft mehr als 500 Mitarbeitern gemäß DrittelbG vorgeschrieben.[380] Für diesen gelten dann die Bestimmungen gemäß AktG.[381] In der Satzung kann man aber ausschließen, dass die Verpflichtungen des AktG aus dem Verweis des § 52 GmbHG greifen. Zusätzlich kann die GmbH einen fakultativen Aufsichtsrat gründen, der sich juristisch vom reinen Beirat unterscheidet und im Handelsregister einzutragen ist. Wenn in einer GmbH eine Überwachungsinstanz gegründet wurde, diese aber nicht verpflichtend war, dann soll

[378] Selbst wenn bspw. eine GmbH nur einen Gesellschafter hat und dieser sich dann selbst in der von ihm bestimmten Gesellschafterversammlung zum Geschäftsführer bestellt – und damit ein unter normalen Umständen verbotenes In-sich-Geschäft tätigt – kann vom Registergericht dafür eine Ausnahmegenehmigung erteilt werden.

[379] Pollmann (1995), S. 30-33.

[380] § 1 Abs. 1 Nr. 3 DrittelbG.

[381] § 52 Abs. 1 GmbHG.

im Folgenden bei der GmbH von einem Beirat gesprochen werden, da auch dieser eine organisationsrechtliche Grundlage im Gesellschaftsvertrag haben kann. Für die verbindliche Errichtung eines Beirates bedarf es einer Satzungsänderung, damit die „Kompetenzen der gesetzlichen Organe zugunsten der fakultativen Gesellschaftsorgane“[382] zurückgedrängt werden können.

Unbegrenzt sind die Gestaltungsmöglichkeiten bei den Kompetenzen des Beirates nicht, denn einzelne Verantwortlichkeiten sind ausschließlich der Geschäftsführung vorbehalten und können nicht an den Beirat übertragen werden. Außerdem hat der Beirat einen Mindestkompetenzbereich und das ist die Kontrolle der Geschäftsführung.[383]

Hinsichtlich der Weisungsberechtigung gelten die Beschlüsse des Aufsichtsrats als „Empfehlungen oder Anregungen“[384], die der Geschäftsführer genau zu prüfen hat. Wenn er von diesen Empfehlungen abweicht, dann hat er sein Handeln zu begründen und dem Aufsichtsrat darzulegen.

Gesellschafterversammlung

Die GmbH hat im Unterschied zur AG noch vereinzelt personalistische Elemente, was sich unter anderem an der starken Stellung der Gesellschafterversammlung erkennen lässt.[385] Diese ist beispielsweise befugt, unterjährige Gewinnausschüttungen vorzunehmen, was bei einer AG nicht möglich ist. Insgesamt sind die Gesellschafter das „oberste Willensbildungsorgan der Gesellschaft“[386].

Grundsätzlich erfolgt die Kontrolle der Gesellschaft durch die Gesellschafterversammlung. Diese Kompetenzen können an einen freiwilligen Beirat oder einen zwangsweise eingerichteten Aufsichtsrat delegiert werden. Durch die weitreichenden Kompetenzen der Gesellschafterversammlung können sogar Beschlüsse (die nach § 111 Abs. 4 AktG durch den Aufsichtsrat zustimmungspflichtig sind) gegen den Willen des Aufsichtsrates durchgesetzt werden.

[382] Rohleder (1991).
[383] Müller (2002), S. 280.
[384] Höhn (1995), S. 272.

Das Auskunftsrecht der Gesellschafter einer GmbH ist wesentlich weitreichender als das Auskunftsrecht eines Aktionärs. Dieser Punkt verdeutlicht exemplarisch die stärkere Trennung zwischen Gesellschaft und Aktionär bei der AG im Vergleich zur Stellung von Gesellschaft zu Gesellschafter bei der GmbH.[387]

Vorstand

Das Verhältnis der Organe der Aktiengesellschaft untereinander besteht aus zwingendem Recht und ist daher festgelegt.

Der Vorstand ist für die Leitung der Aktiengesellschaft zuständig.[388] Die Aufgaben beinhalten dabei Geschäftsführung[389] und Vertretung[390]. Die eigenverantwortliche Leitung der Gesellschaft kann nicht durch Hauptversammlungsbeschlüsse eingeschränkt werden, dies ist ein starker Gegensatz zum Verhältnis Geschäftsführung zu Gesellschafterversammlung bei einer GmbH.

Der Vorstand kann sich eine eigene Geschäftsordnung geben. Darin können Sitzungsfrequenz, Berichtswesen oder Vertretungsregelungen festgehalten werden.[391]

Grundsätzlich gilt für alle Vorstandsmitglieder eine Gesamtgeschäftsführung, d.h., dass alle Vorstandsmitglieder für alle Bereiche zuständig sind. Durch eine Regelung in der Geschäftsordnung kann aber jedem Vorstandsmitglied ein individueller Verantwortungsbereich zugewiesen werden. Dieser Verantwortungsbereich sollte möglichst genau definiert sein.[392] Wichtig ist auch festzuhalten, dass teilweise praktizierte Varianten des amerikanischen CEO-Models, mit alleiniger Entscheidungskompetenz, nicht im Einklang mit dem deutschen Recht sind und daher auch nicht praktiziert werden sollten.[393]

---

[385] Weitere personalistische Elemente sowie Verweise zur historischen Entstehung dieser Elemente finden sich bei Heidinger (1988).
[386] Pollmann (1995), S. 48.
[387] Siehe dazu § 51a GmbHG im Vergleich zu § 131 AktG.
[388] § 76 Abs. 1 AktG.
[389] § 77 AktG.
[390] § 78 AktG.
[391] § 77 AktG.
[392] § 77 Abs. 2 AktG.
[393] Bernhardt und Witt (1999).

Der Vorstand hat gegenüber dem Aufsichtsrat eine Berichtspflicht und diese ist „essentiell für eine funktionierende Kontrolle der Geschäftsführung“[394]. Die Anforderungen an den Bericht des Vorstandes an den Aufsichtsrat sind im Gesetz detailliert vorgegeben.[395]

Aufsichtsrat

Der Aufsichtsrat ist für die Überwachung der Geschäftsführung zuständig.[396] Gegenstand der Überwachung ist die Leitungstätigkeit des Vorstands, dazu gehört u.a. die Organisation des Geschäftsführungsorgans, die Einbindung in strategische Entscheidungen, das Planungs- und Kontrollsystem sowie die Überprüfung der Eignung der Geschäftsführungsmitglieder. Maßgebend ist dabei primär das Unternehmensinteresse. Dies gilt analog für GmbH-Beiräte.[397]

Die Aufsichtsratsmitglieder werden von der Hauptversammlung gewählt[398] und dürfen nicht gleichzeitig Vorstand der gleichen AG sein.[399] Der Aufsichtsrat hat für bestimmte Geschäfte seine Zustimmung zu erteilen.[400] Es gibt festgelegte Informations- und Kontrollrechte, damit der Aufsichtsrat seine Aufgaben ausführen kann. Diese umfassen das komplette Spektrum der Angelegenheiten des Unternehmens.

Hauptversammlung

Abweichend zu den Kompetenzen der Gesellschafterversammlung ist die Hauptversammlung nicht direkt weisungsbefugt hinsichtlich der Leitung der Gesellschaft. Die Hauptversammlung entlastet den Vorstand für das vergangene Geschäftsjahr und wählt den Aufsichtsrat, der für die Kontrolle und die Bestellung des Vorstandes zuständig ist. Dadurch ist das Durchgriffsrecht der einzelnen Aktionäre bewusst eingeschränkt, was die Durchsetzung des individuellen Aktionärswillens (Voice) erschwert und diesen bei nicht konformem Verhalten zur Option Exit (aufgrund der hohen Fungibilität) neigen lässt.

---

[394] Schmidt (2000b), S. 63.
[395] § 90 AktG.
[396] § 111 Abs. 1 AktG.
[397] Potthoff und Trescher (1995), S. 39-50.
[398] § 101 Abs. 1 AktG.
[399] § 105 Abs. 1 AktG.
[400] § 111 Abs. 4 AktG.

Die Zuständigkeiten der Hauptversammlung sind im AktG geregelt.[401] Fragen der Geschäftsführung gehören nicht dazu. Der Vorstand kann aber auf eigenen Wunsch die Aktionäre an bestimmten Entscheidungen beteiligen.[402] Zu beachten ist allerdings, dass es für die Hauptversammlung ggf. „ungeschriebene Zuständigkeiten geben kann. Dies liegt begründet in der Holzmüller-Entscheidung und basiert auf Rechtsprechung.[403]

Börsenfähigkeit und Fungibilität

Die Börsenfähigkeit ist ein wichtiges Kriterium der Beurteilung der Rechtsform, da ein bevorzugter Exit-Kanal von Venture-Capital-Gesellschaften der Verkauf ihrer Anteile nach dem IPO ist. Die GmbH zählt zu den nicht emissionsfähigen Unternehmen. Die fehlende Börsenfähigkeit der GmbH führt dazu, dass mit fortschreitender Entwicklung des Unternehmens und bei der Wahl des Exit-Kanals Börse die Rechtsform von einer GmbH zu einer AG gewechselt wird.[404] Bei einem Trade-Sale wäre die fehlende Börsenfähigkeit irrelevant, es sei denn der zukünftige Besitzer strebt diese an, dann wäre ebenfalls eine Umwandlung in eine AG notwendig.

Die Anteile an einer GmbH sind zwar „grundsätzlich frei veräußerlich“[405], der Vertragsschluss über die Übertragung der Anteile bedarf allerdings der notariellen Form.[406] Auch kann die Übertragung von Anteilen an die Zustimmung anderer Gesellschafter gekoppelt werden, was einmal mehr den personalistischen Charakter der GmbH zeigt. Zusätzlich können auch „aufschiebende oder auflösende“[407] Bedingungen vereinbart werden. Aufgrund der hohen Verkehrsfähigkeit der Aktien einer AG ist die Übertragbarkeit einfacher.

Für die Börseneinführung gibt es an den verschiedenen Wertpapierbörsen auch unterschiedliche Marktsegmente, die dann wiederum spezielle Anforderungen u.a. an die Ausgestaltung des Berichtswesens stellen. Die wichtigsten Marktsegmente sind

[401] § 119 Abs. 1 Nr. 1-9 AktG.
[402] § 119 Abs. 2.
[403] Detailliert dazu Reichert (2004), S. 368 ff.
[404] Zur Umwandlung durch Formwechsel von der GmbH zur AG siehe Orth (2002), S. 1105-1110.
[405] Rödder (2004), S. 65. Vgl. §15 Abs. 1 GmbHG.
[406] § 15 Abs. 3 GmbHG.
[407] Pollmann (1995), S. 70.

dabei der amtliche Markt, der geregelte Markt und der Freiverkehr.[408] Dies gilt insbesondere für die verschärften Publizitätsanforderungen, denn börsennotierte Aktiengesellschaften gehören automatisch zu den „großen Kapitalgesellschaften“.[409]

3.1.1.4 „Kleine AG“

Die „Kleine AG“ ist keine eigenständige Rechtsform, sondern hat ihre Bezeichnung dem Gesetz für kleine Aktiengesellschaften aus dem Jahr 1994 zu verdanken. Ziel des Gesetzes war, den Verwaltungsaufwand, den eine normale AG verursacht, zu verringern und damit die kleine AG näher an die GmbH zu bringen sowie mittelständischen Unternehmen den Zugang an die Börse zu erleichtern. Wesentliche neue Punkte sind die Möglichkeit der Ein-Personen-Gründung[410], die erweiterte Satzungsautonomie[411] und die Vereinfachung der Einberufung und der Dokumentation der Hauptversammlung[412].[413]

Vereinfacht wurde zum Beispiel das Verfahren zur Einberufung der Hauptversammlung. Die öffentliche Bekanntmachung wurde durch die Einladung mittels eingeschriebenen Briefes ersetzt. Dasselbe gilt für die Tagesordnung und Anträge von Minderheitsaktionären. Zusätzlich gibt es das Vollversammlungsprivileg[414], das erlaubt, Hauptversammlungen auch ohne formale Einladung abzuhalten, wenn alle Aktionäre erschienen sind und die Anträge nicht auf Widerspruch stoßen.[415]

Weiterhin unterliegen Aktiengesellschaften, die nach Inkrafttreten des Gesetzes registriert wurden und weniger als 500 Mitarbeiter beschäftigen, nicht mehr der Mitbestimmung nach dem BetrVG.[416] Die vorher eingetragenen Aktiengesellschaften unterliegen weiterhin der Drittelmitbestimmung. Die vormals im BetrVG zu findende Regelung ist inzwischen im Gesetz über die Drittelbeteiligung der Arbeitnehmer im Aufsichtsrat (DrittelbG) enthalten.[417]

---

408 Eine Übersicht dazu findet sich bei Harrer (2004).
409 § 267 Abs. 3 Satz 2 HGB.
410 AktG § 2.
411 AktG § 58 Abs. 2 Satz 2.
412 AktG § 121 Abs. 1.
413 Müller (2004), S. 10-12.
414 AktG § 121 Abs. 6.
415 Schawilye, Gaugler et al. (2000), S. 5-6.
416 Siehe dazu BetrVG1952 §76 Abs. 2.
417 DrittelbG §1 Abs. 1.

Zusammenfassend beurteilen Erle und Ring: „Die Schaffung der sog. kleinen AG hat die Vorteile bei der Organisation gegenüber der AG gemindert, aber im Ergebnis nicht entscheidend zuungunsten der GmbH beeinflusst.“[418]

3.1.1.5 Exkurs zu aktuellen Entwicklungen

Zusätzlich zu den bereits genannten Rechtsformen soll an dieser Stelle ebenfalls auf aktuelle Entwicklungen hinsichtlich der Wahl weiterer Rechtsformen verwiesen werden.

Die Entscheidung des Europäischen Gerichtshofes (EuGH) im Fall „Centros“ im Jahr 1999 und die Bestätigung durch den Bundesgerichtshof (BGH) im Fall „Überseering“ im Jahr 2003 hatte eine innereuropäische Freiheit bei der Wahl der Rechtsform zur Folge. So kann nun beispielsweise eine Private Limited Company nach britischem Recht mit Hauptbetriebsstätte in Deutschland gegründet werden. Insbesondere die schnelle Anmeldung sowie das geringe zur Gründung notwendige Kapital[419] sorgten für einen starken Anstieg der deutschen Gründungen von Public Limited Companies (siehe Abbildung 14).[420]

Der Vergleich der Gründungen der Public Limited Companies mit der Anzahl der GmbH-Gründungen in Abbildung 14 zeigt bereits, dass es bei der Anzahl der Gründungen der Public Limited Companies zwar einen sehr starken Anstieg gibt, die absolute Anzahl aber im Vergleich zu GmbH-Gründungen noch sehr gering ist. Dies gilt demzufolge natürlich umso stärker, wenn man den Bestand der eingetragenen GmbH zum Vergleich heranzieht.

[418] Erle und Ring (2002), S. 35.
[419] Das Stammkapital beträgt lediglich ein Britisches Pfund im Gegensatz zu 25.000 Euro für die Gründung einer GmbH in Deutschland.
[420] Schrinner (2006).

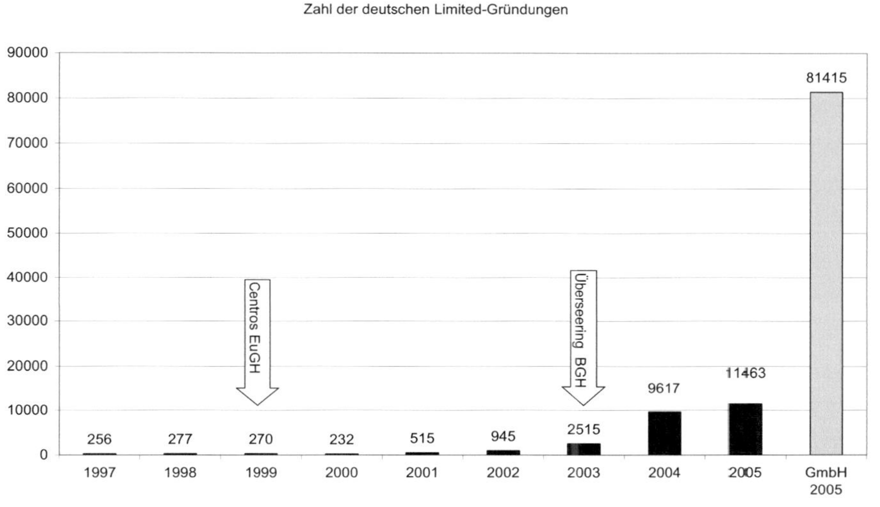

Abbildung 14: Deutsche Limited-Gründungen 1997-2005 sowie GmbH-Gründungen 2005[421]

Die Gründung einer Public Limited Company kann aber eine Vielzahl von zusätzlichen Problemen bringen, die es im Vergleich zur GmbH-Gründung nicht gibt.[422] Exemplarisch sei hier genannt, dass beispielsweise der Jahresabschluss in Englisch einzureichen ist, die Rechtsform der Public Limited Company in Deutschland noch nicht mit der Akzeptanz und Reputation einer vergleichbaren deutschen Kapitalgesellschaft versehen ist und die Firma amtliche Mitteilungen an eine britische Adresse erhält.[423]

Eine weitere zu berücksichtigende Rechtsform ist die Rechtsform der „Societas Europaea" (SE), der europäischen Aktiengesellschaft. Vorteile bietet diese supranationale Rechtsform v.a. europaweit tätigen Unternehmen, da diese somit leichter Tochter- und Holdinggesellschaften gründen können. Des Weiteren gibt es eine Wahlmöglichkeit zwischen monistischem (ein Organ, Verwaltungsrat) und dualistischem (zwei Organe, Vorstand und Aufsichtsrat) System. Die Beteiligung der Arbeitnehmer ist flexibel geregelt und hängt u.a. vom Land der Registrierung, den für das

---

[421] Ibidem.
[422] Siehe dazu Klimasch und Kopp (2006).
[423] Teile dieser Aufgaben werden von Dienstleistern übernommen, die dann auch beispielsweise einen Sekretär vor Ort stellen.

Vorgängerunternehmen gültigen Mitbestimmungsregelungen und dem Prozentsatz der Arbeitnehmer des neuen Unternehmens, die unter Mitbestimmungsregelungen fallen, ab. Grundsätzlich gilt aber für die SE zunächst der Verhandlungsvorrang, das bedeutet, dass zunächst die Arbeitnehmer mit den Leitungsorganen der SE die Beteiligung der Arbeitnehmer verhandeln. Falls diese Verhandlungslösung scheitert, greifen die von den o.g. Kriterien abhängigen Auffangregelungen.[424]

Auch wenn es bereits erste prominente Beispiele (Allianz, Porsche)[425] gibt, so ist auch diese Rechtsform momentan noch nicht für den Zweck der hier zu tätigenden Untersuchung geeignet, da wahrscheinlich Unternehmen erst zu einem im Lebenszyklus sehr weit fortgeschrittenen Zeitpunkt diese Rechtsform wählen werden, d.h. insbesondere, dass diese Rechtsform für hier zu untersuchende Gründungs- und Wachstumsunternehmen nicht in Betracht kommt.

In Zukunft könnte die Vielfalt der möglichen Rechtsformen in Deutschland durchaus Gegenstand wissenschaftlicher Analyse sein, zurzeit und für die zu untersuchende Fragestellung sind sie aber noch nicht relevant. Zusätzlich wurde im Zuge der GmbH-Reform durch das Gesetz zur Modernisierung des GmbH-Rechts und zur Bekämpfung von Missbräuchen (MoMiG) beschlossen, die Unternehmensgründung zu beschleunigen, das Mindeststammkapital auf 10.000 Euro zu senken und die Verlegung des Verwaltungssitzes in das Ausland zu ermöglichen.[426]

3.1.2 Einfluss der Rechtsform auf die Leitung

Zunächst folgt aus der hier vorgenommenen Beschränkung auf zwei Rechtsformen, dass es zwei Gesetze gibt, von denen das Unternehmen eines zwingend umzusetzen hat. Dies erfolgt unabhängig von evtl. weiteren rechtlichen Vorgaben für die Gesellschaft. Anders als in den USA, wo es zwischen den einzelnen Bundesstaaten einen Wettbewerb um die Registrierung gibt, der dazu geführt hat, dass in Delaware „more than 50 percent of publicly owned U.S. companies“[427] inkorporiert sind, sind in Deutschland die Regeln für Kapitalgesellschaften einheitlich. Hier gibt es lediglich

424 Müller (2004), S. 16-20.
425 Sommer (2007).
426 Bundesjustizministerium (2008).
427 Colley, Doyle et al. (2003), S. 13-14.

einen Unterschied auf kommunaler Ebene, da die Kommunen individuell den Gewerbesteuerhebesatz festlegen.[428]

Für die folgenden Ausführungen wird unterstellt, dass es hinsichtlich der Größenentwicklung auch innerhalb der Kapitalgesellschaften eine Art Lebenszyklus in der Form gibt, dass Personengesellschaften zur GmbH werden, nach der Zeit als GmbH eine Umwandlung in eine AG folgt und anschließend ein Börsengang angedacht ist. Beispielsweise wird der Wechsel der Rechtsform von Lücke als ein endogener Wachstumsauslöser gesehen.[429] Auch bei Albach, Bock et al. haben insbesondere die aggressiv-expandierenden Unternehmen am häufigsten die Rechtsform gewechselt.[430] Die Rechtsformwahl kann auch durch die Höhe der zu erwartenden Finanzierung beeinflusst werden, denn der Anreiz, einen IPO durchzuführen, ist umso wahrscheinlicher, desto größer der Finanzierungsaufwand des Unternehmens ist.[431]

Proposition 1: Unternehmen werden zunächst die GmbH aufgrund der Satzungsfreiheit wählen und später zur AG wechseln.[432] Die Rechtsform ist ein Indikator für die Position im Lebenszyklus und die Entwicklung der Unternehmung.

Die Größe hat auch einen Einfluss auf die Rechtsform. Die Vollerhebung unter allen im Zeitraum vom 10. August 1994[433] bis Ende 1996 neu eingetragenen Aktiengesellschaften hatte mit 879 angeschriebenen Unternehmen 170 postalische Ausfälle und einen Rücklauf von 239 Teilnehmern. Mit zunehmender Größe rentiert sich der vergleichsweise höhere Aufwand für die AG. Die Untersuchung von Schawilye, Gaugler et al. hat gezeigt, dass die Zufriedenheit mit der Rechtsform der AG mit zunehmender Größe des Unternehmens gemessen am Umsatz zunimmt. Besonders unzufrieden waren die Unternehmen in der geringsten Größenklasse mit der AG. Die Erklärung könnte darin liegen, dass die AG, trotz der Erleichterungen durch das Gesetz über Kleine Aktiengesellschaften, noch einen für diese Größenklasse überproportio-

[428] Hinsichtlich des Systemwettwerbs und dessen Folgen vgl. Witt (2000),Witt (2001b), Witt (2002) sowie Witt (2003).
[429] Lücke (1982), S. 198.
[430] Albach, Bock et al. (1985), S. 216-218.
[431] Pagano und Roeell (1998).
[432] Ggf. werden Unternehmen aus steuerlichen Motiven zunächst als Personengesellschaft gegründet. Diese wird aber spätestens durch den Eintritt eines externen Eigenkapitalgebers auf dessen Verlangen hin in eine Kapitalgesellschaft umgewandelt werden, um den Haftungserfordernissen des externen Eigenkapitalgebers zu entsprechen.

nalen Aufwand darstellt.[434] Dies lässt sich vor allem an den Problembereichen der AG erkennen. Die drei größten sind Regelungsdichte des Aktienrechts, die Kosten des Gründungs- bzw. Umwandlungsvorgangs und die Anforderungen und Kosten der Börsenzulassung.[435]

In der Untersuchung von Schawilye, Gaugler et al. konnte gezeigt werden, dass die Entstehung der AG mit Blick auf die Frage, ob es sich um eine Gründung oder eine Umwandlung handelt, wesentlich durch die Größe terminiert wird. Je kleiner das beteiligte Unternehmen, umso eher wurde die AG gegründet. Je größer das Unternehmen, umso eher ist es aus einer Umwandlung entstanden. Daraus folgt auch, dass mit zunehmender Größe die Wahrscheinlichkeit der Umwandlung in eine AG steigt, sollte die Gesellschaft nicht vom Start aus als AG gegründet worden sein.[436] Die umgewandelten Gesellschaften waren vorher zu über 70% als GmbH eingetragen.[437]

Die Rechtsform ist damit ein Indikator für den Lebenszyklus und die Entwicklung der Unternehmung. Die Lebenszyklusvermutung hinsichtlich der Rechtsform findet sich auch bei Nelson.[438] Ein wesentlicher Grund dafür, dass zunächst der GmbH der Vorzug gegeben wird, liegt in den größeren Freiheitsgraden in der Ausgestaltung der Satzung und der stärkeren Möglichkeit der Gesellschafter, ihre Vorstellungen in der Leitung des Unternehmens zu verwirklichen, da die Geschäftsführer den Weisungen der Gesellschafterversammlung folgen müssen. Aufgrund der Beschränkung auf die Rechtsformen GmbH und AG ist eine Übernahme der Leitung des Unternehmens durch einen Fremdgeschäftsführer einfach zu bewerkstelligen. Die Rechtsform schafft dabei primär die Voraussetzung zur effektiven Nutzung von Fremdgeschäftsführern.

Befragt nach den markantesten Vorteilen einer AG sind Erschließung von Eigenkapital an der Börse, das Image der Aktiengesellschaft, die vereinfachte Möglichkeit der Aufnahme weiterer Gesellschafter und die stärkere Trennung von Eigentum und Un-

[433] Einführung des Gesetzes für kleine Aktiengesellschaften.
[434] Schawilye, Gaugler et al. (2000), S. 84.
[435] Ibidem, S. 98.
[436] Ibidem, S. 49-52.
[437] Ibidem, S. 53.
[438] Nelson (2003).

ternehmensführung genannt worden. Mit zunehmender Größe nimmt auch die Möglichkeit der Einstellung von Fremdmanagern an Bedeutung zu.[439]

Proposition 2: Die Möglichkeit der Trennung von Eigentum und Leitung durch die Rechtsform der Kapitalgesellschaft wird im Zeitverlauf auch dazu führen, dass Fremdgeschäftsführer in die Leitung des Unternehmens eingebunden werden.

Daily und Dalton verweisen auf die kritische Unternehmensgröße bei der Änderung der Leitung von „Founder-managed" zu „Professionally-managed".[440] Eine wesentliche Voraussetzung wird dabei durch die Änderung der Rechtsform gelegt und die Nutzung wird im Zeitverlauf durch die Größenveränderung ausgelöst (siehe dazu auch Kapitel 3.3).

3.1.3 Einfluss der Rechtsform auf die Kontrolle

Für die Ausgestaltung der Kontrolle soll für die kommenden Propositions darauf verwiesen werden, dass das GmbHG mehr Freiheiten bietet im Vergleich zum AktG und den Unternehmen mehr Gestaltungsmöglichkeiten bietet. Dies zeigt sich u.a. darin, dass die Elemente des Gesellschaftsvertrags „in hohem Maße an die besonderen Verhältnisse der Gesellschafter und des Unternehmens angepasst werden"[441].

Der starke Einfluss der Gesellschafterversammlung liegt an den Reminiszenzen in der Gestaltung der GmbH an die Personengesellschaft, wohingegen sich die starke Trennung von Kapitaleigentum und Leitung bei der Aktiengesellschaft zeigt. Dort soll bewusst der Durchgriff einzelner Aktionäre eingeschränkt werden, da der Vorstand der AG in seinen Entscheidungen frei ist und auch der Aufsichtsrat keine Berechtigung zur Geschäftsführung besitzt.[442] Für bestimmte Entscheidungen ist aber eine Zustimmung des Aufsichtsrats notwendig[443] und damit besitzt dieser die Möglichkeit „zur rechtsverbindlichen Einflussnahme auf Geschäftsführungsmaßnahmen"[444]. Diese Einflussmöglichkeiten werden in der Satzung oder der Geschäftsordnung festge-

[439] Schawilye, Gaugler et al. (2000), S. 90-91. Die Übertragung von Geschäftsführungsbefugnissen an Fremdgeschäftsführer gilt äquivalent für die GmbH.
[440] Daily und Dalton (1992).
[441] Rödder (2004), S. 65.
[442] § 111 Abs. 4 Satz 1 AktG.
[443] § 111 Abs. 4 Satz 2 AktG.
[444] Schiedermair und Kolb (2004), S. 575.

schrieben, wobei eine pro forma-Benennung von abwegigen Entscheidungen nicht mehr reicht, sondern genau festgelegt werden muss, wofür der Aufsichtsrat zuständig ist und wofür nicht. Alltägliche Entscheidungen werden dabei bewusst ausgeschlossen, da der Aufsichtsrat nicht geschäftsführend tätig werden sollte. Zustimmungspflichtige Geschäfte haben den Charakter einer präventiven Überwachungsmaßnahme.[445]

Für Familienunternehmen konnte empirisch bestätigt werden, dass das Vorhandensein eines Aufsichtsrates zu einer schwächeren Berücksichtigung der Ziele der Familie führt: „The results are unambiguous for the influence of the existence of an advisory board: There is a negative influence on both groups of family goals."[446] Die zitierte Studie hatte sich empirisch mit der Befragung von 1816 Familienunternehmen in Deutschland (Rücklauf: 238) auf die Frage der Durchsetzbarkeit von Familienzielen in Familienunternehmen befasst. Übertragen auf Gründungs- und Wachstumsunternehmen mit der Rechtsform GmbH bedeutet dies im Falle der freiwilligen Einrichtung eines Beirates, dass sich die Anteilseigner zwar mehr externen Sachverstand[447] in den Beirat holen, dafür aber unter Umständen eigene Ziele nicht mehr wie vorher direkt über die Gesellschafterversammlung werden durchsetzen können. Grundsätzlich gilt aber für Familienunternehmen und Nicht-Familienunternehmen, dass „the adoption of an outside board of directors could reduce agency costs [...] because of their expected higher degree of independence."[448]

Proposition 3: Der Einfluss der Gesellschafterversammlung ist größer als der Einfluss der Hauptversammlung.

Die grundlegende Begründung für Proposition 3 liegt im GmbHG und AktG. Durch die von Grundei und Talaulicar beschriebenen „Modification Strategies" bietet die Abfrage innerhalb der empirischen Untersuchung dennoch eine interessante Erkenntnismöglichkeit, da ja beispielsweise der Aufsichtsrat von Aktiengesellschaften in ihrem Sample eben gerade nicht die ihm vom Gesetzestext zugedachte Funktion erfüllte. Zusätzlich wurde von einigen Start-ups angegeben, dass sie entgegen des

[445] Ibidem, S. 574-576.
[446] Achleitner, Braun et al. (2009).
[447] Sofern die Besetzung nicht nur mit den Anteilseignern verbundenen Personen durchgeführt wird, die auch noch bei den Stimmrechten der Anteilseigentumsverteilung entsprechen.

Kollegialitätsgebots aus § 77 Abs. 1 AktG ein Direktorialmodell praktizieren, bei dem im Zweifel ein einzelner die finale Entscheidung trifft.[449]

Wenn sich eine GmbH aber dennoch entschließt, einen Beirat einzurichten, dann kann durch die Satzung und Geschäftsordnung des Beirates genau bestimmt werden, welche Kompetenzen oder Vetorechte der Beirat hat. Der Beirat kann dann vor allem dazu genutzt werden, dass Entscheidungskompetenzen von der Gesellschafterversammlung delegiert werden und dadurch schnellere Entscheidungen ermöglicht werden, da nicht immer die Gesellschafterversammlung tagen muss.

Die Gesellschafterversammlung kann sich zwar das Besetzungsrecht des Beirates zusichern lassen, je nach Kompetenzzuschreibung an den Beirat verliert sie allerdings an direktem Einfluss. Ein Grund dafür ist auch die zusätzlich entstehende Prinzipal-Agent-Beziehung. Abbildung 15 verdeutlicht, dass bei der Einsetzung eines Beirats/Aufsichtsrats es zu einer zusätzlichen Principal-Agent-Beziehung kommt, da nun auch der Kreis der Eigentümer seine Kontrollaufgabe delegiert und in diesem Sinne der Aufsichtsrat Agent ist, wobei der Aufsichtsrat selbst dem Vorstand gegenüber als Principal auftritt.

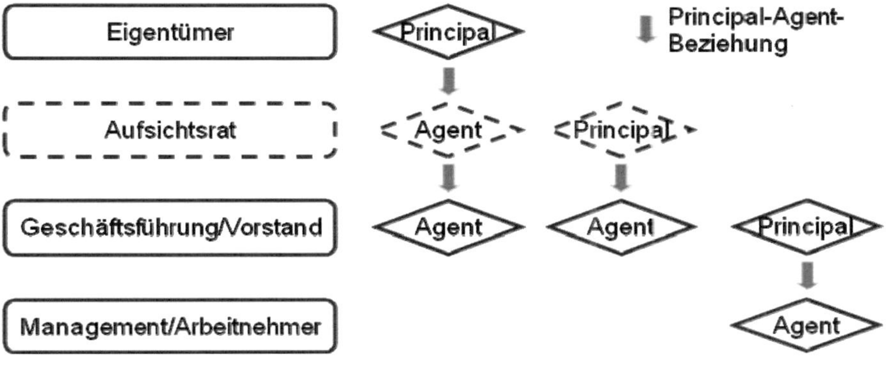

Abbildung 15: Kaskaden von Principal-Agent-Beziehungen[450]

---

[448] Voordeckers, Van Gils et al. (2007), S. 140.
[449] Grundei und Talaulicar (2002). Vgl. auch Grundei und Talaulicar (2003).
[450] Eigene Darstellung, in Anlehnung an Junker (2005), S. 59.

Bei einer GmbH gibt es laut Rohleder vor allem vier Motive für die Einrichtung eines Beirates: „Überwachung der Geschäftsführung, die Nutzung externen Fachwissens, die Verminderung des Risikos von Fehlentscheidungen und der Ausgleich unterschiedlicher Gesellschafterinteressen“[451]. Diese lassen sich natürlich auch analog auf die AG übertragen, gesetzlich zeigt sich bei der AG wieder die stärkere Trennung, da hier primär die Überwachung im Vordergrund steht.[452]

Die Outsider-Kontrolle, also die Überwachung durch externe Gesellschafter, der AG zeigt sich vor allem in der veränderten Rolle des Aufsichtsrates bei der AG im Vergleich zur GmbH. Während Entscheidungen des Beirats praktisch immer von der Gesellschafterversammlung abgeändert werden können, insbesondere da eine Weisungsbefugnis gegenüber dem Management vorhanden ist, besteht diese Möglichkeit bei der AG nicht. Auch gibt es für den Aufsichtsrat zwingende Vorgaben, mindestens zweimal im Kalenderjahr zu tagen.[453] Der Aufsichtsrat bzw. der fakultative Beirat in der GmbH können auch als ein Gremium betrachtet werden, das entstanden ist, um die Agency-Probleme zu reduzieren. Dies erfolgt durch eine Überwachung des Managements. Damit können Moral Hazard Probleme reduziert werden.[454]

Proposition 4: Wenn Unternehmen sich direkt als AG gründen und noch keinen externen Eigenkapitalgeber haben, wird der Aufsichtsrat nur die Mindestanzahl an Mitglieder haben und mit Familienmitgliedern und/oder Freunden der Gründer besetzt werden.

Entscheidend für die Wahl der Rechtsform AG wird dann vor allem die höhere Reputation[455] sein und durch die Besetzung des Aufsichtsrats mit Familienmitgliedern und Freunden wird zwar die eigentliche Funktion des Aufsichtsrates ausgehöhlt, aber der Verwaltungsaufwand wird minimiert. Da zu diesem Zeitpunkt auch noch keine Interessendivergenzen auftreten, weil die Eigenkapitalanteile weiterhin in der Hand der Gründer sind, ist auch ein detailliertes Monitoring nicht notwendig. Da der Aufsichts-

[451] Rohleder (1991), S. 4.
[452] § 111 Abs. 1 AktG.
[453] Die vorgegebene Frequenz besagt zwei Sitzungen pro Kalenderhalbjahr, aber diese Vorgabe kann in nicht börsennotierten Gesellschaften auf zwei pro Kalenderjahr reduziert werden. Siehe dazu § 110 Abs. 3 AktG.
[454] Fama und Jensen (1983b).
[455] Vgl. Grundei und Talaulicar (2002), S. 6.

rat die Vorstände bestellt, ist aber ein notwendiges Vertrauensverhältnis zu den Aufsichtsratsmitgliedern notwendig und die Vorstände selbst können die Aufgabe nicht ausführen. Ein professionelles Monitoring wird erst durch den Eintritt von externen Eigenkapitalgebern erfolgen.[456]

Wenn davon auszugehen ist, dass anfangs Familienmitglieder oder Freunde der Gründer die Vertreter im Aufsichtsrat sind, dann ist es auch nicht verwunderlich, dass im Sample von Talaulicar, Grundei et al. zwei Drittel der Aktiengesellschaften die Aufgabe des Aufsichtsrats mit „Überwachung der Geschäftsleitung" als nicht treffend beschrieben sehen, obwohl dies in den Buchstaben des Gesetzes genau die Aufgabe des Aufsichtsrates ist.[457] Problematisch ist dabei auch, dass sich Praktiken im Zusammenspiel zwischen Vorstand und Aufsichtsrat einstellen, die nicht in den Bereich der Kontrolle fallen und später nur noch schwer wieder zu eliminieren sind und dann dazu führen, dass die „Schwierigkeiten, ein funktionsfähiges Überwachungssystem zu schaffen und mit Leben zu füllen, [...] umso größer sind, je mehr informelle Normen und Praktiken in der Vergangenheit darauf ausgelegt waren, den AR auf einen (beratenden) Erfüllungsgehilfen des Vorstands zu reduzieren."[458]

Die Proposition ist auch konsistent mit den Ergebnissen von Staud, die zeigen konnte, dass je höher der Anteil der Geschäftsführer am Unternehmen, desto eher gibt es keinen Aufsichtsrat bzw. wird kein Beirat eingesetzt.[459] Hier soll zusätzlich noch die Ergänzung gelten, dass bei der direkten Gründung einer AG die Möglichkeit besteht, den Aufsichtsrat nur pro forma mit Freunden oder Familienmitgliedern der Gründer zu besetzen.[460]

Bereits Fama und Jensen haben darauf verwiesen, dass unabhängige Aufsichtsratsmitglieder („independent non-executive directors") ein effektives Instrument zur Reduktion von Agency Costs sind.[461] Dies vor allem vor dem Hintergrund, dass „Independent outside directors are expected to monitor management's self-interest

[456] Vgl. Hellmann und Puri (2002b). Siehe dazu auch 3.2.
[457] Talaulicar, Grundei et al. (2001).
[458] Grundei und Talaulicar (2003), S. 199.
[459] Staud (2009), S. 226
[460] Grundei und Talaulicar (2003).
[461] Fama und Jensen (1983b).

more effectively than dependent directors."[462] Die Familienmitglieder oder Freunde sind in dieser Hinsicht nicht unabhängig, was aber aufgrund der fehlenden Interessendivergenz (vor Eintritt eines externen Eigenkapitalgebers) im Sinne der Principal-Agent-Theorie nicht notwendig ist, da im strengen Sinne dann kein Monitoring benötigt wird.

Einen Teilbereich der Kontrolle erfasst auch die Fungibilität der Anteile. Diese beeinflusst nämlich direkt die Wahl zwischen Exit und Voice. Während in großen börsennotierten Aktiengesellschaften, die sich in Streubesitz befinden, der einzelne Aktionär sich bei Unzufriedenheit mit der Leitung eher für den Verkauf seiner Aktien (Exit) als für das aktive Eintreten für seine Interessen (Voice) entscheiden wird, ist dies bereits bei nicht börsennotierten Gesellschaften schwieriger. Einen Unterschied hinsichtlich der Fungibilität lässt sich allerdings auch zwischen GmbH und AG ausmachen. Die Übertragbarkeit der Anteile bei Gesellschaften mit beschränkter Haftung muss notariell beglaubigt werden und ist ohne Einhaltung dieses Formerfordernisses nichtig. Die erschwerte Übertragbarkeit der Anteile verdeutlicht auch, warum hier zunächst Voice bemüht werden wird.

3.1.4 Einfluss der Rechtsform auf die Organisationsstruktur

Proposition 5: Der Wechsel von einer Personengesellschaft zur Kapitalgesellschaft bzw. der Wechsel von der GmbH zur AG führt zu einer stärkeren Kodifizierung der Organisationsstrukturen und einer stärkeren Dokumentation von Prozessen im Unternehmen.

Insbesondere in einer AG wird der Aufsichtsrat zu seiner eigenen Absicherung in der Prinzipal-Agent-Beziehung zu den Eigentümern darauf dringen, dass Organisationsstrukturen und Prozesse im Unternehmen stärker dokumentiert werden, damit die Aufsichtsratsmitglieder ihrer Rolle als Agent der Hauptversammlung gerecht werden.

Bei Kapitalgesellschaften ist durch die Bestellung von Geschäftsführern und Vorständen ein zusätzlicher Schritt für die Leitung der Gesellschaft notwendig. Lamoreaux unterscheidet in seinem Artikel über die Entstehungsgeschichte des Unter-

[462] Voordeckers, Van Gils et al. (2007).

nehmensbegriffes zwischen der Unabhängigkeit[463] und der Haftungsbegrenzung als zwei Dimensionen, die nicht binär festgelegt wurden, sondern eher auf einem Kontinuum mit jeweils zwei Extremen angesiedelt sind. Er vergleicht amerikanische Partnerships (ähnlich den dt. Personengesellschaften) mit Corporations (ähnlich mit dt. Kapitalgesellschaften). Die höhere Unabhängigkeit der einzelnen Partner einer Partnership führte dazu, dass diese auch alleine die Gesellschaft und damit auch die anderen vollhaftenden Partner verpflichten konnten. Zusätzlich konnte die Drohung des Auflösens der Gesellschaft durch einen einzelnen Partner zur Erlangung verbesserter Konditionen führen. Grundlage dafür ist wiederum ein dispositiveres Recht, welches bei Kapitalgesellschaften, bei der AG noch stärker als bei der GmbH, eingeschränkter möglich ist.[464]

3.2 Anteilseignerstruktur

Vielfach wurde die Beziehung von Venture-Capital-Gesellschaften zu ihren Portfoliounternehmen untersucht.[465] Dies gilt ebenfalls für die Untersuchung der Beziehung von informellen Kapitalgebern zu den Gründungsunternehmen an denen sie eine Beteiligung besitzen.[466]

Das Grundproblem bei der Art der Finanzierung ist die Frage Eigen- oder Fremdkapital, die bereits in Kapitel 2.5 erläutert wurde. Das Ergebnis war, dass Fremdkapital zur Finanzierung von Gründungsunternehmen meist nicht oder in nur sehr eingeschränkten Fällen zur Verfügung steht, daher die Festlegung auf den Begriff Anteilseignerstruktur. Die Finanzierung über Eigenkapital birgt aber das Problem, dass die Eigenkapitalgeber zum Zeitpunkt der Finanzierung die Absichten der Gründer nicht oder nur sehr begrenzt, auf jeden Fall nicht vollkommen, einschätzen können. Somit ergeben sich aufgrund der entstehenden Principal-Agent-Beziehung die Probleme des Moral Hazard und der Adversen Selektion.[467] Da die Gründer weiterhin mit einem signifikanten Anteil am Eigenkapital beteiligt bleiben und damit ähnliche Interessen wie Business Angel oder Venture-Capital-Gesellschaften haben müssten, ist die

[463] Gemeint ist hier die Unabhängigkeit des Unternehmens von den handelnden Personen. Juristisch findet dieses Prinzip in der Idee der juristischen Person ihren Ausdruck.
[464] Lamoreaux (1998).
[465] Siehe dazu u.a. Brettel, Thust et al. (2001), Reißig-Thust (2003).
[466] Siehe dazu u.a. Brettel, Jaugey et al. (2000), Brettel (2001a), Brettel (2004).
[467] Amit, Glosten et al. (1990).

Frage allerdings etwas differenzierter zu betrachten, als das in der klassischen Principal-Agent-Situation, in der es lediglich angestellte Manager ohne Kapitalbeteiligung gibt, der Fall wäre. In diesem Zusammenhang sei insbesondere auf die bei Familienunternehmen auftretenden Principal-Agent-Probleme verwiesen, da sowohl Gomez-Mejia, Nuñez-Nickel, et al. und Schulze, Lubatkin, et al. zeigen konnten, dass die Beteiligung der Gründer am Anteilseigentum nicht ausreicht, um durch die Gründer immer Unternehmenswert maximierende Entscheidungen zu erhalten und keine unnötigen Ausgaben zu tätigen (teuere Büros, Firmenwagen, etc).[468]

Wenn Untersuchungen im Bereich Leitungsstrukturen von Gründungsunternehmen durchgeführt wurden, dann vorwiegend hinsichtlich der Beziehung von Gründungsunternehmen zu den sie finanzierenden Venture-Capital-Gesellschaften. Diese sind als Minderheitsaktionäre dann im Sinne der Principal-Agent-Theorie schutzwürdig. Aufgrund nicht ausreichenden gesetzlichen Schutzes versuchen sie, umfangreiche privatrechtlich vereinbarte Schutzmechanismen in die Verträge zu integrieren.[469] Meist waren dann auch eher die Venture-Capital-Gesellschaften selbst Forschungsgegenstand[470], beziehungsweise es erfolgte eine Befragung von Venture-Capital-Gesellschaften mit dem Ziel, Informationen über deren Portfoliounternehmen zu erhalten. Daniel A. Ruppen hat in einer empirischen Erhebung unterschiedliche Gesellschaften in Deutschland, Großbritannien, der Schweiz und den USA befragt. Allerdings lassen sich anhand der vorwiegend deskriptiven Beschreibung keine Schlüsse für einzelne Unternehmen ziehen, da die Portfoliomanager jeweils lediglich nach der Mehrzahl der Portfoliounternehmen gefragt wurden. [471]

3.2.1 Einfluss der Anteilseignerstruktur auf die Leitung

Hellmann und Puri verweisen darauf, dass in Unternehmen mit einer Finanzierung von einer Venture-Capital-Gesellschaft die Wahrscheinlichkeit, dass der Gründer-CEO von einem Fremdmanager ersetzt wird, höher ist als bei Unternehmen ohne Venture-Capital-Finanzierung. Zusätzlich zeigen sie anhand ihres Samples von 173 Start-ups aus dem Silicon Valley, dass Venture-Capital-Gesellschaften meist sehr

[468] Vgl. Schulze, Lubatkin et al. (2001) und Gomez-Mejia, Nuñez-Nickel et al. (2001) sowie Kapitel 2.3.2.
[469] Vgl. Kapitel 2.2.2.2.
[470] Vgl. Böhler (2004) oder Frederiksen und Klofsten (2001).
[471] Vgl. Ruppen (2002).

schnell einen Vertriebsmanager einstellen.[472] Dies zeigt, dass die vertraglich zugesicherten Rechte (hier die Möglichkeit, das Management auszutauschen) von einer Venture-Capital-Gesellschaft auch ausgeübt werden. Bestimmender Faktor ist dafür die Abhängigkeit von der jeweiligen Person. Diese Abhängigkeit wird bestimmt beispielsweise durch die Zuordnung von Patenten. Besitzt der CEO die Patente persönlich, ist er wertvoll für das Unternehmen, liegen allerdings die Patentrechte beim Unternehmen, ist die Person des CEOs leichter ersetzbar. Gleiches gilt für die Kodifizierung von Wissen. Insbesondere am Anfang besitzt der Gründer viel implizites Wissen (tacit knowledge). Wenn dieses Wissen nicht kodifizierbar ist, erhöht das die Verbleibenswahrscheinlichkeit des Gründer-CEOs. Wenn allerdings das Wissen kodfzierbar ist und auch kodifiziert wird, dann wird das Unternehmen vom Humankapital des Gründers unabhängig und insbesondere in einer Krisensituation ist dann die Ausübung der Rechte der Venture-Capital-Gesellschaft wahrscheinlich.[473]

Die Portfoliounternehmen von Business Angeln und Venture-Capital-Gesellschaften zeichnen sich jeweils durch die Absicht, stark zu wachsen, aus. Hack hat sich angesehen, wie die Wahl des Eigenkapitalgebers aus der Sicht eines Start-up-Unternehmens sein sollte und wann die Wahl eines bestimmten Kapitalgebers[474] den Erfolg des Start-ups positiv beeinflusst. Ermitteln konnte Hack, dass Corporate Venture-Capital-Gesellschaften einen höheren Einfluss als Business Angel und diese wiederum einen höheren Einfluss als Venture-Capital-Gesellschaften auf den Erfolg von Start-up-Unternehmen haben.[475]

Die Untersuchung von Hack hat gezeigt, dass sich der interne Koordinationsaufwand für Start-ups sowohl in der Gründungs- als auch in der Markteinführungsphase hinsichtlich der Risikokapitalgebertypen unterscheidet. Da Venture-Capital-Gesellschaften sich oftmals die Möglichkeit des Austauschs des Managements in den Finanzierungsverträgen zusichern lassen, kann die Anteilseignerstruktur einen ganz erheblichen Einfluss auf die Besetzung der Leitung haben. Zusätzlich verstärkt

[472] Hellmann und Puri (2002b).
[473] Lehmann (2006).
[474] Hack hat in seiner Untersuchung Business Angel, Corporate Venture-Capital-Gesellschaften und Venture-Capital-Gesellschaften untersucht.
[475] Hack (2005).

die Möglichkeit des Managementaustauschs das Gewicht der Stimme der Venture-Capital-Gesellschaft und zwar unabhängig vom eigentlichen Anteil am Eigenkapital.

Heibel konnte anhand eines Samples von 154 Gründungsunternehmen mit Venture Capital-Finanzierung in Deutschland zeigen[476], dass firmenspezifisches Wissen und professionelle Managementerfahrung die Wahrscheinlichkeit eines Austauschs der Gründer durch Venture-Capital-Gesellschaften verringern.[477]

Proposition 6: Umso unerfahrenerer die Gründer, umso weniger nicht-kodifizierbares Wissen sie haben und umso schlechter die aktuelle Performance des Unternehmens (fehlende Meilensteinerreichung, Verpassen finanzieller Ziele, etc.), desto höher die Wahrscheinlichkeit, dass externe Eigenkapitalgeber von ihrem Recht, das Management auszutauschen, Gebrauch machen und Fremdmanager von der Gesellschafterversammlung/dem Aufsichtsrat die Leitung übertragen bekommen.

Sapienza, Korsgaard et al. postulierten, dass bei schlechter Geschäftsentwicklung, die aufgewendete Zeit von Venture-Capital-Gesellschaften für Vorstandssitzungen zunimmt und vergangene Handlungen des Managements stärker überprüft werden.[478] Frederiksen und Klofsten konnten empirisch zeigen, dass die Aktivität von Venture-Capital-Gesellschaften dann zunimmt, wenn „portfolio companies have an inexperienced CEO, when the companies are in an early stage of development, have a weak board of directors, and or a weak performance"[479].

Ang und Cole konnten anhand eines Samples von 1708 kleinen Corporations Agency Costs empirisch nachweisen. Dafür haben sie ein Sample von 1708 kleinen Kapitalgesellschaften auf Effizienzkriterien überprüft und mit der Eigentümerstruktur verglichen. Das Ergebnis hat gezeigt, dass die Agency Costs signifikant höher sind, wenn ein Fremdmanager das Unternehmen leitet, die Agency Costs sich reziprok zum Anteil des Managers verhalten und mit der Anzahl der externen Eigenkapitalgeber zunehmen.[480]

---

[476] Wobei insgesamt aber nur in 61 Fällen wirkliche Wechsel beobachtet wurden.
[477] Vgl. Heibel (2008).
[478] Sapienza, Korsgaard et al. (2000).
[479] Frederiksen und Klofsten (2001), S. 201.
[480] Ang, Cole et al. (2000). Weitere Details zur Studie finden sich auch in Kapitel 2.2.4.

Nelson verweist darauf, dass eine kontinuierliche Präsenz des Gründers in einer Firma eine Auswirkung auf die Ausgestaltung der Leitungsstruktur des Unternehmens hatte. Zusätzlich haben die Gründer zum Zeitpunkt des IPO auch einen größeren Anteil am Unternehmen, als dies in vergleichbaren Unternehmen ohne Gründer in einer zentralen Rolle der Fall war.[481] Nelson regt für zukünftige Untersuchungen an, dass überprüft werden sollte, inwiefern es einen „governance life cycle" gibt.[482] Sowohl Proposition 6 als auch Proposition 7 nehmen diese Anregung auf und verweisen auf den Einfluss durch die Eigenkapitalgeber.

Auch Aghion und Bolton konnten modelltheoretisch eine zeitliche Abfolge bei der Governance von Unternehmen aufzeigen. So zeigt die "pecking-order theory of governance structures: it is always best to start first with entrepreneur control if that is feasible. If, however, entrepreneur control does not sufficiently protect the investor's claims, one should go for contingent control. Finally if that is still not enough to protect the investor's interests, one wants to give full control to the investor."[483] Als Konsequenz der zeitlichen Abfolge von Entrepreneur Control, Contingent Control und Investor Control wird sich auch die Ausgestaltung der Leitung anpassen, denn wenn der externe Eigenkapitalgeber in der Gesellschafterversammlung, im Beirat/Aufsichtsrat oder gemäß eines vertraglich detaillierten Rechts unabhängig vom Anteilseigentum die Unternehmenspolitik bestimmen kann, dann wird er dies auch nutzen und die Zusammensetzung der Leitung verändern.

Proposition 7: Governance pecking-order: Die Leitung des Unternehmens wird nach dem Einstieg von externen Eigenkapitalgebern zunächst bei den Gründern verbleiben und im Zeitverlauf – induziert durch die externen Eigenkapitalgeber – an Fremdgeschäftsführer übergehen.

Venture-Capital-Gesellschaften spielen eine wichtige Rolle beim Auswählen und Kontrollieren von Unternehmen im Anschluss an die Beteiligung.[484] Insbesondere die Beteiligung von Venture-Capital-Gesellschaften „indeed increases the likelihood that

[481] Was sicherlich auch darin begründet lag, dass der Gründer damit natürlich auch weniger Einfluss durch seine Stimmrechte hatte, womit eher Letzteres der Grund gewesen sein dürfte.
[482] Nelson (2003).
[483] Aghion und Bolton (1992), S. 490-491.
[484] Kaplan und Strömberg (2001).

an outside CEO will be brought in."[485] Dies geschieht vor allem im Zeitverlauf, d.h., direkt nach der Beteiligung wird zunächst die Leitung weiterhin von den Gründern fortgeführt, danach steigt aber die Wahrscheinlichkeit, dass Fremdgeschäftsführer die Leitung ergänzen bzw. die Unternehmensleitung gänzlich durch professionelle Manager ersetzt wird.[486] Jain und Tabak konnten zusätzlich zeigen, dass mit einer steigenden Anzahl an Sitzen von Venture-Capital-Gesellschaften im Board, die Wahrscheinlichkeit, dass der Gründer noch CEO des Unternehmens zum Zeitpunkt des IPO ist, sinkt.[487]

Die Problematik aus Proposition 7 ist auch in Familienunternehmen zu finden, so wird mit zunehmender Größe (vgl. dazu auch 3.3) die Bedeutung und Berücksichtigung von Fremdgeschäftsführern zunehmen. In Familienunternehmen ist dies auf die begrenzte Anzahl von Familienmitgliedern zurückzuführen und hier auf die begrenzte Anzahl der Gründer.[488] Daily und Dalton verweisen darauf, dass Gründer sich ggf. gar nicht so stark von Fremdgeschäftsführern unterscheiden und sich ihrer eigenen Begrenzungen vielleicht sogar bewusst sind.[489]

3.2.2 Einfluss der Anteilseignerstruktur auf die Kontrolle

Engel, Gordon et al. zeigen für Internet-Unternehmen, die durch Venture-Capital-Gesellschaften finanziert wurden, dass zum Zeitpunkt ihres IPO die Venture-Capital-Gesellschaften über „direct monitoring mechanism"[490] verfügen. Unabhängig von Strukturmerkmalen sehen Fredriksen und Klofsten die Aktivität (Beratung, aktive Einflussnahme) von Venture-Capital-Gesellschaften an Merkmale der Portfoliounternehmen gebunden. In einer Untersuchung von 41 schwedischen von Venture-Capital-Gesellschaften finanzierten Unternehmen stellen sie fest, dass der Grad der Aktivität von Venture-Capital-Gesellschaften in Gründungsunternehmen von unterschiedlichen Merkmalen abhängt. Die Aktivität von Venture-Capital-Gesellschaften ist dann besonders hoch, wenn das finanzierte Unternehmen noch sehr jung ist be-

[485] Hellmann und Puri (2002a), S. 21.
[486] So konnte Pankotsch zeigen, dass die Wahrscheinlichkeit eines allgemeinen Wechsels im Management des Gründungs- und Wachstumsunternehmens mit der Anzahl der Finanzierungsrunden steigt, da die Eigenkapitalgeber das jeweils optimale Management für die betreffende Phase suchen. Vgl. Pankotsch (2005), S. 236-237.
[487] Jain und Tabak (2008).
[488] Vgl. Chua, Chrisman et al. (2003).
[489] Daily und Dalton (1992).
[490] Engel, Gordon et al. (2002).

ziehungsweise sich in einer frühen Entwicklungsphase befindet, das heißt aber auch, dass zu diesem Zeitpunkt sehr hohe externe Risiken sowie Probleme wie „Moral Hazard" und Adverse Selektion besonders häufig auftreten können. Die Einmischung ist auch bei einer schlechten finanziellen Entwicklung des Portfoliounternehmens hoch.[491]

Proposition 8: Die Beteiligung von externen Eigenkapitalinvestoren führt zu einer stärkeren Kontrolle der Unternehmensleitung durch Unternehmensexterne (bspw. Anteilseigner oder Wirtschaftsprüfer).

Die Veränderungen, die durch externe Eigenkapitalgeber herbeigeführt werden, tragen zur Professionalisierung des Start-ups bei. Einen Teil dieser Veränderungen haben Burton, Helliar et al. vor und nach dem IPO von Unternehmen untersucht. Das Sample von Unternehmen aus dem Vereinigten Königreich zeigte, dass zum Börsengang unabhängige Aufsichtsräte bestellt werden, neue Wirtschaftsprüfer gewählt wurden („Big Four"), die internen Kontrollsysteme verbessert wurden und meist werden zusätzlich externe, erfahrene Manager eingestellt.[492] Insgesamt treiben Venture-Capital-Gesellschaften die Professionalisierung von Gründungs- und Wachstumsunternehmen.[493]

„[M]onitoring [...] should not positively affect firm performance unless family managers are agents and family business owners are rational in implementing agency cost control mechanisms whenever and only when such implementation will yield more benefits than costs."[494] Die empirischen Ergebnisse von Chrisman, Chua et al. bestätigten aber das Vorhandensein dieser Mechanismen und konnten auch einen Effekt auf die Performance des Unternehmens nachweisen. D.h. aber auch übertragen auf Gründungs- und Wachstumsunternehmen, dass es selbst bei einem weiterhin signifikanten Anteil der Gründer am Unternehmen, es für die Eigenkapitalgaber rational ist, geeignete Monitoring-Maßnahmen zu ergreifen.

---

[491] Vgl. Fredriksen und Klofsten (2001).
[492] Burton, Helliar et al. (2004).
[493] Hellmann und Puri (2002b).
[494] Chrisman, Chua et al. (2007), S. 1035.

Ein Eigentümer würde zunächst so lange wie möglich versuchen, sein Unternehmen mit dem eigenen Kapital aufzubauen. Dies liegt vor allem daran, dass dadurch zunächst keine Agency Costs entstehen. Durch die Beteiligung von außenstehenden Kapitalgebern kommt es aber zur Entstehung von Agency Costs. Da der Kapitalgeber dies weiß, preist er die zu erwartenden Monitoring Costs bei der Unternehmensbewertung mit ein und somit muss der ursprüngliche Alleineigentümer diese Kosten tragen. Zu einer Außenfinanzierung kommt es v.a., wenn das persönliche Vermögen des Individuums nicht ausreicht, um die gewünschten Projekte des Unternehmens allein zu finanzieren. Dies ist ein wesentlicher hier zu betrachtender Punkt, da dies auch das Geschäftsmodell von Business Angeln und Venture-Capital-Gesellschaften ist. Theoretisch müsste ein Eigentümer Unternehmer 100% seines persönlichen Vermögens in das Unternehmen investieren, um das Tragen der Agency Costs zu vermeiden. Allerdings kann das für ihn zu einem Wohlfahrtsverlust führen, wenn er risiko-avers ist, denn wenn man sein persönliches Vermögen unter einem Portfolio-Aspekt betrachtet, dann betriebe er keine Risikominimierung durch Diversifikation. Dieses Bestreben würde dazu führen, dass er eben nicht sein komplettes Vermögen investiert und der Preis, den er dafür bezahlt, sind die Agency Costs.[495] Als Gegenleistung erbringen Venture-Capital-Gesellschaften und Business Angel aber auch Leistungen für das Unternehmen (Erweiterung des Netzwerkes, Reputation, etc.), die die Agency Costs leicht übersteigen können.

Hier geht es um schnell wachsende Unternehmen, die durchaus mehrere Finanzierungsrunden durchlaufen und mit strategischen Investoren bzw. Corporate-Venture-Capital-Gesellschaften auch Eigenkapitalgeber mit weit über die finanziellen Aspekte hinausgehende Motive haben können. Zusätzlich lassen sich Venture-Capital-Gesellschaften meist Rechte, die weit über das normale Stimmrecht hinausgehen, zusichern.

Proposition 9: Informelle Kapitalgeber werden weniger Zeit in die Kontrolle ihrer Beteiligung investieren als formelle Kapitalgeber. Eine stärkere Kontrolle durch persönliches Involvieren und die Anforderung detaillierter Berichte erhöht den Erfolg der Beteiligung.

---

[495] Jensen und Meckling (1976).

Da die Venture-Capital-Gesellschaften sich auf das Monitoring spezialisiert haben, ist es für den Business Angel nur rational, seine eigenen Monitoring-Aktivitäten zu begrenzen und dies den formellen Kapitalgeber durchführen zu lassen. Er spart sich die Zeit und da der formelle Kapitalgeber wahrscheinlich sogar einen höheren Anteil hat, sind auch für diesen die Anreize zum Monitoring höher.

Brettel konnte empirisch bestätigen, dass die Zeit, die ein Business Angel in die informelle Hilfestellung investiert, den Erfolg der Beteiligung steigert.[496] Hinsichtlich des zweiten Teils der Proposition sollte aber auch beachtet werden, dass es empirische Untersuchungen gibt, die diese Aussage nicht unterstützen. So zeigte sich beispielsweise bei Reißig-Thust, dass ein intensives Monitoring durch die Venture-Capital-Gesellschaft nicht zwangsläufig zu einem höheren Beteiligungserfolg führen muss.[497]

Ein sehr wichtiges Element für Start-ups ist die Ausgestaltung des Berichtswesens an die externen Eigenkapitalgeber. Die Erstellung ist mit Aufwand verbunden und ggf. muss zusätzlich ein separater Bericht für unterschiedliche Kapitalgeber erstellt werden. Zusätzlich könnten Kapitalgeber ein standardisiertes Reporting verlangen, was nicht dem Entwicklungsstadium des Unternehmens entspricht und signifikante Kosten entstehen lässt, die ohne die Beteiligung nicht entstanden wären. Zusätzlich sollte dazu festgehalten werden, dass „Information systems are positively related to behavior-based contracts and negatively related to outcome-based contracts."[498] Gründer haben aber fast immer eine Mischform dieser beiden Vertragsformen, da sie zum einen durch das weitere Halten von Anteilen am Unternehmen am Ergebnis[499] partizipieren, zum anderen aber auch Verpflichtungen wie Vollzeitarbeit im Unternehmen übernehmen.

Hellmann und Puri vertreten die These, dass Venture-Capital-Gesellschaften über den Gesellschaftsanteil hinaus Einfluss auf das Unternehmen haben. Hierbei ist inte-

[496] Brettel (2004), S. 167-169 und 292.
[497] Reißig-Thust (2003).
[498] Eisenhardt (1989a), S. 61.
[499] Gewinn des Unternehmens, evtl. Verkaufserlös, d.h. in diesem Sinne „Outcome-based".

ressant, inwiefern dieser Einfluss vertraglich ermöglicht wird bzw. gewollt ist.[500] Hellmanns Modell über die Allokation von Kontrollrechten in Venture-Capital-Verträgen legt den Schluss nahe, dass Gründer vorwiegend dann Kontrollrechte abgeben, wenn sie über limitierte persönliche finanzielle Ressourcen verfügen. Zusätzlich ist der Einfluss der Venture-Capital-Gesellschaft hoch, wenn die Gründer wenig Erfahrung haben bzw. wenn professionelle Manager leicht verfügbar sind, d.h. zusammenfassend, wenn das Moral-Hazard-Risiko sehr groß ist bzw. alternative Agenten ohne hohe Suchkosten gefunden werden können.[501]

Eine Frage, die sich den Autoren der Stewardship-Theorie stellt, ist, ob es evtl. situationsabhängige Bedingungen gibt, die einmal die Thesen der Principal-Agent-Theorie und in anderen Fällen die Stewardship-Theorie bestätigen. Donaldson und Davis verweisen darauf, dass die Stewardship-Theorie zutreffen könnte, solange Anteilseigner und Unternehmensleitung[502] sich über die Fortsetzung der Organisation einig sind und nicht an einen Verkauf des Unternehmens gedacht wird.[503] Aoki hat die Venture Capital-finanzierte Entwicklung und Markteinführung eines neuen Produktes als Turniermodell dargestellt. Anstatt innerhalb einer Organisation durch einen Manager geleitet oder durch sich abstimmende Projektteams, gibt es in seinem Modell einen Vertrag zwischen dem Start-up und der Venture-Capital-Gesellschaft. Diese Zusammenarbeit wird phasenweise überprüft und nur im erfolgreichen Fall fortgeführt, weshalb er den Namen „Venture Capital governance by tournament" dafür vergeben hat. Dies unterstreicht zum einen das Risiko, da innerhalb mehrerer Runden das Investment abgebrochen werden kann. Zusätzlich verdeutlicht der Vergleich mit einem Turnier zum anderen, dass dieses Modell nur bei einem entsprechend hohen Preis (Trophäe ist in diesem Fall ein erfolgreiches Unternehmen mit hohem Verkaufswert für die Venture-Capital-Gesellschaft) überhaupt zum Tragen kommen kann und greift damit auch den oben bei Donaldson und Davis genannten Willen zur Fortsetzung auf.[504]

[500] Hellmann und Puri beschreiben, dass Venture-Capital-Gesellschaften den Prozess der Professionalisierung von Gründungsunternehmen im Vergleich zu nicht Venture-Capital finanzierten Unternehmen schneller vorantreiben. Vgl. Hellmann und Puri (2002).
[501] Vgl. Hellmann (1998).
[502] „Fundamental coalition between managers and owners" Donaldson und Davis (1991), S. 60.
[503] Ibidem.
[504] Aoki (2000).

Proposition 10: Formelle Eigenkapitalgeber werden mit ihrer Investition eine Veränderung der Struktur hervorrufen, die ihnen eine stärkere Einbindung in Entscheidungen mit großer Tragweite erlaubt. Konkret wird die Beteiligung externer Eigenkapitalinvestoren zur Gründung eines Beirats (falls nicht ohnehin verpflichtend wie bei der AG) führen und dieser Beirat erhält besondere Kompetenzen zur Steuerung der Geschäftsführung.

Diese Proposition betrifft im ersten Teil die Gesellschaften mit beschränkter Haftung, da dort kein Aufsichtsrat vorgeschrieben ist und ein Beirat gebildet werden kann. Der zweite Teil gilt für alle Unternehmen. Hinsichtlich der Beteiligungen von Business Angeln konnten Brettel, Jaugey et al. zeigen, dass 75% der Business Angel in Deutschland bei einer Investition einen Platz in einem Beirat übernehmen.[505]

Für Venture-Capital-Gesellschaften konnte Ruppen zeigen, dass vor allem erfolgreiche Venture-Capital-Gesellschaften in 85,8% ihrer Portfoliounternehmen im Verwaltungsrat vertreten sind. Im Ländervergleich fiel auf, dass in Deutschland lediglich in jedem zweiten Portfoliounternehmen ein Vertreter der Venture-Capital-Gesellschaft war.[506]

Dies lässt sich auch in Bezug auf Familienunternehmen kurz vor einem Generationenwechsel beobachten, denn wenn ein solcher Wechsel bevorsteht, ist die Wahrscheinlichkeit höher, dass die Firma unabhängige Nicht-Familienmitglieder im Aufsichtsrat hat: „[F]irms near a generational change are more likely to have outside directors“[507].

Proposition 11: Regelmäßige Beirats- oder Aufsichtsratssitzungen führen zu einer professionelleren Planung, einem pünktlichen Berichtswesen und einer stärkeren operativen Kontrolle.

Zum Kriterienkatalog von Rechten, die sich externe Eigenkapitalgeber zusichern lassen, gehören vor allem Entscheidungen, die einen bestimmten finanziellen Rahmen überschreiten. Dies wird vor allem dann der Fall sein, wenn Mitarbeiter mit einem

---

505 Brettel, Jaugey et al. (2000), S. 177.
506 Ruppen (2002), S. 50-51.
507 Voordeckers, Van Gils et al. (2007), S. 147.

bestimmten Festgehalt eingestellt werden. Über den Beteiligungsvertrag werden sich die Eigenkapitalgeber das Recht einräumen lassen, Einstellungen, die ein vorher festgelegtes Jahresgehalt überschreiten, ablehnen zu dürfen. Dieser Katalog an zustimmungspflichtigen Entscheidungen wird vor der Beteiligung verhandelt und dann über die Leitungsstruktur operationalisiert. Zusätzlich werden Venture-Capital-Gesellschaften sich weitreichende Rechte[508], die erst in Krisensituationen zum Tragen kommen, zusichern lassen, so dass bei für die Beteiligung essentiellen Situationen die Einbindung des Venture Capital-Gebers gesichert ist.[509]

3.2.3 Einfluss der Anteilseignerstruktur auf die Organisationsstruktur

Da sich formelle Eigenkapitalinvestoren und Business Angel vertraglich Informations- und Mitwirkungsrechte[510] zusichern lassen, werden sich Änderungen und Kosten für die Ausgestaltung der Organisationsstruktur ergeben. Die empirischen Ergebnisse Hacks konnten dies bestätigen, wobei die Auswirkungen auf die Organisationsstruktur in der Wachstumsphase stärker waren.[511] Der Unterschied zwischen den Phasen lässt sich sicher auch dadurch begründen, dass am Anfang viel durch die Gründer erfolgt. Hack vergleicht unterschiedliche Formen von Risikokapitalinvestoren hinsichtlich der Verursachung von Kosten für Kontrolle und Durchsetzung sowie für Organisationskosten. Bei Venture-Capital-Gesellschaften waren diese besonders hoch, wobei sich Business Angel als wesentlich kostengünstiger für die Unternehmen erwiesen. [512]

Da während des Screening-Prozesses zur Vermeidung einer Fehlinvestition die Kapitalgeber aufgrund asymmetrischer Informationsverteilung das Unternehmen genau prüfen[513], wird es im Zuge dieser Prüfung auch zur Einforderung des schematischen Aufbaus des Unternehmens kommen. Dies fördert die Organigrammentstehung bzw. die Aktualisierung des bestehenden Organigramms.

[508] Für Beispiele siehe Tabelle 3: Vertragliche Regelungen in Beteiligungsverträgen.
[509] Frederiksen und Klofsten (2001), S. 215.
[510] Vgl. Brettel, Thust et al. (2001), Thust, Brettel et al. (2004).
[511] Vgl. Hack (2005), S. 354.
[512] Ibidem, S. 341-368.
[513] Da auch für Business Angel eine genaue Prüfung die Wahrscheinlichkeit einer erfolgreichen Beteiligung steigert. Vgl. Brettel (2004).

Das Gleiche gilt für evtl. weitere Finanzierungsrunden, denn in jeder Finanzierungsrunde wird eine Due Diligence durch den Investor vorgenommen. Dafür ist es auch notwendig, seitens des Gründungsunternehmens diese Prüfung vorzubereiten und die geeigneten Dokumente für den Investor aufzubereiten.[514]

Proposition 12: Finanzierungsrunden erhöhen den Druck auf die Dokumentation der Organisationsstrukturen.

Wittenberg befasst sich mit „lebenszyklusphasenadäquaten Controllingkonzeptionen für junge Unternehmen“[515]. Ein Aspekt dabei ist, dass es für das Unternehmen insbesondere in der Wachstumsphase einen Umfeld-induzierten Controllingbedarf, hervorgerufen durch externe Kapitalgeber, gibt. Dies wird detailliert für Venture-Capital-Gesellschaften dargestellt, aber nicht für den strategischen Investor nach dem Trade-Sale überprüft. Gerade dieser Bereich ist aber von großer Bedeutung, da dieser im Lebenszyklus einen weiteren Entwicklungsschritt darstellt, der über das Reporting an die Venture-Capital-Gesellschaften hinausgeht. Dies ist insbesondere wichtig, da dieser Schritt auch zur institutionellen Ausprägung des Controllings im Gründungsunternehmen beiträgt.

Da Controlling-Elemente anfangs stärker durch Investoren vorgegeben werden und nach und nach innerhalb des Unternehmens diese Kompetenzen aufgebaut werden, verändert sich auch die Art des Controllings. Dies impliziert als These dieser Arbeit, dass zunächst Berichtswesen und Controlling zu großen Teilen deckungsgleich sein werden und primär dem Monitoring durch die Anteilseigner dienen. Berichtswesen[516] wird verstanden als Informationsbereitstellung von Kennzahlen über die Entwicklung des Unternehmens an die Anteilseigner. Controlling ist die primär unternehmensinterne „Rationalitätssicherung der Führung“[517], die sich hier bei wachsenden Unternehmen nach und nach entwickelt und auch mit zunehmender Zeitdauer vom Berichtswesen lösen wird.

[514] Vgl. Brettel, Thust et al. (2001).
[515] Wittenberg (2006), S. 128.
[516] Generell gesehen fällt unter den Begriff Berichtswesen jegliche Information Unternehmensexterner (d.h. nicht zwangsläufig nur der Anteilseigner), da Gründungs- und Wachstumsunternehmen aber aufgrund sehr begrenzter finanzieller Mittel ein hohes Interesse und eine vertragliche Notwendigkeit zur Information der Anteilseigner haben, wird gerade in der Anfangsphase Controlling und Berichtswesen zu einem Großteil deckungsgleich sein.
[517] Weber und Schäffer (2006), S. 41.

Proposition 13: Ein Strategischer Investor baut eine Controlling-Abteilung, die dem Controlling der Muttergesellschaft nachempfunden ist, im Portfolio-Unternehmen auf.

Die Bedeutung der operativen Kontrolle, insbesondere deren hohe Erfolgswirkung bei jungen Wachstumsunternehmen wird durch Brettel, Heinemann et al. bestätigt. Besonders herausgestellt wird v.a., dass die Kontrolle einen stärkeren Einfluss auf den Erfolg hat als die Planung. Gründungshandbücher betonen häufig die Notwendigkeit der Planung, wobei das von Brettel, Heinemann et al. betrachtete Sample eindeutig der operativen Kontrolle einen höheren Erklärungswert des Erfolgs bestätigt.[518] Diese operative Kontrolle muss auch durch die Ausgestaltung der Organisationsstruktur ermöglicht werden.

3.3 Größe

Eine oft in der theoretischen Betriebswirtschaftslehre gestellte Frage befasst sich mit der optimalen Größe einer Unternehmung. Coase bietet folgende Antwort: „...a firm will tend to expand until the costs of organizing an extra transaction within the firm become equal to the costs of carrying out the same transaction by means of an exchange on the open market or the costs of organizing another firm."[519] Je nach Branche kann diese Größe völlig unterschiedlich sein, wobei im Folgenden nicht die Suche nach der optimalen Größe im Vordergrund stehen soll, sondern vielmehr untersucht wird, wie sich die Größe der Unternehmung auf die Leitung, Kontrolle und Organisationsstruktur der Unternehmung auswirkt.

Größe soll primär an der Zahl der Mitarbeiter gemessen werden.[520] Zusätzlich sollen aber auch Umsatz und Gewinn der Unternehmen berücksichtigt werden. Ein Verweis auf die gesetzlichen Rahmenbedingungen sollte an dieser Stelle nicht fehlen, denn verschiedene Gesetze weisen größenabhängige Verpflichtungen auf, so ist die Gründungsmöglichkeit eines Betriebsrates oder die Verpflichtung zur Gründung eines Aufsichtsrates an die Anzahl der Mitarbeiter, die Form der Aufstellung des Jah-

[518] Brettel, Heinemann et al. (2006).
[519] Coase (1937), S. 395.
[520] Vgl. Terpstra und Olson (1993), S. 11.

resabschlusses an ein Kombination aus Bilanzsumme, Umsatz und Mitarbeiterzahl für einzelne Größenklassen gekoppelt.[521]

Große Unternehmen weisen ausdifferenzierte Personalabteilungen und Karrieresysteme für ihre Mitarbeiter aus. Diese Bereiche sind in Gründungsunternehmen zwar funktional vorhanden, werden aber meist nicht durch eine separate Abteilung betreut. In der Anfangsphase ist meist noch nicht einmal ein dediziert dafür beschäftigter Mitarbeiter vorhanden. Während bei Großunternehmen der Bereich auch theoretisch erforscht worden ist, besteht bei Gründungsunternehmen noch Forschungsbedarf zur Entstehung der Human Resources-Funktion und zur Entwicklung von Karrieresystemen.[522] Die Rekrutierung, Weiterentwicklung und Retention von Mitarbeitern kann entscheidend zum Wachstum von Gründungs- und Wachstumsunternehmen beitragen, aber auch zum Wachstumshindernis werden, wenn Mitarbeiter das Unternehmen verlassen oder notwendige Verstärkungen nicht auf dem Arbeitsmarkt gefunden werden.[523]

3.3.1 Einfluss der Größe auf die Leitung

Proposition 14: Je größer das Unternehmen, desto wahrscheinlicher ist, dass nicht mehr der Gründer oder das Gründerteam die Leitung inne haben, sondern Fremdmanager eingesetzt werden. Unterschiedliche Unternehmensgrößen haben andere Anforderungen an die Leitung zur Folge. Dies kann zu einem Wechsel der Leitung führen. Schwächere Wachstumsphasen oder Krisenzeiten können diese Wechsel beschleunigen.

Daily und Dalton zeigen anhand empirischer Daten, dass es in ihrem Sample keine Unterschiede zwischen Gründer-geführten und Manager-gelenkten Unternehmen gibt. Daily und Dalton vergleichen das Management von Unternehmen, die noch von einem Gründer geleitet werden, mit Unternehmen, die ein professionelles Management aufweisen und in denen der Gründer die Verantwortung abgegeben hat. Obwohl es keinen signifikanten Unterschied zwischen der Performance von Gründer-

[521] Exemplarisch § 267 HGB. Vgl. Kapitel 2.4.1.
[522] Vgl. Cardon und Stevens (2004). Beide beschreiben in einem „State-of-the-Art-Artikel“ den aktuellen Forschungsstand und verweisen darauf, dass insbesondere die Beziehung zwischen Alter und Größe unterschiedlich dargestellt wird.
[523] Mazzarol (2003).

geführten und Manager-geführten Unternehmen gibt, halten sie aber fest, dass ab einer bestimmten Größe zumindest eine Erweiterung des Managementteams um Fremdmanager notwendig wird. Ihrer Ansicht nach sind sich Gründer dieser sich ändernden Anforderungen bewusst und suchen Unterstützung bzw. passen ihr Verhalten an. Sie verweisen explizit auf die Rolle des Boards in der Einführung eines professionellen Managements, denn die Bestellung neuer Manager ist im US-System Aufgabe des Boards.[524]

Wenn ein Fremdmanager eingestellt wird, dann ist sein Anstrengungsniveau unsicher. Das Hauptergebnis von Bhattacharya und Ravikumar ist, dass ein Fremdmanager zwar produktiver als ein Insider ist, allerdings wird der Fremdmanager erst nach dem Überschreiten einer kritischen Größe eingestellt. „(F)amily firms initially grow in size by accumulating capital and later professionalize their management after reaching a critical size."[525] Daher ist es auch für Gründungs- und Wachstumsunternehmen eine wichtige Frage, ab wann Fremdmanager eingestellt werden. Dies führt aber auch zu Änderungen, denn so konnten Chua, Chrisman et al. zeigen, dass die Einstellung von Fremdgeschäftsführern dazu führt, dass Familienunternehmen aus einer Agency-Perspektive damit Nicht-Familienunternehmen ähnlicher werden: „Given their lack of familial ties, agency problems with nonfamily managers appear even more likely given that the emotional and psychological bases for reciprocal altruism would be weaker. As a family firm professionalizes by taking on more nonfamily managers and delegating more authority to these managers, it will increasingly resemble a nonfamily firm, with a concomitant increase in potential agency costs."[526] Ähnlich könnte sich daher auch die Einstellung von Fremdgeschäftsführern in Gründungsunternehmen auswirken.

Die sich ändernden Anforderungen an das Management lassen sich vor allem an der Größe festmachen, denn die bisherig Leitung wie in der Teamorganisation ist nun nicht mehr möglich, sondern auch die Gründer müssen sich darauf verlassen, dass sie selbst Manager in der zweiten Führungsebene steuern und diese dann wiederum ihre Mitarbeiter. „Certainly, it is not sensible to suggest that entrepreneurs cannot

[524] Daily und Dalton (1992).
[525] Bhattacharya und Ravikumar (2004), S. 1. Wichtig ist allerdings festzuhalten, dass beide dies für den Fall ohne externe Finanzierung gezeigt haben, was den direkten Vergleich einschränkt.
[526] Chua, Chrisman et al. (2003), S. 98.

learn and change over time"[527], aber sie müssen sich auch auf die sich ändernden Anforderungen an ihre Rolle anpassen.

Auch in der Stichprobe von Staud konnte gezeigt werden, dass mit zunehmender Größe der Anteil der Firmen mit Eigentümergeschäftsführern abnimmt. Waren es in der Stichprobe noch 72% der Kleinstunternehmen[528] mit Eigentümergeschäftsführern, sank diese Zahl über 68% für Kleine Unternehmen, dann 54% in Mittleren Unternehmen bis hin zu nur noch 28% in Großunternehmen.[529]

Zudem sind kognitive Fähigkeiten einer Person begrenzt, daher kann es bei Wachstum zu Wechseln in der Unternehmensleitung kommen. Unter Umständen sind einzelne Personen besser für die Startphase und andere für spätere Entwicklungsphasen geeignet. Dies kann dazu führen, dass Gründer durch Fremdmanager ersetzt werden. Generell ist auch der Umgang mit Problemen innerhalb des Managementteams für die Wahrscheinlichkeit eines Führungswechsels verantwortlich. So konnte Struß auch empirisch zeigen, dass je sachlicher im Managementteam mit Problemen umgegangen wird, desto geringer war die Wahrscheinlichkeit eines Wechsels.[530] Somit waren Konflikte in Teams Auslöser für Wechsel („conflict among founders“[531]). Bhidé merkt an, dass das Wachstum eines Unternehmens auch dazu führt, dass günstiges und unerfahrenes Personal von erfahrenen und professionellen Managern ersetzt wird.[532]

Sollte es in der Unternehmensentwicklung zu einer Krise kommen, dann könnten die Eigenkapitalgeber ihr häufig im Beteiligungsvertrag zugesichertes Recht zum Austausch der Leitung (bspw. einzelner Geschäftsführer) nutzen. Zusätzlich besitzen sie auch über den Aufsichtsrat diese Möglichkeit, insbesondere dann, wenn die Investoren dort eine Mehrheit stellen.

---

527 Daily und Dalton (1992), S. 31.
528 Staud folgt in ihrer Größenklassifikation der in Tabelle 6 vorgestellten Größenklassifikation der Europäischen Kommission.
529 Staud (2009).
530 Struß (2003).
531 Timmons und Spinelli (2006), S. 262
532 Bhidé (2000).

Proposition 15: Durch das Größenwachstum sinkt die Möglichkeit der persönlichen Kontrolle des einzelnen Mitarbeiters. Formelle Planungs- und Kontrollprozesse entstehen und ersetzen persönliche Anweisungen und Kontrolle.

Albach verweist darauf, dass es zur Koordination der Mitarbeiter auf ein Unternehmensziel zwei Formen gibt: „[H]ierarchische Kontrolle und monetäre Anreize“[533]. Albach sagt, dass Mitarbeiter bei identischer Informationsverteilung (bspw. direkt beobachtbare Tätigkeit) die Aufgabe im Sinne des Arbeitgebers erledigen. Wenn allerdings doch Informationsasymmetrien vorhanden sind, dann seien diese ohne Auswirkung. Auf Max Weber[534] verweisend stellt er fest, dass Informationsasymmetrien durch Vertrauen überwunden werden können. Vertrauen ersetzt dabei die hierarchische Kontrolle und das Handeln des Mitarbeiters ist rational, da ihm das eingesparte Geld für die Kontrolle in Form von höheren Gehaltszahlungen zugutekommt.[535]

Einen ähnlichen, von der Principal-Agent-Theorie abweichenden Ansatz stellt die Stewardship-Theorie dar, bei der die in der Principal-Agent-Theorie ausgeprägten Kontrollmechanismen durch Vertrauen ersetzt werden.[536] Auch Sahlman verweist auf die Wirkung von Vertrauen. Seine empirisch nicht belegten und auf der eigenen Erfahrung basierenden Regeln für die Vertragsgestaltung von Venture-Capital-Gesellschaften betonen Einfachheit, Fairness, Vertrauen, Planabweichungstoleranz, Abstinenz von Anreizen zu destruktivem Verhalten sowie Übersichtlichkeit.[537] Mit dem Absinken der persönlichen Kontrollmöglichkeiten könnte also auch mehr Vertrauen gewährt werden, so dass eigenverantwortlichere Entscheidungen möglich werden. Zusätzlich kann im Zeitverlauf Vertrauen in der Beziehung zwischen den Gründern des Unternehmens und den externen Eigenkapitalgebern entstehen, dann können Kontrollmechanismen durch das Vertrauen zwischen den handelnden Personen ersetzt werden.

[533] Albach (1993a), S. 15. Gleichzeitig verweist er im selben Artikel, dass diese Entwicklung zur Ablösung der „Folklore“ in diesem Bereich führte.
[534] Max Weber hatte im Rahmen der Bürokratismustheorie darauf verwiesen, dass eine Kontrolle der Mitarbeiter notwendig sei.
[535] Albach (1993a).
[536] Vgl. dazu Davis, Schoorman et al. (1997).
[537] Sahlman (1997).

Proposition 16: Je größer ein Unternehmen, desto stärker wird die Kennzahlenorientierung, da die einzelnen Tätigkeiten zunehmend schwerer beobachtbar werden. Leitung durch persönliche Weisung wird dann durch Steuerung über Kennzahlen ersetzt.

Diese Proposition ist auch konsistent mit den von Timmons and Spinelli angemerkten „Need for controls and mechanisms"[538], denn um der durch die Größenzunahme immer schwieriger werdenden Leitung gerecht zu werden, muss zunehmend nach anderen Leitungsmöglichkeiten gesucht werden.

3.3.2 Einfluss der Größe auf die Kontrolle

Jensen und Meckling verweisen auf die mit der Unternehmensgröße ansteigenden Agency Costs, denn „the larger the firm becomes the larger are the total of agency costs because it is likely that the monitoring function is inherently more difficult and expensive in a larger organization"[539]. Diese Agency Costs spiegeln sich u.a. im höheren Informationsbedarf des Aufsichtsrates wider.

Reißig-Thust konnte empirisch nachweisen, dass in früheren Phasen die Beratungsintensität durch Venture-Capital-Gesellschaften höher ist. Mit dem Zurückgehen dieser Beratungsintensität sinkt auch die kontinuierliche persönliche Information über den aktuellen Stand im Unternehmen, daher wird der Vertreter der Venture-Capital-Gesellschaft auch ein höheres Informationsbedürfnis im Aufsichtsrat haben. [540]

Proposition 17: Zunehmende Größe erhöht das Kontrollbedürfnis des Aufsichtsrates und reduziert den direkten Einfluss der externen Eigenkapitalgeber auf das Management.

Die Größe des Unternehmens bewirkt außerdem einen Anstieg der Spezialisierung und damit könnte sich auch die Unterstützungsmöglichkeit durch die Venture-Capital-Gesellschaften verringern, insbesondere wenn diese auf Frühphaseninvestitionen spezialisiert sind.

---

538 Timmons und Spinelli (2006), S. 262.
539 Jensen und Meckling (1976), S. 347.
540 Reißig-Thust (2003), S. 133-134 und 239-240.

3.3.3 Einfluss der Größe auf die Organisationsstruktur

Grundsätzlich gilt für die folgenden Ausführungen, dass die Aufbauorganisation im Zeitverlauf entsteht und dass Größe Kommunikation behindert und dadurch Strukturen erforderlich macht. Terpstra und Olson haben in ihrer empirischen Untersuchung zeigen können, dass generelle Managementprobleme sowohl in der Start-up-Phase als auch später in der Wachstumsphase auftreten können. Zusätzlich kam das Problem der Organisationsstruktur in der Wachstumsphase dazu.[541] Diese Ergebnisse konnten auch durch Hack bestätigt werden, wobei dort die Auswirkungen in der Wachstumsphase stärker waren.[542]

Eine organisatorische Zuordnung neuer Mitarbeiter wird am Anfang eher schwierig sein, da alle Mitarbeiter in einem Team arbeiten. Mit einer zunehmenden Spezialisierung entstehen erste Abteilungen. Jost spricht bei der Abteilungsbildung von einem „Instrument zur Senkung der Transaktionskosten“[543] innerhalb des Unternehmens. Dieses Instrument kommt zum Einsatz, da ansonsten die Koordinations- und Informationskosten zwischen den einzelnen Mitarbeitern bzw. zwischen Leitung und Mitarbeitern zu hoch würden.

Talaulicar, Grundei et al. konnten anhand des bereits oben beschriebenen Samples zeigen, dass die Einrichtung von Abteilungen zu schnellen und fundierten Entscheidungen im Management Team führt, was ein klares Argument für die Einrichtung der Abteilungen war. Dennoch wurde aufgrund von Ressourcen-Engpässen teilweise von der Aufteilung in Abteilungen abgesehen, was sich aber nachteilig auf Geschwindigkeit und Fundierung der Entscheidungen auswirkte.[544]

Proposition 18: Wachsende Unternehmen sind gekennzeichnet durch Mitarbeiterwachstum in Verbindung mit inkrementellen Anpassungen und Erweiterungen der Organisationsstruktur.

Ein Ergebnis der Untersuchung von Albach, Bock et al. war, dass Wachstumskrisenunternehmen in die Krise kommen, da sie ihre Organisation nicht anpassen. Wenn

---

[541] Terpstra und Olson (1993).
[542] Vgl. Hack (2005), S. 354.
[543] Jost (2000), S. 370.
[544] Talaulicar, Grundei et al. (2005).

allerdings eine Anpassung erfolgt, dann aufgrund eines aufgestauten Änderungsbedarfes und dann aufgrund der Krisensituation auch häufig verbunden mit einer Reduktion der Mitarbeiter. Bei erfolgreichen Unternehmen war genau das Gegenteil zu beobachten, es waren die einzigen Unternehmen mit einem signifikanten Mitarbeiterwachstum und sie hatten keine größeren Reorganisationen, sondern führten kontinuierlich inkrementelle Veränderungen an der Organisation durch. Eine umfassende Reorganisation wird sogar als Anzeichen für eine Wachstumskrise interpretiert. Der entscheidende Vorteil der erfolgreichen Unternehmen ergibt sich durch die inkrementellen Anpassungen.[545]

Proposition 19: Steigende Größe wird zu einer Dezentralisierung der Entscheidungen führen und zwar zunächst in Gründer-geleiteten Abteilungen und anschließend in „Manager-geführten" Abteilungen nach Einführung der zweiten Führungsebene.

„[A]s the firm matures, this person [der Gründer] has to give up some of her control"[546], was in der Folge zur Dezentralisierung von Entscheidungen führt. Durch die Entstehung von Abteilungen wird auch die ursprüngliche Teamstruktur aufgebrochen. Der große Vorteil der Abteilungsbildung ist natürlich die mögliche Spezialisierung und dass durch Skaleneffekte für diesen Bereich eine Kostendegression erreicht werden kann. Typischerweise werden sich die Gründer die Bereiche zunächst untereinander aufteilen. Dabei muss aber beachtet werden, dass die Aufgaben und Kompetenzen klar zugeordnet werden, denn ansonsten können Redundanzen entstehen. Durch die Schaffung neuer Abteilungen steigt der Koordinationsaufwand und durch ein evtl. Übergewicht an Spezialisten kann sehr schnell Ressortdenken, eine Reduzierung der Produkt-/Marktorientierung und eine unklare Ergebnisverantwortung entstehen. Typischerweise wird auch angenommen, dass die Einführung formaler Strukturen Innovation behindert. Koberg, Uhlenbruck et al. konnten aber zeigen, dass gerade mit zunehmendem Zeitverlauf kein negativer Effekt von Formalisierung auf das Entstehen von Innovationen festzustellen ist.[547]

---

[545] Albach, Bock et al. (1985), S. 206-217. Dem entgegen stehen allerdings auch Studien, die radikale Reorganisationen befürworten. Vgl. dazu. Hammer und Champy (1993).
[546] Koberg, Uhlenbruck et al. (1996), S. 134.
[547] Ibidem, S. 134.

Während bei Gründer-geleiteten Abteilungen noch schnell Entscheidungen getroffen werden können, wird sich dies ab der Einführung der zweiten Führungsebene[548] verlangsamen, wenn weiterhin auf einer zentralen Entscheidungsfindung beharrt wird. Dies wird auch dadurch unterstützt, dass für die Schaffung von Innovationen am Anfang bei kleinen Unternehmen eine Zentralisierung der Entscheidungsfindung wichtig ist, diese aber mit zunehmender Grüße dezentralisiert werden muss, damit Unternehmen weiterhin innovativ bleiben und schnell Entscheidungen getroffen werden können. Dies geht sogar soweit, dass Gründer „may have to relinquish the job at the head of the organization to someone else"[549].

In der empirischen Untersuchung von Wittenberg wurden Antworten von 205 Unternehmen ausgewertet. Die Stichprobe verteilt sich zu annähernd gleichen Teilen auf Gründungs- und Wachstumsunternehmen[550]. Die Unterscheidung zwischen Gründungs- und Wachstumsunternehmen erfolgt bei Wittenberg durch den Markteintritt, d.h., vor dem Markteintritt handelt es sich um Gründungsunternehmen und danach um Wachstumsunternehmen. Das Controllingverständnis basiert auf den Überlegungen von Weber/Schäffer, die Controlling als Rationalitätssicherung der Führung definieren.[551] 44% der Gründungsunternehmen geben an, über kein Controlling zu verfügen. Bei den Wachstumsunternehmen sinkt dieser Prozentsatz getrieben durch die Größenentwicklung des Unternehmens zwar auf 16%, aber immer noch hat jedes sechste Wachstumsunternehmen der Stichprobe kein Controlling. Außerdem wurde von 90% der Unternehmen in der Gründungsphase und 67% der Unternehmen in der Wachstumsphase angegeben, dass Controlling für sie nicht notwendig sei.[552] Dies in Verbindung mit der oben beschriebenen ansteigenden Schwierigkeit der Kontrolle führt zu einer stärkeren Adressierung der internen Entscheider.

Proposition 20: Steigende Größe führt zur stärkeren Internalisierung der Controllingprozesse und zur stärkeren Adressierung der internen Entscheider.

---

[548] Vgl. Timmons und Spinelli (2006). Stichwort: „Managing Managers."
[549] Koberg, Uhlenbruck et al. (1996), S. 134. Vgl. dazu auch 3.2.1.
[550] 110 Wachstumsunternehmen und 95 Gründungsunternehmen.
[551] Die Aussagen in Bezug auf Gründungsunternehmen finden sich bei Wittenberg (2006), S. 38-53. Zusammenfassend zum Grundkonzept der Rationalitätssicherung sei hier auf Weber und Schäffer (2006), S. 31-49 verwiesen.
[552] Wittenberg (2006), S. 290.

Der wesentliche Unterschied zwischen Controlling und Berichtswesen ist, dass Controlling sich nur an interne Entscheider wendet und das Berichtswesen für Unternehmensexterne gestaltet ist. Die Proposition besagt dazu, dass es gerade am Anfang eine hohe Überschneidung von Berichtswesen und Controlling geben wird, da zum einen Business Angel und Venture-Capital-Gesellschaften sehr detaillierte Berichtsanforderungen haben, die Controlling-Berichten sehr nahe kommen und zum anderen das Unternehmen noch nicht die Ressourcen für detaillierteres Controlling haben wird. Das führt insgesamt dazu, dass zunächst die Anforderungen der Eigenkapitalgeber erfüllt werden und die Zahlen auch für interne Zwecke genutzt werden. Später wird sich aber das Controlling stärker auf die eigentlichen Anforderungen des Managements spezialisieren, sich stärker vom Berichtswesen entfernen und als eigene Funktion herausbilden.

Thust, Brettel, et al. hatten darauf verwiesen, dass die Mehrheit der Venture-Capital-Gesellschaften unternehmensspezifische Erfolgskennzahlen abfragen und auch mindestens vierteljährlich, meist monatlich, erhalten möchten.[553] Dieses Berichtswesen entspricht am Anfang häufig dem Controlling und mit zunehmender Größe wird das Controlling aber ausgebaut und wird dann auch weit über das Berichtswesen hinausgehen und eben stärker auf interne Entscheider zugeschnitten sein.

[553] Thust, Brettel et al. (2004).

4 Aufbau und Ergebnisse der empirischen Untersuchung

In diesem Kapitel wird zunächst dargestellt, wie die Methode für die empirische Untersuchung gewählt wurde und in welchen Bereich der Theorie-bildenden Forschung diese einzuordnen ist. Anschließend wird beschrieben, wie die Unternehmen für die Fallstudienauswahl vorselektiert wurden. Die final untersuchten Unternehmen werden einzeln vorgestellt, so dass der Kontext der Unternehmen und die Art der Gründung verdeutlicht werden. Schlussendlich werden die Ergebnisse der Fallstudienauswertung entsprechend der in Kapitel 3 vorgestellten Hauptfaktoren sowie mit einzelnen darüber hinausgehenden Punkten vorgestellt. Die Bewertung der Propositions dient dabei der Theoriefortschreibung.

4.1 Methodenwahl

Grundsätzliches Ziel der Forschung ist die Ableitung von falsifizierbaren und intersubjektiv nachprüfbaren Aussagen.[554] Da es für dieses Ziel unterschiedliche Wege gibt, sollen diese kurz in einer Übersicht dargestellt werden.

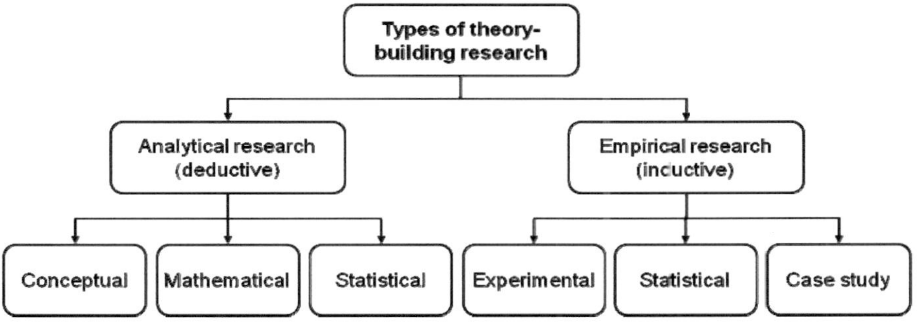

Abbildung 16: Unterschiedliche Ansätze theoriebildender Forschungsmethoden[555]

Wacker unterscheidet zwischen zwei grundsätzlich verschiedenen Herangehensweisen zur Theoriebildung. Der Grundunterschied liegt dabei in der Art, wie das Ziel erreicht wird, denn die analytische Forschung nutzt Deduktion zur Theoriebildung und die empirische Forschung erlangt induktiv aufgrund von Datenauswertung Ergebnis-

[554] Brockhoff (2002), S. 3.

se zur Theoriebildung. Zu den deduktiven Methoden zählt Wacker logische, mathematische oder statistische Ansätze. Da im Folgenden ein induktiv-empirischer Ansatz gewählt wird, sollen die drei Erkenntnismethoden der empirischen Forschung kurz vorgestellt werden. Die experimentelle Erkenntnisgewinnung (Experimental) versucht durch die Manipulation einer realen Situation, die möglichst von anderen Einflüssen isoliert betrachtet wird, Erkenntnisse zu gewinnen.[556] Die statistische Erkenntnisgewinnung (Statistical) eignet sich sehr gut für großzahlige Umfrageerhebungen, deren Daten anschließend mit statistischen Methoden auf Signifikanz überprüft werden können. Der dritte Bereich befasst sich mit Fallstudien, bei denen kleinzahlige Untersuchungen mit dem Ziel „to expand and generalize theories [...] and not to enumerate frequencies (statistical generalization)"[557] durchgeführt werden. Grundsätzlich können mittels „Triangulation" auch unterschiedliche Methoden miteinander kombiniert werden.[558] Wacker schließt, dass eine Theorie dann als bestätigt gelten kann, wenn sie durch alle sechs Forschungsmethoden nachgewiesen werden konnte. Die empirischen Methoden werden v.a. zur Überprüfung von theoretischen Modellen eingesetzt, um deren Praktikabilität und Vereinbarkeit mit der Wirklichkeit zu testen.[559]

Zur zeitlichen Abfolge von wissenschaftlichen Theorie-bildenden Prozessen zeigen Handfield und Melnyk anhand des Total Quality Management aus dem Bereich Operations Management, wie diese gestaltet werden könnten. So werden zunächst Phänomene entdeckt (Discovery) und beschrieben (Description). Anschließend werden empirische Verallgemeinerungen vorgenommen (Mapping), die die Basis zur Theoriebildung und dem Aufzeigen von Zusammenhängen dienen (Relationship Building). Propositions und Hypothesen können anschließend zur Überprüfung dieser Theorie aufgestellt werden (Theory Validation) und deren empirische Überprüfung führt dann zur Verfeinerung und Erweiterung der bestehenden Theorie (Theory Refinement). In dieser Arbeit sollen die in Kapitel 3 aufgestellten Propositions im Rahmen von Fall-

[555] Eigene Darstellung in Anlehnung an Wacker (1998).
[556] Dieser Bereich wird auch „field experiments" genannt und sollte nicht mit der Datensammlung in einem geschlossenen simulierten Umfeld verwechselt werden. Dieser Bereich gehört zu den deduktiv-mathematischen Methoden.
[557] Yin (2003), S. 10.
[558] Vgl. dazu Jick (1979) oder Morgan (1998).
[559] Wacker (1998), S. 373-375.

studien überprüft und falsifiziert oder bestätigt werden, was anschließend zur Theoriefortschreibung führt.[560]

Abbildung 17: Fünf-stufiger Forschungsansatz nach Stuart et al.[561]

Die Struktur des hier befolgten Forschungsansatzes findet sich in Abbildung 17. Zuerst wurde die Forschungsfrage formuliert und es wurden geeignete Propositions aufgrund bestehender Literatur gebildet. Die Bildung der Forschungsfrage ist ein zentrales Element, da so das Forschungsprojekt abgegrenzt, fokussiert und organisiert werden kann sowie die Datenerhebung und die Präsentation der Ergebnisse gesteuert werden kann.[562] Anschließend wurden Fallstudien als geeignetes Mittel zur Bearbeitung der Forschungsfrage identifiziert und die Daten wurden nach einer sorgfältigen Auswahl der Teilnehmer erhoben und ausgewertet. Die Ergebnisse werden in diesem Kapitel vorgestellt und den einzelnen Propositions zugeordnet.

Eine Fallstudie „investigates a contemporary phenomenon within its real-life context, especially when the boundaries between phenomenon and context are not clearly evident [...and...] benefits from the prior development of theoretical propositions to guide data collection and analysis.“[563]

In dieser Arbeit wurde ein konfirmatorisches, also Theorie-bestätigendes Vorgehen gewählt, das heißt, es wurden zunächst Propositions anhand bereits bestehender Theorien gebildet (Kapitel 3) und die aufgestellten Propositions werden in diesem Kapitel anhand der Fallstudien überprüft. [564] Die Vorteile der Nutzung von Fallstudien liegen vor allem in der detaillierten Analyse der einzelnen Fälle. Sowohl Yin als auch Miles und Huberman verweisen darauf, dass mit Fallstudien auch konfirmatorische Studien möglich sind, die aber anders als großzahlige empirische Erhebungen auf

[560] Handfield und Melnyk (1998).
[561] Modifiziert nach Stuart, McCutcheon et al. (2002), S. 420.
[562] Punch (1998), S. 33-45.
[563] Yin (2003), S. 13-14.
[564] Vgl. Punch (1998), S. 15-18.

analytischer Generalisierbarkeit basieren und nicht aufgrund von statistischen Häufigkeitsverteilungen.[565]

Ein großer Vorteil liegt in der Adaptierbarkeit der Fallstudie an unterschiedliche Kontexte, der Möglichkeit längere Zeiträume retrospektiv abzubilden und an den freien, nicht vorgegebenen Antworten. Nachteile von Fallstudien stellen sicherlich die eingeschränkte statistische Generalisierbarkeit und die Begrenzung auf eine deskriptive statistische Auswertung dar. Zusätzlich werden diese von Isaac und Michael als teuer und zeit-intensiv beschrieben.[566]

Die Propositions dienen als Grundlage für der Auswertung der empirischen Erhebung. Bei der literaturgestützten Entwicklung eines semistrukturierten Interviewdesigns mit offenen und geschlossenen Fragen wurde darauf geachtet, dass diese „specific questions must be carefully worded, so that you appear genuinely naive about the topic“[567]. Hierbei geht es Yin vor allem um die Art, wie der Interviewer fragt und wie die Fragen formuliert sind, denn er soll gerade nicht sein Wissen mit einbringen, sondern die Einschätzung des Interviewten möglichst unvoreingenommen erfragen. Dies wurde sowohl bei der Frageformulierung als auch in der Interviewsituation beachtet.

Fallstudien bieten gute Adaptionsmöglichkeiten der Interviewgestaltung an diverse Finanzierungsphasen des Unternehmens. Durch die Vorbereitung der Interviews kann individuell auf die Unternehmenssituation eingegangen werden. Ein Vorgehen, das bei standardisierten, großzahligen empirischen Erhebungen nur bedingt möglich ist. Fallstudien wurden vor allem aufgrund der hohen Komplexität, die unterschiedliche Finanzierungs- und Entwicklungsphasen des Unternehmens bieten, gewählt. In einer Interviewsituation kann genau auf diese Besonderheiten eingegangen werden und dadurch wird die Herausarbeitung optimaler Strukturen für die jeweilige Entwicklungsphase des Unternehmens erleichtert. Ein Hauptvorteil von Fallstudien ist dabei die Möglichkeit, direkt und konkret nachzufragen.

[565] Yin (2003) sowie Miles und Huberman (1994).
[566] Isaac und Michael (1995), S. 140.
[567] Yin (2003), S. 90-91.

Da Yin darauf verweist, dass die Interviews eher „guided conversations rather than structured queries“[568] sein sollten, wurde die Reihenfolge der Fragen im Interview dem Gesprächsverlauf angepasst, wobei durch ein Markierungssystem festgehalten wurde, ob alle Fragen besprochen wurden. Während der Interviews wurde versucht, den Tugenden eines guten Fallstudienforschers nach Yin zu folgen. Dazu gehört: Zuhören, Anpassungsfähigkeit, Flexibilität, Verständnis der Forschungsfrage und möglichst keine Vorurteile in eine Richtung.[569]

Die Anwendung

Eisenhardt empfiehlt 4-10 Fallstudien.[570] Bei mehr als zehn Fallstudien soll die Datenmenge häufig zu groß sein, was aufgrund der Möglichkeit der Nutzung von Analysesoftware allerdings mittlerweile handhabbar geworden ist. Yin schlägt 20-30 vorselektierte Fallstudien als Ausgangsbasis vor, wobei davon nicht alle Unternehmen in der Finalauswahl sein müssen.[571]

Zur Operationalisierung der Forschungsfrage gibt Yin ein Raster vor. Dieses Raster ist exemplarisch in Abbildung 18 für eine Proposition dargestellt. Wichtig für Fallstudien ist deren Nachprüfbarkeit. Zur Gewährleistung dieser Anforderung werden die betrachteten Unternehmen und ihr Unternehmenskontext später kurz vorgestellt.

Witt verweist darauf, dass für die Messung von Erfolg von Start-up-Unternehmen im wesentlichen fünf Kriterien eine wichtige Bedeutung haben, dazu gehören die Gründung, das Überleben, die subjektive Erfolgseinschätzung, Wachstumsraten (Mitarbeiter, Umsatz) und die Frage nach dem Gewinn.[572] Alle Unternehmen im Sample sind im Handelsregister registriert und hatten sich bereits eine Zeitlang am Markt behauptet. Zusätzlich wurden die Interviewpartner nach ihrer Erfolgseinschätzung[573] befragt

[568] Ibidem, S. 89.
[569] Ibidem, S. 58-62.
[570] Eisenhardt (1989b).
[571] Yin (2003), S. 78.
[572] Witt (2004b), S. 397-399.
[573] Die Frage nach der Einschätzung zum Erfolg war vierteilig und umfasste jeweils die Frage nach dem persönlichen Erfolg, dem persönlichen finanziellen Erfolg, dem Erfolg des Unternehmens und dem finanziellen Erfolg des Unternehmens. Die Aufteilung der Erfolgsfrage in finanziellen und nicht-finanziellen Erfolg wurde durchgeführt, um auch Unternehmen, die bereits zufriedene Kunden haben, aber noch keine Monetarisierung ihres Geschäftsmodells, ebenfalls einstufen zu können.

und die Daten für Gewinn und Umsatz wurden in Klassen zusammengefasst erhoben.

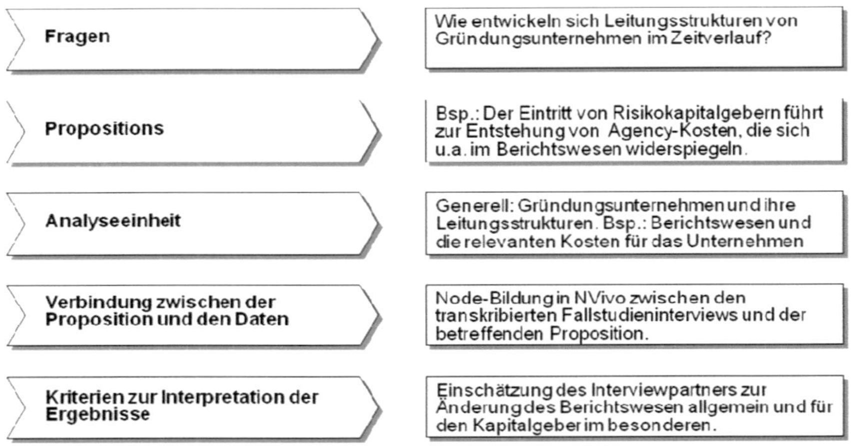

Abbildung 18: Operationalisierung der Forschungsfrage über die einzelnen Propositions und deren Ergebnisinterpretation in Anlehnung an ein Schema von Yin, eigenes Beispiel[574]

Da einige Unternehmen im Sample bereits einen erfolgreichen Exit der Kapitalgeber, signifikanten Umsatz und teilweise sogar zweistellige Millionengewinne vorweisen können, ist die Überprüfbarkeit des Erfolges wesentlich einfacher und vor allem abstufbar. Alle Unternehmen hatten externe Eigenkapitalgeber (meist sowohl Business Angel als auch Venture-Capital-Gesellschaften) von einer Vorteilhaftigkeit eines Investments überzeugen können. Daraus lässt sich auch die klare Wachstumsabsicht der beteiligten Unternehmen erkennen, wäre diese nicht vorhanden, hätten sich zum einen die Unternehmen keinen externen Eigenkapitalgeber in Form einer Venture-Capital-Gesellschaft ausgesucht. Von der anderen Seite betrachtet wären diese Unternehmen auch von keiner Venture-Capital-Gesellschaft in ihr Portfolio aufgenommen worden, wenn die Wachstumsabsicht nicht zumindest theoretisch vorhanden gewesen wäre.

[574] In Anlehnung an die Vorlage von Ibidem, S. 21-28.

Die eigentliche Fallstudie basierte auf drei Informationsbereichen, dazu gehörten eine Dokumentenanalyse, eine vom Unternehmen ausgefüllte quantitative Datenübersicht und die transkribierten Fallstudieninterviews.

Da die beteiligten Unternehmen bereits in der selbst erstellten Datenbank vermerkt waren, bestanden dort bereits erste Informationen über die Entwicklung des Unternehmens. Nach der Vereinbarung eines Gesprächstermins wurden externe Quellen[575] über das Unternehmen gesichtet und die quantitative Datenübersicht vorbereitet. Nicht alle vorhandenen Daten wurden in die Übersicht eingefügt, so dass eine Überprüfung der im Interview gemachten Angaben möglich war. Zur Reduzierung des Single-Informant-Bias[576] wurde auf externe Daten zur Vor- und Nachbereitung der Fallstudien zurückgegriffen. Die externen Daten wurden durch Google Alerts (Pressemitteilungen, Presseartikel, etc.) gesammelt. Die Antworten während der Interviews wurden dann mit diesen Daten abgeglichen.

Die quantitative Datenübersicht wurde zu Beginn eines jeden Interviews vom Interviewpartner ausgefüllt. Gerade bei nicht börsennotierten Unternehmen kann der Umsatz (insbesondere im Einproduktunternehmen ohne Preisdifferenzierung) eine sehr interessante Größe für die Konkurrenz sein und direkte Rückschlüsse auf die Kundenbasis zulassen. Um möglichen Reaktanzeffekten entgegenzuwirken, wurde die Umsatzabfrage in Größenklassen durchgeführt.

Für eine erfolgreiche Datensammlung verweist Yin auf drei Aspekte[577]: Erstens sollten unterschiedliche Quellen[578] genutzt werden, zweitens soll eine Sammlung der Daten in einer Datenbank[579] oder in Buchform erfolgen und drittens soll ein Nachweis[580] von der Aufstellung der Propositions bis hin zur Auswertung möglich sein. Die Interviews selbst wurden mit einem semistrukturierten Fragebogen durchgeführt, aufgenommen und transkribiert.

---

[575] Das Standardvorgehen umfasste die Analyse der Unternehmenshomepage, eine Abfrage von Genios und eine Auskunft über das Unternehmensregister, wo die hinterlegten Bilanzen analysiert wurden.

[576] Vgl. Ernst (2003).

[577] Yin (2003), S. 97-107.

[578] Hier wurden Interviews durchgeführt, quantitative Daten erhoben und externe Informationsquellen wie das Unternehmensregister o.ä. genutzt.

[579] Die erhobenen Daten wurden in NVivo analysiert und mit den Propositions verknüpft.

[580] Yin spricht von einer Beweiskette.

4.2 Auswahl der beteiligten Unternehmen

Zunächst wurde unter der Nutzung von Google Alerts eine Datenbank erstellt (Keywords bei Google Alerts: Gründungsunternehmen, Wachstumsunternehmen, Venture Capital, Start-up, Risikokapital, Wagniskapital, Gründungsfinanzierung, Leitungsstruktur, Venture Governance). Google Alerts ist ein automatisierter Internetsuchdienst, der sowohl Seiten von Internetinformationsmedien (Internetpräsenzen normaler Tageszeitungen, reine Internetinformationsseiten, Blogs) als auch Veränderungen an allgemeinen Internetseiten beobachtet und dann bei einer Veränderung mit einem der vorher festgelegten Stichwörter eine automatisierte Benachrichtigung in Form einer E-Mail an den Besteller mit einem Link und einem kurzen Textausschnitt versendet. Die E-Mails wurden im Zeitraum von Herbst 2005 bis Sommer 2008 täglich ausgewertet. Zunächst wurden alle Unternehmen, die Venture Capital oder größere Business Angel-Investitionen erhalten hatten, beobachtet. Eine erste Einschränkung brachte eine Fokussierung auf die Branchen Biotechnologie, CleanTech, Nanotechnologie, Spezialmaschinenbau sowie Unternehmen des Bereiches IMK (Internet, Medien, Kommunikation). Insbesondere der letzte Bereich zeigte innerhalb der Branche die größte Intensität der Entwicklung im Hinblick auf Mitarbeiterwachstum, Führungswechsel und Finanzierungsrunden.

Zusätzlich gibt es gerade bei einzelnen Branchen (Biotechnologie, Nanotechnologie) sehr lange, meist mehrjährige Entwicklungszeiten, bevor ein marktfähiges Produkt überhaupt verfügbar wird. Aufgrund von notwendigen Zulassungen ist anschließend auch der Marktzugang erst mit zeitlicher Verzögerung möglich, so dass der Zeithorizont insgesamt als zu lang erschien. Zusätzlich war gerade im Bereich der Internetunternehmen eine Marktdynamik gegeben, die schnelles Wachsen von Unternehmen fördert. Das Ergebnis könnte allerdings auch der Methode zum Datenbankaufbau geschuldet sein, da diese genau das Medium nutzt, das auch die Unternehmen der Branche als Verkaufskanal verwenden.

Ziel der Auswahl war in erster Linie, dass es mindestens eine Finanzierungsrunde mit externen Eigenkapitalinvestoren gegeben haben musste. Im Optimalfall gab es mehrere Finanzierungsrunden mit dem Erstrundenfinanzierer oder anderen Eigenkapitalgebern. Weiterhin wurde darauf geachtet, dass unter den Unternehmen auch solche waren, die einen Rechtsformwechsel durchgeführt hatten, die einen Wechsel im Management hatten und die einen IPO oder Trade-Sale durchgeführt hatten.

4.3 Überblick der für die Untersuchung ausgewählten Unternehmen

Innovative Gründungen schaffen lt. Zimmermann und Hofmann mehr Arbeitsplätze zu Beginn der Gründung als nicht-innovative Gründungen. Unterteilt man weiterhin nach Hochschulabschluss, dann zeigte sich, dass innerhalb der innovativen Gründungen diejenigen von Hochschulabsolventen ein stärkeres Mitarbeiterwachstum aufwiesen. Das Gleiche gilt für nicht-innovative Gründungen von Hochschulabsolventen. Das verstärkte Mitarbeiterwachstum innovativer Gründungen zeigte sich insbesondere bei Unternehmen mit mehr als 20 Mitarbeitern.[581] Alle hier betrachteten Gründungen sind innovative Gründungen in dieser Definition. Zusätzlich hatten alle Gesprächspartner eine Hochschulausbildung, wobei ein Gesprächsteilnehmer diese ohne Abschluss beendet hat.[582]

Insgesamt wurden für die Teilnahme an den Fallstudien 51 Personen in 30 Unternehmen kontaktiert. Die Zahl der vorselektierten Unternehmen[583], die für ein Fallstudiengespräch angesprochen wurden, lag damit an der oberen Grenze des von Yin vorgegebenen Richtwertes.[584] Wenn es in einem Unternehmen mehrere eingetragene Geschäftsführer gab, wurden alle angeschrieben. Eine formelle Absage gab es aus drei Unternehmen, die Begründung war unisono Zeitmangel. Von sieben Unternehmen gab es auf die erste E-Mail keine Antwort. Eine Erinnerung wurde nicht versendet, da das Ziel hinsichtlich der Anzahl der durchzuführenden Fallstudien bei 10-15 lag und die Schlüsse aus Fallstudien aufgrund von analytischen Folgerungen und nicht durch Häufigkeitsverteilungen gezogen werden.

---

581 Zimmermann und Hofmann (2006).

582 Vor diesem Hintergrund ist die Zusammensetzung der Fallstudiengruppe mit der empirischen Erhebung von Talaulicar, Grundei et al. (2001) vergleichbar, denn dort hatten lediglich 11% keinen akademischen Bildungsgrad.

583 Grichnik verweist darauf, dass nicht zufällig ausgewählte Unternehmen einen Selection Bias darstellen. Er verweist darauf, dass gerade in der Entrepreneurshipforschung häufig nur die erfolgreichen und überlebenden Unternehmen untersucht werden. Vgl. Grichnik (2006), S. 1323. Zusätzlich ist hier primär die Entwicklung im Zeitverlauf zu betrachten, die bei insolventen Unternehmen zu eingeschränkt sein könnte.

584 Yin (2003), S. 78. Der dort angegebene Richtwert für die Vorauswahl beträgt 20-30.

Alle verbleibenden Unternehmen haben grundsätzlich einer Teilnahme zugestimmt. In einigen Fällen hatten mehrere Gründer bzw. Geschäftsführer geantwortet und sich für die Befragung zur Verfügung gestellt. Es wurde dann zunächst ein Gesprächstermin mit einem Ansprechpartner vereinbart. Ein weiteres Gespräch mit anderen Mitgliedern der Geschäftsleitung bzw. weiteren Gründern wäre also möglich gewesen. In einem Fall wurde von dieser Möglichkeit Gebrauch gemacht und zwar, weil der Gründer bereits ausgeschieden war und zunächst ein Gespräch mit einem Fremdgeschäftsführer durchgeführt wurde.

Die finale Anzahl der Fallstudien lag bei 14 Unternehmen. Dies ist höher als die Anforderung Eisenhardts[585], aber trifft den Erwartungswert Yins[586]. Da die Region durchaus Einfluss auf das Wachstum haben kann[587], wurde auf eine ausgeglichene Verteilung der Standorte der Unternehmen geachtet, so dass Unternehmen mit den Standorten Berlin, Hamburg, Köln, München und Potsdam berücksichtigt wurden. Damit sind aufgrund fehlender Start-ups aus ländlichen Gebieten die Gründungen in Großstädten überrepräsentiert, aber dies ist sicherlich auch der Tatsache geschuldet, dass diese Unternehmen schnell eine gewisse Mitarbeiteranzahl aufbauen müssen und damit auf das Angebot an Arbeitskräften einer Großstadt angewiesen sind. Aufgrund der gewählten Methodik und der Einengungen bei der Auswahl der Unternehmen an dieser Stelle der Hinweis, dass keine Repräsentativität für alle IT-Gründungen besteht.

Ein Pre-Test des Fragebogens wurde im Frühjahr 2008 durchgeführt.[588] Die Ergebnisse des Pre-Tests wurden nicht für die finale Auswertung verwendet. Der Pre-Test diente vor allem der Präzisierung der Fragen und der Klärung, ob die Fragen verständlich formuliert wurden.[589]Die Fallstudiengespräche konnten alle 2008 durchgeführt werden. Alle Gespräche hatten den gleichen Interviewleitfaden und besaßen die identischen Frageelemente. Jedes Gespräch begann mit dem Abgleich bzw. Abfragen der quantitativen Datengrundlage.

---

[585] Eisenhardt (1989b).
[586] Yin (2003).
[587] Audretsch und Tamvada haben anhand indischer Start-ups gezeigt, dass auch der Ort der Gründung einen Einfluss auf die Größe der Unternehmen haben kann. Audretsch und Tamvada (2008).
[588] Durchgeführt wurde der Pre-Test mit der KaRo Internet GmbH.
[589] Vgl. Bolton (1991).

Datensammlung mit Google Alerts
Zunächst wurden Google Alerts für eine Vielzahl von relevanten Schlagwörtern eingerichtet. Diese brachten täglich 20-50 Meldungen über potentiell relevante Unternehmen. Die Meldungen wurden nach Unternehmen archiviert.
Schlagwörterauswahl: Venture Capital, Gründungsunternehmen, Wachstumsunternehmen, Start up, etc.

Erstellung einer Datenbank
Als Grundlage der Auswahl wurde eine Datenbank mit zahlreichen Kriterien erstellt. Dazu wurden die gesammelten Meldungen nach relevanten Informationen über Mitarbeiterzahl, Finanzkennzahlen, Führungswechsel, Finanzierungsrunden und Rechtsform geprüft und kategorisiert erfasst.

Auswahl der Branche
Auf Grundlage der Daten in der Datenbank in Verbindung mit statistischen Daten über die Branchenverteilung von Frühphaseninvestments wurden die Unternehmen des Bereiches Internet Medien Kommunikation (IMK) in die nähere Auswahl genommen.

Auswahl der Unternehmen
Zur Vorbereitung der final in die Untersuchung einzubeziehenden Unternehmen wurden zusätzlich Internetrecherchen für relevante Unternehmen durchgeführt und weitere Kriterien wie Gründerpreise und Auszeichnungen eingefügt. 30 Unternehmen aus dem Bereich Internet/Software wurden für die Fallstudienteilnahme angeschrieben.

Durchführung der Fallstudien
Die Interviewvorbereitung erfolgte anhand der bereits gesammelten Daten. Zusätzlich wurden die Unternehmenswebsite, das Unternehmensregister sowie eine Zeitungsrecherche über Genios zur Interviewvorbereitung durchgeführt. Insgesamt konnten Fallstudien mit 14 Unternehmen durchgeführt werden.

Abbildung 19: Auswahl der Fallstudien

Zur besseren Einschätzung der ausgewählten Unternehmen sollen vor der Vorstellung der Ergebnisse die beteiligten Unternehmen kurz vorgestellt werden. Dies soll die Einschätzung der einzelnen Geschäftsmodelle erleichtern und den abstrakten Begriff Software- und Internetunternehmen plastisch greifbar machen. Da nicht alle Unternehmen ihre Mitarbeiter- und Geschäftszahlen publizieren, soll dies auch hier nicht erfolgen. Die Daten zur Vorstellung der Unternehmen wurden aus öffentlich zugänglichen Quellen erstellt.

Fallstudien

Unternehmensname: ableton AG

Gesprächspartner: Jan Bohl

Funktion: Vorstand

Ableton ist ein Software-Anbieter. Das Hauptprodukt ist eine Software, die den kompletten Bedarf zur Produktion von Liedern abdeckt. So kann die Ideenfindung unterstützt, die Produktion erleichtert und können Live-Auftritte durchgeführt werden. Zwei der Gründer waren für die Entwicklung der Software verantwortlich und der dritte Gründer war für den kaufmännischen Bereich hauptverantwortlich. Heute hat das Unternehmen sein Hauptbüro in Berlin und eine Niederlassung in New York. Der Vertrieb der Produkte erfolgt weltweit. Ableton erreichte 2007 den 20. Platz des Deloitte Technology Fast 50-Wettbewerbs und Platz 69 in der EMEA[590]-Version.

Internetseite: www.ableton.com

[590] Europe, Middle East, Africa (Europa, Naher Osten und Afrika)

Unternehmensname: Bigpoint GmbH

Gesprächspartner: Heiko Hubertz

Funktion: Geschäftsführer

Bigpoint ist ein Anbieter von Computerspielen. Diese Spiele werden über den Internetbrowser gesteuert. Vom Ein-Produkt-Unternehmen hat sich Bigpoint zu einem Anbieter mit 26 Browsergames, die in bis zu 14 Sprachen übersetzt wurden, entwickelt. Das Unternehmen zählt über 40 Millionen registrierte Nutzer. Bigpoint gehörte 2007 zu den Red Herring 100 Europe, kam auf den 19. Platz beim Deloitte Technology Fast 500 EMEA Award und erhielt den 2. Platz des Deloitte Technology Fast 50 Awards in Deutschland.

Internetseite: www.bigpoint.de

Unternehmensname: datango AG

Gesprächspartner: Alexander Artopé, Maarten Kaanen

Funktion: ehemaliger Vorstand, CFO

Ursprünglich gestartet war datango als Anbieter für webrides, d.h., Benutzern wurde anhand der datango-Technologie die Nutzung einer Internetseite erklärt. Das Geschäftsmodell wurde geändert, indem die Technologie für kontextspezifisches Erlernen von Software in Unternehmen genutzt wurde. Der Nutzer sieht dabei konkrete Schritte als kleinen Film und lernt dabei die Nutzung des Programms. Als GmbH gestartet erfolgte später die Umwandlung in eine AG. Die datango AG erreichte 2007 den 37. Platz des Deloitte Technology Fast 50-Wettbewerbs.

Internetseite: www.datango.de

Unternehmensname: GD GameDuell GmbH

Gesprächspartner: Boris Wasmuth

Funktion: Geschäftsführer

Gameduell veranstaltet über das Internet Geschicklichkeitsspiele mit Gewinnmöglichkeit. Die Spiele sind Browser-basiert und Gameduell hat mehr als zehn Millionen registrierte Nutzer. Zum Portfolio gehören elf Karten-/ Brettspiele, 13 Action-Spiele und neun Denk-Spiele. Gameduell erhielt 2007 den Red Herring 100 Europe Award.

Internetseite: www.gameduell.de

Unternehmensname: INCHRON GmbH

Gesprächspartner: Uwe Brodtmann

Funktion: Geschäftsführer

INCHRON ist auf die Herstellung unterschiedlicher Softwarelösungen zur Fehlerkontrolle bei zeitkritischen Prozessen spezialisiert. Eingesetzt werden die Produkte bei der Entwicklung von integrierten Echtzeitsystemen. Bereits während der Entwicklungsphase kann die INCHRON-Software Prozesse des späteren Produktes simulieren. Das Unternehmen gewann mehrere Business Plan-Wettbewerbe und hatte 2005 seinen Markteintritt.

Internetseite: www.inchron.de

Unternehmensname: IntraWorlds GmbH

Gesprächspartner: Dr. Martin Heibel

Funktion: Geschäftsführer

IntraWorlds ist auf die Herstellung unterschiedlicher Portallösungen im Community-Bereich spezialisiert. Die Portale sind internetbasierte geschlossene Netzwerke. Ziel ist ein besseres Informationsmanagement der Mitglieder untereinander. Zu den Kunden zählen Hochschulen, Absolventenvereinigungen, Unternehmen und Non-Profit-Organisationen. Der Business-Plan wurde beim "Gründerwettbewerb Multimedia" des Bundesministeriums für Wirtschaft und Arbeit ausgezeichnet.

Internetseite: www.intraworlds.de

Unternehmensname: nugg.ad AG

Gesprächspartner: Stephan Noller

Funktion: Vorstand

Die nugg.ad AG bietet „predictive behavioral targeting“[591]. Durch die Nutzung soziodemografischer Daten werden die Nutzerdaten angereichert, so dass Werbung besser platziert und genauer auf einzelne Personen zugeschnitten werden kann. Dafür werden statistische Profile genutzt. Die nugg.ad AG gehörte zu den Gewinnern des Red Herring 100 Europe-Awards 2008.

Internetseite: www.nugg.ad

[591] Im wesentlichen werden Nutzerdaten mit statistischen Daten verknüpft und die Werbeeinblendungen für diesen Nutzer werden dadurch stärker personalisiert.

Unternehmensname: OnVista AG

Gesprächspartner: Stephan Schubert

Funktion: ehemaliger Vorstand

Als Abonnement-Dienst für Optionsscheine gestartet betreibt OnVista unter anderem ein Online-Finanzportal, das Informationen über Wertpapiere und Fonds anbietet, diese Informationen werden auch Lizenznehmern bereitgestellt. Das Lizenzgeschäft und das Portalgeschäft wurden zunächst in zwei gesonderte GmbH ausgelagert und anschließend wurde das Technologie-Geschäft (Lizenzen) mit einem weiteren Unternehmen fusioniert. Diese Beteiligung wurde später verkauft. Die OnVista AG war börsennotiert. Das Unternehmen wurde von einem strategischen Investor übernommen und mittlerweile haben alle Gründer das Unternehmen verlassen.

Internetseite: www.onvista.de

Unternehmensname: Questico AG

Gesprächspartner: Dr. Ulrich Kohl

Funktion: Vorstand

Die Questico AG ist nicht nur Dienstleister und Marktplatz für Experten, sondern übernimmt auch deren Rechnungsstellung und das Inkasso. Zusätzlich zum Marktplatz besitzt die Questico AG einen Fernsehsender und verlegt eine Zeitschrift. Ursprünglich als breit angelegtes Expertenvermittlungsportal gestartet ist der Hauptbereich nun die Esoterik. Die Berliner Questico AG erreichte 2007 den 19. Platz des Deloitte Technology Fast 50-Wettbewerbs.

Internetseite: www.questico.de

Unternehmensname: SEDO GmbH

Gesprächspartner: Marius Würzner

Funktion: Geschäftsführer

Sedo bietet eine Handelsplattform für bereits registrierte Internet-Domains. Neben der Möglichkeit des Parkens einer Adresse kann Sedo sowohl für den interessierten Käufer als auch für den Verkäufer einer Adresse aktiv werden. Das Unternehmen übernimmt dabei Bewertung, Transfer, Handel sowie Recherche-Services. Sedo ist in 21 Sprachen verfügbar und bietet als Intermediär eine zweistellige Anzahl an Domains zum Kauf an. Sedo hat Niederlassungen in London und Boston. Der Hauptsitz befindet sich in Köln. 2007 erhielten die Gründer die Auszeichnung „Entrepreneur des Jahres".

Internetseite: www.sedo.de

Unternehmensname: TopTarif Internet GmbH

Gesprächspartner: Thorsten Bohg

Funktion: Geschäftsführer

TopTarif ist ein Internet-Serviceportal, das den Preisvergleich zwischen Strom-, Gas, Telekommunikations-, Bankdienstleistungs- und Versicherungsanbietern erlaubt. Die fehlende Transparenz der vielfältigen Angebote, sei es aufgrund der unterschiedlichen Ausgestaltung oder aufgrund der großen Zahl der Anbieter, ermöglicht TopTarifs Geschäftsmodell. Dem Nutzer wird eine strukturierte Übersicht der Angebote gegeben und ihm wird der direkte online Vertragsabschluss ermöglicht.

Internetseite: www.toptarif.de

Unternehmensname: Trade2B.com AG (heute SynerTrade)

Gesprächspartner: Wolfe W. Diener

Funktion: ehemaliger Vorstand

Die Trade2B AG bietet Software zur Verbesserung der Ergebnisse der Einkaufsabteilung eines Unternehmens an. Dazu gehört Software aus den Bereichen Lieferantenüberwachung sowie auch auktionsbasierte Software zur Reduktion der Einkaufspreise und zur Verstärkung des Wettbewerbs unter den Zulieferern. Zusätzlich zur Software werden ebenfalls Beratungsdienstleistungen verkauft. Das Unternehmen wurde zusammen mit dem französischen Unternehmen SynerDeal zu SynerTrade fusioniert.

Internetseite: www.synertrade.com

Unternehmensname: YOUNECT GmbH

Gesprächspartner: Martin Gaedt

Funktion: Geschäftsführer

YOUNECT unterstützt Unternehmen beim Finden und Auswählen von geeigneten Nachwuchsmitarbeitern durch Softwaremodule. Fehlende Berufsorientierung bei Jugendlichen wird im Rahmen einer Internetplattform genutzt, um diesen zunächst unterschiedliche Berufsfelder vorzustellen und den Jugendlichen ein besseres Bild von ihrem zukünftigen Beruf zu geben. YOUNECT gewann 2008 den Web 2.0 Startup Award.

Internetseite: www.younect.de

Unternehmensname: ZANOX.de AG

Gesprächspartner: Jens Hewald

Funktion: Vorstand

Zanox ist im Online-Marketing aktiv und hat ein erfolgsbasiertes Geschäftsmodell. Den mit Zanox kooperierenden Partnern werden eine Reihe von Funktionen und auswertbaren Statistiken zur Verfügung gestellt. Hauptaufgabe von Zanox ist die Umwandlung von Besuchern einer Website in Umsatz für den Betreiber. Die Expansion in andere europäische Länder wurde frühzeitig gestartet und inzwischen hat Zanox auch Vertretungen in New York und Shanghai. Zanox erreichte 2007 den dritten Platz des Deloitte Technology Fast 50-Wettbewerbs.

Internetseite: www.zanox.de

Zur Vereinfachung der Gesprächsführung war die Reihenfolge der Fragen variabel, d.h., es wurden zwar immer die gleichen Fragen anhand des Leitfadens gestellt, aber nicht immer in der gleichen Reihenfolge, eine feste Reihenfolge war lediglich am Anfang und am Schluss gegeben.

Die Gespräche wurden aufgrund der gesammelten Daten aus der Datenbank intensiv vorbereitet. Zusätzlich zu den Daten aus der Datenbank wurden Daten aus dem Unternehmensregister abgefragt, so dass bereits vor dem Gespräch quantitative Daten über das Unternehmen zur Verfügung standen und die Angaben der Interviewpartner somit auf Konsistenz überprüft werden konnten.

4.4 Ergebnisse der Fallstudienanalyse

Hinsichtlich der Erfolgsbeurteilung von Gründungsunternehmen ist nicht nur die persönliche Einschätzung des Gründers oder Geschäftsführers wichtig, sondern gerade auch der Markterfolg des Unternehmens. Dieser bemisst sich bei Unternehmen durch den Umsatz und den Gewinn.[592] In den beiden folgenden Tabellen sollen daher die Größenklassen für die Umsatz- und Gewinnentwicklung vorgestellt werden. Die Zahlen sind hier nur in der aggregierten Form aufgeführt, wurden aber individuell für die einzelnen Unternehmen ausgewertet. Bereits zwei Jahre nach Unternehmensgründung hatten sechs der hier analysierten Unternehmen einen Umsatz von mehr als 10 Mio. Euro und wären demnach bereits „Mittlere Unternehmen" gemäß der Definition der Europäischen Kommission.[593]

[592] Also der „Visitenkarte der Unternehmung" Albach (2000), S. 1.
[593] Europäische Kommission (2005), S. 14.

Umsatz-klasse	6 M	J 1	J 2	J 3	J 4	J 5	J 6	J 7	J 8	J 9
0	3	1								
1	7	6	5	4	2	1	1			
2	4	5	1	1	3	3	1	2		
3		2	6	4	3	1	3	3	1	
4				2	3	5	4	2	4	3
5								1	1	
Anzahl	14	14	12	11	11	10	9	8	6	3

Größenklassen: Größenklassen: 0 = 0 / 0 bis 0,5 Mio €=1 / 0,5-2 Mio. € = 2 / 2-10 Mio. € =3 / 10-100 Mio. € =4 / 100-1000 Mio. € =5 / M-Monat, J-Jahr

Tabelle 9: Umsatzentwicklung der beteiligten Unternehmen für die einzelnen Größenklassen im Zeitverlauf[594]

Bias

Problematisch ist sicherlich, dass erfolglose Unternehmen schwer in die Untersuchung zu integrieren waren. Ein gewisser Selection-Bias ist daher nicht auszuschließen. Die Problematik liegt u.a. darin gegründet, dass nicht erfolgreiche Gründungsunternehmen aufgrund der begrenzten Ressourcen schnell wieder vom Markt verschwinden und dadurch schwer zu untersuchen sind. Zusätzlich sprechen gescheiterte Gründer meist nicht gern über den Misserfolg und sind dadurch schwieriger von einer Teilnahme zu überzeugen.

[594] Lesebeispiel: Im dritten Jahr (J3) nach Gründung gab es zwei Unternehmen in Klasse 4, d.h., diese Unternehmen hatten einen Umsatz von 10-100 Mio. Euro.

Gewinn-klasse	6 M	J 1	J 2	J 3	J 4	J 5	J 6	J 7	J 8	J 9
0	13	12	8	8	6	5	2	1		
1	1	2	3	2	4	4	2	1	1	
2			1	1	1		1	3	1	2
3						1	2	1	2	1
4							2	2	2	
5										
Anzahl	14	14	12	11	11	10	9	8	6	3

Größenklassen: Größenklassen: 0 = Verlust / 0 bis 0,5 Mio €=1 / 0,5-2 Mio. € = 2 / 2-10 Mio. € =3 / 10-100 Mio. € =4 / 100-1000 Mio. € =5 / M-Monat, J-Jahr

Tabelle 10: Gewinnentwicklung der beteiligten Unternehmen für die einzelnen Größenklassen im Zeitverlauf[595]

Die quantitativen Daten der Erhebung wurden aggregiert und auf Unternehmensebene ausgewertet, so dass die Entwicklung der Aufbauorganisation in Verbindung mit den Mitarbeiterzahlen und den Finanzierungsrunden analysiert werden konnte. Zur Wahrung der Vertraulichkeit der Daten werden hier nur die aggregierten Daten aufgeführt. Diese zeigen für den Unternehmensgewinn, dass die Unternehmen in späteren Jahren nennenswerte Gewinne vorweisen können. So sind zwei Unternehmen sogar konstant im Bereich 10-100 Mio. Euro Gewinn pro Jahr.

Die Daten aus den Fallstudieninterviews wurden transkribiert und mit Hilfe einer Analyse-Software für qualitative Forschung für die Auswertung kodiert. Verwendet wurde

[595] Lesebeispiel: Im dritten Jahr (J3) nach Gründung gab es acht Unternehmen in Klasse 0, d.h., diese Unternehmen erwirtschafteten einen Verlust. Im gleichen Jahr gab es ein Unternehmen in Klasse 2, d.h., dieses Unternehmen hatte einen Gewinn von 0,5-2 Mio. Euro.

die Software NVivo Version 8.0 der Firma QSR International. Zunächst wurden die Daten der Fallstudien in die Software importiert. Zusätzlich wurden die Propositions als „Nodes" festgehalten und anschließend wurden die einzelnen Textstellen den Propositions über Nodes zugeordnet. Teilweise gab es auch Mehrfach-Zuordnungen, beispielsweise wenn eine Aussage für Teilaspekte von unterschiedlichen Propositions zutraf. Automatisiertes Coding wurde nicht eingesetzt, aber für einzelne Schlagwörter wurde eine Kontext-Analyse durchgeführt.[596] Bei der Auswertung einer Proposition konnten somit übersichtlich die relevanten Aspekte aus allen Fallstudien neutral zusammengefasst berücksichtigt werden.

Im Folgenden werden zunächst die Ergebnisse zu den Propositions der in Kapitel 3 vorgestellten Haupteinflussfaktoren dargestellt. Während der Bearbeitung der Fallstudien wurden weitere Bereiche identifiziert, die als interessante und relevante Erkenntnisse zusätzlich unter 0 aufgeführt werden.

4.4.1 Rechtsform

Während nach Betsch, Groh et al. die Beteiligung einer Venture-Capital-Gesellschaft an einem nicht-emissionsfähigen Unternehmen[597] an keine Rechtsform gebunden sein soll, war bei allen untersuchten Unternehmen festzustellen, dass entweder in Vorwegnahme der Beteiligung eine Kapitalgesellschaft gegründet wurde oder explizit auf Wunsch des Eigenkapitalgebers in eine haftungsbegrenzende Rechtsform vor Beteiligung umgewandelt werden musste.[598]

Abbildung 20 zeigt die Entwicklung der Mitarbeiterzahl der beteiligten Unternehmen im Zeitverlauf. Zu beachten ist zunächst, dass die beteiligten Unternehmen nicht alle gleich lang existieren und daher mit fortschreitenden Jahren die Anzahl der Unternehmen geringer wird. Umso stärker fällt auf, dass dennoch ein kontinuierlicher Anstieg der Mitarbeiterzahl festgestellt werden kann. Auch wenn auf der individuellen Unternehmensebene einzelne Rückgänge bei der Mitarbeiterzahl zu verzeichnen waren, gibt es hier hinsichtlich der Summe nur einen Rückgang (Jahr 4 zu Jahr 5) und dieser ist auf die geringer werdende Anzahl der Unternehmen zurückzuführen. Obwohl streng genommen Größe und Rechtsform nichts miteinander zu tun haben, gibt es auch hier Anzeichen, dass tendenziell Aktiengesellschaften eine höhere Mit-

[596] Zu Verfahren für automatisiertes Coding siehe Bolton und Bronkhorst (1991).
[597] Genannt sind dort als solche Einzelunternehmen, Personengesellschaften, Gesellschaften mit beschränkter Haftung und Genossenschaften.
[598] Betsch, Groh et al. (2000), S. 18.

arbeiteranzahl aufweisen, bzw. ein Wechsel von der GmbH in die AG damit einhergeht.

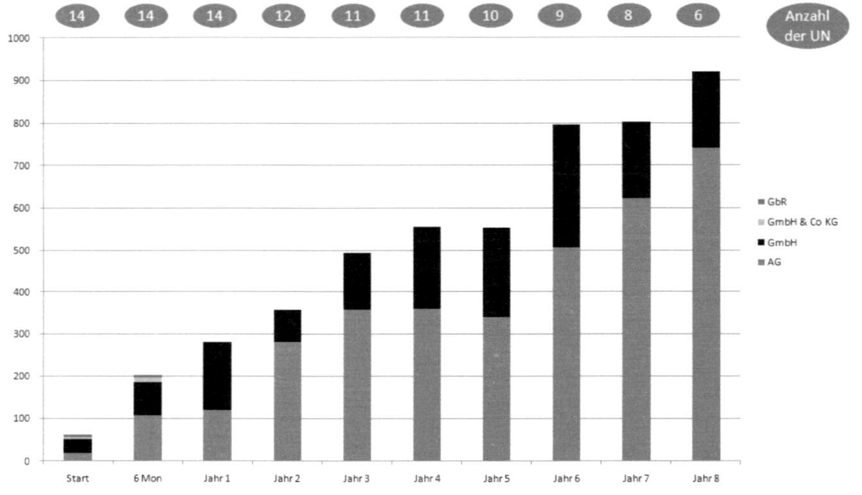

Abbildung 20: Summe der Mitarbeiter aufgeteilt nach Rechtsform der Unternehmen im Zeitverlauf[599]

Die Lebenszyklusvermutung konnte bei den teilnehmenden Unternehmen bestätigt werden. Dort war zu erkennen, dass teilweise Gründungen als Personengesellschaft erfolgten[600], diese aber anlässlich einer Investorenbeteiligung in eine Kapitalgesellschaft umgewandelt wurden. Bereits ein Jahr nach Gründung hatten alle beteiligten Unternehmen in die Rechtsform der Kapitalgesellschaft gewechselt, sofern diese nicht von Beginn an gewählt wurde. Die Umwandlung erfolgte in allen Fällen auf Verlangen der Venture-Capital-Gesellschaften, denn ohne die Umwandlung wäre eine Beteiligung nicht durchgeführt worden.

[599] Es ist zu beachten, dass die beteiligten Unternehmen nicht alle gleich lang existieren, daher sinkt die Anzahl der Unternehmen.
[600] Dies geschah teilweise steuerlich motiviert und teilweise, weil sich die Gründungsabsicht noch nicht manifestiert hatte. Nach einem Jahr waren aber alle Unternehmen in eine Kapitalgesellschaft umgewandelt.

„Ansonsten war es eine Frage des Hypes, dass eine AG besser für den Börsengang ist. Aus heutiger Sicht würde man wahrscheinlich eine GmbH gründen."[601]

Die beobachteten Rechtsformwechsel waren alle Eigenkapitalgeber induziert. Im ersten Schritt erfolgte dabei die Umwandlung von einer Personengesellschaft in die GmbH. Zusätzlich konnten zwei Wechsel von einer GmbH in die AG beobachtet werden. In beiden Fällen war der Treiber eine beabsichtigte Börsennotierung. Im Falle der Gesellschaften, die direkt als AG starteten, wurden als Beweggründe für die Wahl der AG die Reputation und die Möglichkeit des Börsengangs genannt. Hemmnisse bei der Entscheidung für die AG waren die höheren Finanzierungsanforderungen und der größere Umfang der zu beachtenden Vorschriften. Proposition 1 wird daher unverändert übernommen.

Proposition 1: Unternehmen werden zunächst die GmbH aufgrund der Satzungsfreiheit wählen und später zur AG wechseln. Die Rechtsform ist ein Indikator für die Position im Lebenszyklus und die Entwicklung der Unternehmung.

Auffallend war bei den Aktiengesellschaften, dass trotz der durch das Gesetz vorgegebenen Einstimmigkeit von Entscheidungen im Vorstand[602] von der Möglichkeit der Abweichung, also dem Übergang zum Mehrheitsprinzip[603], Gebrauch gemacht wurde.[604] Tendenziell war auf der informellen Ebene aber immer eher der Versuch vorhanden, im Konsens zu entscheiden. Die Konsensorientierung war in allen Geschäftsführungsorganen der beteiligten Unternehmen vorhanden. Ein Grund für eine ausgeprägte Konsensorientierung, bei der dennoch schnell Entscheidungen getroffen werden können, liegt laut Grundei und Talaulicar daran, dass viele Gründer bereits vor der Gründung Freunde waren.[605, 606]

601 Im Folgenden werden aus den Interviews einzelne Zitate eingefügt, die die Aussagen markant unterstützen. Diese Aussagen sind kursiv und mit einem Kasten versehen. Die (adaptierten) Propositions werden weiterhin lediglich kursiv dargestellt. Ein Kasten mit nicht-kursiver Schrift enthält eine detaillierte Beschreibung eines Einzelfalls.

602 § 77 Abs. 1.

603 § 77 Abs. 1 Satz 2.

604 Ausführlich äußert sich dazu Schulz (2005), S. 163-169. Dies gilt ebenfalls für die Vorgabe von Entscheidungsregeln.

605 Vgl. Grundei und Talaulicar (2002).

606 Bei einem interviewten Unternehmen kannten sich alle Gründer bereits aus Grundschulzeiten und kamen alle aus einem Ort. Bei mehreren Unternehmen konnte beobachtet werden, dass sich die

„Ich denke der Nachteil war schon, dass man im Verhältnis zum Unternehmen überbürokratisiert war. Das lag wahrscheinlich eher an den Venture-Capital-Gesellschaften, die monatliche Reportingsitzungen haben wollten, und dann viel reden wollten, das ist mittlerweile völlig verschlankt.“[607]

Die prinzipiellen Möglichkeiten zur Einstellung von Fremdgeschäftsführern hinsichtlich der Rechtsform waren gegeben. Insgesamt gab es aber in den untersuchten Unternehmen nur eine begrenzte Anzahl an Wechseln in der Leitung, was bei einigen Fallstudien mit dem geringen Alter erklärt werden kann. Es wäre wünschenswert gewesen, dies auch bei Wechseln in der Leitung stärker zu beobachten. An mehreren Stellen konnte aber die Ergänzung des Vorstands beobachtet werden und damit kann die Proposition modifiziert übernommen werden.

Proposition 2: Die Möglichkeit der Trennung von Eigentum und Leitung durch die Rechtsform der Kapitalgesellschaft wird im Zeitverlauf auch dazu führen, dass Fremdgeschäftsführer ergänzend in die Leitung des Unternehmens eingebunden werden.

Dies ist auch konsistent mit der Vermutung von Daily und Dalton[608], die für das amerikanische Modell mit starker CEO-Orientierung darauf verwiesen hatten, dass Gründer nicht ohne das stückweise Abgeben von Kontrolle auskommen werden. Insbesondere wenn es um die Ergänzung von Wissen ging, wurde auf Fremdgeschäftsführer zurückgegriffen. Ein Beispiel ist die Ergänzung durch einen Geschäftsführer, der sich ausschließlich mit Marketing und Vertrieb befasst, eine Kompetenz, die vorher im Gründungsteam nicht vertreten war.

„Es gibt ein paar Genehmigungsnotwendigkeiten. Das liegt daran, dass man die Gesellschafterbeschlüsse so gering wie möglich halten möchte und das über den Beirat abwickeln möchte.“

Gründer bereits in der Universität oder bei einem anderen Unternehmen kennengelernt hatten. Häufig auch vor der Gründung bereits freundschaftlich verbunden waren.

[607] Gefragt wurde nach der AG, die von Beginn an als Rechtsform gewählt worden war.

[608] Daily und Dalton (1992).

Die Proposition 3 konnte uneingeschränkt bestätigt werden, auch wenn bestimmte Kompetenzen der Gesellschafterversammlung an den Beirat übertragen wurden. Die eigentliche Hauptversammlung hatte wenig Einfluss auf die Führung des Geschäftes und wurde auch nicht für die Vorstellung strategischer Entscheidungen genutzt. Dies wurde vor allem mit dem Aufsichtsrat besprochen, was auch der gesetzlichen Vorgehensweise entspricht. Eine Nutzung von „Modification Strategies“, wie von Grundei und Talaulicar festgestellt, konnte für die Rolle der Gesellschafterversammlung nicht beobachtet werden.[609] Die Kompetenzdelegation an den Beirat wurde vor allem zur Beschleunigung der Entscheidungsfindung genutzt. Proposition 3 wird daher unverändert übernommen.

Proposition 3: Der Einfluss der Gesellschafterversammlung ist größer als der Einfluss der Hauptversammlung.

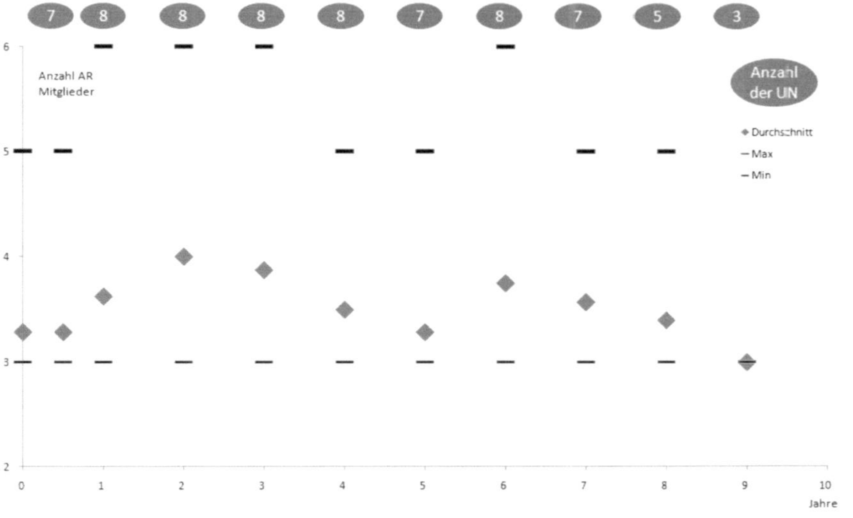

Abbildung 21: Durchschnittliche Anzahl von Aufsichtsrats- und Beiratsmitlgiedern (inkl. Minimum und Maximum)

[609] Grundei und Talaulicar (2002).

Über alle beteiligten Unternehmen betrachtet lag die Anzahl der Aufsichtsrats- und Beiratsmitglieder die meiste Zeit an der unteren Grenze. Im Durchschnitt waren zwischen drei und vier Personen im Aufsichtsrat vertreten (siehe Abbildung 21). Alle Aufsichtsräte hatten mindestens drei und maximal sechs Mitglieder. Die meisten Unternehmen hatten Aufsichtsräte mit drei Mitgliedern und blieben damit an der unteren Grenze. Insbesondere wenn man beachtet, dass in großen mitbestimmten Aktiengesellschaften 20 Aufsichtsräte vertreten sind, kann hinsichtlich der Anzahl festgehalten werden, dass hier die Aufsichtsräte sehr schlank gehalten wurden. Bei einigen Beiräten wurde opportunistisch durch einzelne Unternehmen immer noch eine Person hinzugefügt, insbesondere dann, wenn der Name geeignet war, dem Unternehmen zusätzliche Reputation zu verleihen.

Unternehmen, die direkt nach der Gründung als Aktiengesellschaft gestartet waren, hatten von Anbeginn eine stärkere Orientierung hinsichtlich der Rechenschaftslegung gegenüber dem Aufsichtsrat, wobei aber auch hier die Formalisierung und Standardisierung im Wachstumsprozeß zunahm, insbesondere wenn zunächst Familienmitglieder oder Freunde im Aufsichtsrat saßen.

Die von Rohleder[610] beschriebenen Möglichkeiten, den Ermessensspielraum der Geschäftsführer durch eine Zustimmungspflicht der Beiräte intern einzugrenzen, konnten auch in den Fallstudien bestätigt werden. Hinsichtlich der Frequenz und Regelmäßigkeit war die Organisation des Einflusses in den Aktiengesellschaften stärker formalisiert und der Einfluss des Aufsichtsrates hatte einen stärker disziplinierenden Effekt. Die Interviewpartner äußerten, dass sie ohne die festen Aufsichtsratstermine sicherlich weniger Planung und weniger Kontrolle durchgeführt hätten. Insbesondere die Bedeutung der Kontrolle wurde dabei betont, was in Einklang mit den Ergebnissen von Brettel, Heinemann et al. steht.[611] Zusätzlich war durch die festen Termine eine erhöhte Regelmäßigkeit der Planung festzustellen.

Der AG-Aufsichtsrat hatte insgesamt mehr formelle Möglichkeiten, Einfluss zu nehmen. Im Einzelfall hängt dies natürlich von der Satzung ab. Die Zusammenarbeit zwischen Beirat und Geschäftsführung war aber, insbesondere in der Start-up-

[610] Rohleder (1991), S.9.
[611] Brettel, Heinemann et al. (2006).

Phase, wesentlich intensiver, was sich durch häufigere Interaktion zwischen den beteiligten Personen außerhalb formeller Treffen zeigt. Zusätzlich wurden mehr Entscheidungen auch im Umlaufverfahren ohne formelles Treffen getroffen. Dies führte vor allem dazu, dass das Erfordernis der schnellen Entscheidungen, sehr wichtig für Unternehmen in einem dynamischen Umfeld, gut erfüllt werden konnte. Größeren Wert wurde auch auf die von Grundei und Talaulicar als „counsel" definierte Funktion gelegt, wobei sich insbesondere der freiwillige Beirat als Ratgeber zeigte.

Auch war der Prozess der Entscheidungsfindung anders, was sich in der Art des Einflusses erkennen ließ. Bei den untersuchten Aktiengesellschaften wurde die zukünftige Entwicklung im Wesentlichen durch die Vorstände getrieben und dann mit meist eher geringen Korrekturen vom Aufsichtsrat bestätigt. Die Beiräte hatten da einen stärkeren Einfluss und zeigten auch mehr Eigeninitiative hinsichtlich der Entwicklung, was aber sicherlich auch an der Mittelbarkeit des Beirates und durch die starke Stellung der Gesellschafterversammlung begründet werden kann, da die Weisung ansonsten auch über die Gesellschafterversammlung hätte durchgeführt werden können. Die eigentliche Kontrolle hätte man auch stärker bei der Gesellschafterversammlung vermutet, aber diese verhielt sich eher passiv, wenn der Beirat seine Rolle ausfüllte. Meist waren auch die Vertreter der Venture-Capital-Gesellschaften im Beirat identisch zu den Vertretern in der Gesellschafterversammlung.

„Der Beirat ersetzt zum Teil die Gesellschafterversammlung bei zustimmungspflichtigen Geschäften."

Formell war der Einfluss durch den Aufsichtsrat insbesondere in späteren Phasen größer, da meist auch nur sehr wichtige Weichenstellungen besprochen wurden, wohingegen der Einfluss des Beirates eine höhere Frequenz mit teilweise geschäftsführenden Elementen hatte. Stärker wog bei beiden Rechtsformen aber der zeitliche Einfluss, d.h., in frühen Phasen war die Interaktion gemessen an der Anzahl der Kontakte höher. Mit einem sich stärker strukturierenden Geschäftsverlauf wurde die Interaktion geringer, aber die Bedeutung bzw. Tragweite der Entscheidungen nahm zu. Dies auch vor dem Hintergrund, dass sich die Zusammensetzung des Beirates änderte. Details dazu in Kapitel 4.4.2, hier reicht die Erkenntnis um Proposition 4 zu bestätigen.

Proposition 4: Wenn Unternehmen sich direkt als AG gründen und noch keinen externen Eigenkapitalgeber haben, wird der Aufsichtsrat nur die Mindestanzahl an Mitglieder haben und mit Familienmitgliedern und/oder Freunden der Gründer besetzt werden.

Mit zunehmender Größe des Unternehmens hat auch der Formalisierungsgrad zugenommen.[612] Diese Ergebnisse sind im Einklang mit der Untersuchung von Stern.[613] Zusätzlich kann hier aber noch festgehalten werden, dass dabei auch stark die Rechtsform eine Rolle spielt, denn bei einer Aktiengesellschaft ist der Formalisierungsgrad qua Rechtsform und ab Gründung höher. Dies erleichtert später die Akzeptanz und den Umgang mit Regeln.

Dies wird insbesondere durch die Fallstudien bestätigt, bei denen von einer GmbH in eine AG umgewandelt wurde. In den Fallstudien wurde beispielsweise explizit darauf verwiesen, dass die durch den Venture Capital-Geber gewünschte Umwandlung von einer GmbH zur AG zu einer Erhöhung der Formalien geführt hat. Somit wurden nicht nur externe Berichtsprozesse formeller, sondern auch die Dokumentation im Unternehmen. Ein Beispiel dafür ist beispielsweise die genauere Dokumentation von Entwicklungsprojekten von Softwaremodulen, damit diese nach IFRS in der Bilanz aktiviert werden können.

Proposition 5: Der Wechsel von einer Personengesellschaft zur Kapitalgesellschaft bzw. der Wechsel von der GmbH zur AG führt zu einer stärkeren Kodifizierung der Organisationsstrukturen und einer stärkeren Dokumentation von Prozessen im Unternehmen.

Der erste Teil der Proposition 5 konnte vor allem bei den Unternehmen bestätigt werden, die zunächst als Personengesellschaft gegründet und im Anschluss in eine Kapitalgesellschaft umgewandelt wurden. Sämtliche Aktivitäten hatten mehr Dokumentationsaufwand als bei einer Personengesellschaft.[614]

[612] Siehe dazu auch 4.4.3.
[613] Stern (2003).
[614] Genannt wurde dabei vor allem die Einreichung von Jahresabschlüssen beim Amtsgericht.

„Es ist formeller geworden. Das GmbH-Recht ist viel dispositiver, wohingegen das AG-Recht bindender ist und man mehr Formvorschriften hat.“

Einschränkend muss hier aber festgehalten werden, dass die Rechtsform die Formalisierung zwar eindeutig erhöhte und auch die Verbindlichkeit gestärkt wurde. Der Verweis auf die Gesetzgebung bestätigt auch die im theoretischen Teil festgestellten Überlegungen hinsichtlich der Unterschiede zwischen dem GmbHG und dem AktG. Freiheiten, die im GmbHG durchaus enthalten sind, werden im AktG durch viele Vorschriften explizit eingeschränkt, die genau eingehalten werden müssen. Dies gilt natürlich insbesondere auch für die Dokumentation von Entscheidungen. Während die Rechtsform zwar einen Einfluss auf den Grad der Formalisierung hat, hat sie keinen Einfluss auf die Art und Weise, wie die Eigenkapitalgeber in Entscheidungen involviert waren.

Hinsichtlich der Ergebnisse von Hellmann und Puri[615], die den Einfluss von Venture-Capital-Gesellschaften auf die Professionalisierung von Start-ups untersucht hatten, muss in Bezug auf den Einfluss der Rechtsform hier festgestellt werden, dass die Rechtsform der Kapitalgesellschaft eine disziplinierende Funktion übernimmt und dass die Disziplinierung bei der AG höher ist als bei einer GmbH.

4.4.2 Anteilseignerstruktur

Die Pecking Order-Theorie[616] konnte hier insofern bestätigt werden, dass die Unternehmen meist nicht auf die ersten beiden Bestandteile zurückgreifen konnten, sondern auf externe Eigenkapitalfinanzierung angewiesen waren, damit das Wachstum finanziert werden konnte. Einige Unternehmen, deren Geschäftsmodell transaktionsorientiert war, hatten natürlich die Möglichkeit, sich auch aus der laufenden Geschäftstätigkeit zu finanzieren. Dies war aber meist eher schwierig, da insbesondere am Anfang die Anzahl der Transaktionen gering und der Wert pro Transaktion auch noch gering war. Beide Werte konnten im Zeitverlauf gesteigert werden und trugen dadurch auch zu einer stärkeren Innenfinanzierung bei. Die Nutzung von Fremdkapital war sehr wenig verbreitet. Vereinzelt gab es Unternehmen, die ihr aktuelles Wachstum – nach einer Venture Capital-Startfinanzierung – aus dem eigenen Cash-

[615] Hellmann und Puri (2002b).
[616] Myers (1984).

Flow der laufenden Geschäftstätigkeit finanzieren konnten, diese Unternehmen hatten zusätzlich ein Berichtswesen an Banken eingerichtet, damit sie festgelegte Kreditlinien weiter zur Verfügung hatten, obwohl kein direkter Bedarf bestand.

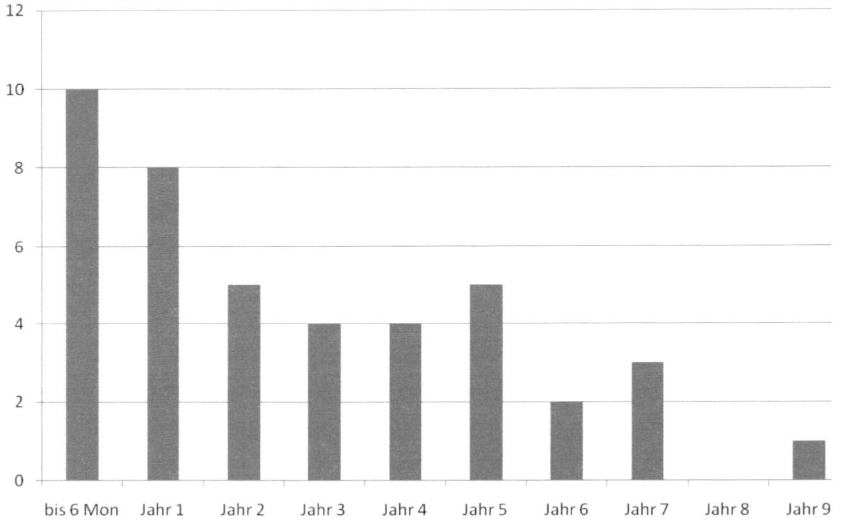

Abbildung 22: Verteilung der Beteiligungszeitpunkte[617]

Hinsichtlich der Beteiligungszeitpunkte war gut zu erkennen, dass es für die Unternehmen Seedfinanzierungen gab und im Rahmen des ersten Jahres bereits 18 Beteiligungszeitpunkte festgestellt werden konnten. Ein Beteiligungszeitpunkt ist hierbei definiert durch den Einstieg eines oder mehrerer Investoren, wobei der Einstieg mehrerer Investoren als ein Einstieg gewertet wurde, da es hier vor allem um die Zeitpunktverteilung ging. Besonders auffällig ist dabei, dass gerade in der Anfangsphase viele individuelle Beteiligungen festzustellen sind. Dies liegt zum einen daran, dass zunächst nur vergleichbare geringe Beträge für einen bestimmten Zeitraum zugesagt werden. Mit der Meilensteinerreichung werden dann zu einem späteren Zeitpunkt höhere Beträge ausgeschüttet. Zusätzlich konnten die Unternehmen mit fortschrei-

[617] Bitte beachten, dass in der Graphik die Investitionen, die zum Start des Unternehmens (6) vorlagen und die innerhalb der ersten sechs Monate (4) zugesagt wurden, in einer Zahl zusammengefasst wurden (10). Zusätzlich sind zunächst zwei Sechs-Monats-Zeitabstände und danach Jahresschritte dargestellt.

tender Zeit Reputation aufbauen und damit auch höhere Gesamtfinanzierungen realisieren, was die Anzahl der Beteiligungszeitpunkte minimiert.

Die Möglichkeit, die Leitung des Gründungsunternehmens zu ändern, war meist ein entscheidender Punkt zur Machtausübung. Es war bei den hier betrachteten Unternehmen gar nicht so, dass dies dann auch wirklich durchgeführt wurde, sondern es wurde vielmehr als Möglichkeit aufgezeigt, um an anderen Stellen Zugeständnisse zu erhalten.

Wenn allerdings ein Austausch oder Ergänzungen des Managementteams vorgenommen wurden, dann geschah dies meist mit dem Einverständnis des Managementteams. Hierzu muss allerdings eine Einschränkung berücksichtigt werden. In dieser Untersuchung wurden Vertreter des Managementteams befragt, zwar waren dies sowohl Gründer als auch Fremdmanager, aber trotzdem ist es möglich, dass die Antworten aufgrund der persönlichen Interviewsituation durch einen Bias geprägt waren. So besteht die Möglichkeit, dass die Interviewpartner auch eine ursprünglich ungewollte Einstellung eines Fremdmanagers in der Interviewsituation als gewollt bezeichnen.

Verkauf und Ausscheiden

In einem betrachteten Unternehmen waren kontinuierliche Steigerungen des Umsatzes zu beobachten. Es gab einen Business Angel und eine Venture-Capital-Gesellschaft. Das Unternehmen konnte über Jahre hinweg seinen Umsatz verdoppeln und die Geschäftsführung wurde weiterhin durch die Gründer durchgeführt. Nach und nach wurde die Geschäftsführung durch Fremdgeschäftsführer ergänzt, die allerdings nicht formal als Vorstände in Erscheinung traten. Eineinhalb Jahre nach dem Verkauf an einen strategischen Investor wurde auch ein professioneller externer Manager als Vorstandsvorsitzender eingestellt, der das Gründungsteam ersetzte.[618]

Zusammenfassend lässt sich festhalten, dass die Proposition adaptiert angenommen werden kann, denn meist wurden die Gründer nicht ersetzt, sondern wurde die Leitung des Unternehmens zunächst ergänzt und ggf. in einem nächsten Schritt ersetzt. Die Umformulierung ist auch konsistent mit einem Teilergebnis von Hellmann und Puri, die zeigen konnten, dass Venture-Capital-Gesellschaften die Einstellung eines „VP of sales and marketing“[619] beschleunigen.

Proposition 6: Umso unerfahrenerer die Gründer, umso weniger nicht-kodifizierbares Wissen sie haben und umso schlechter die aktuelle Performance des Unternehmens (fehlende Meilensteinerreichung, Verpassen finanzieller Ziele, etc.), desto höher die Wahrscheinlichkeit, dass externe Eigenkapitalgeber von ihrem Recht, das Management zu ergänzen, Gebrauch machen und Fremdmanager von der Gesellschafterversammlung/dem Aufsichtsrat zusätzlich die Leitung übertragen bekommen bzw. später die Gründer sogar ersetzen werden.

> *„Wenn die Venture-Capital-Gesellschaft stark in die operative Leitung involviert ist, dann kann man davon ausgehen, dass man den Job nicht gut macht.“*

Interessant war der Bezug, der zwischen der Einflussnahme durch die Venture-Capital-Gesellschaft und der Besetzung der Leitung hergestellt wurde. Die Einmischung der Venture-Capital-Gesellschaft in die Leitung wurde vor allem dann signifikant, wenn es dem Unternehmen schlecht ging. Eine wichtige Rolle spielte auch adäquater Ersatz für das Wissen des auszutauschenden Managementmitglieds.

Rückhalt im Aufsichtsrat und nicht kodifizierbares Wissen

In einem Unternehmen kam es drei Jahre nach der Gründung zu einer Krise, da die neue Version der Software weder die technischen Ansprüche noch die Umsatzziele erfüllen konnten. Die Eigenkapitalgeber versuchten daher durch Absprachen untereinander, die Firmenleitung abzusetzen und durch Fremdmanager zu ersetzen. Die Aktivität der Eigenkapitalgeber wurde induziert durch die Krisensituation des Unternehmens. Der Verlauf der Krise entsprach dabei auch dem vorgestellten Modell, da sich die Krise zunächst latent andeutete und dann verstärkt ausbrach. Die von den Eigenkapitalgebern gewünschte Lösung (Austausch des Managements) scheiterte

[618] Diese Information wurde im Nachgang an das Fallstudieninterview bekannt und wird daher hier auch aufgeführt.

[619] Hellmann und Puri (2002b), S. 169.

aber an zwei Faktoren. Zum einem war das Unternehmen als AG gegründet worden und der Aufsichtsrat bestand mehrheitlich noch aus Freunden der Gründer (siehe Proposition 4) und war lediglich um die Vertreter der Eigenkapitalgeber ergänzt worden, die aber alleine keine Mehrheit hatten. Zusätzlich hatten die Gründer den Vorteil, dass sie detailliertes Wissen über die Software hatten und dadurch faktisch nicht ersetzbar waren. Letztendlich wurde die Geschäftsführung beibehalten, aber es wurde zusätzlich ein externer Manager eingestellt, der die Geschäftsführung unterstützte.

Die grundsätzliche Aussage von Proposition 7 kann dabei mit einer Modifizierung gestützt werden, denn zunächst wurde den Gründern weiterhin vertraut und sie blieben auch nach der Beteiligung externer Eigenkapitalgeber in der Leitung. Der Übergang an Fremdgeschäftsführer konnte teilweise erst nach dem Verkauf beobachtet werden, was dann aber auch dazu führte, dass sich meist der Anteil der Gründer am Unternehmen ebenfalls verringerte.

Proposition 7: Governance pecking-order: Die Leitung des Unternehmens wird nach dem Einstieg von externen Eigenkapitalgebern zunächst bei den Gründern verbleiben und im Zeitverlauf – induziert durch die externen Eigenkapitalgeber – erst durch Fremdgeschäftsführer ergänzt und anschließend übergeben.

Durch den Beteiligungsvertrag wurden wesentliche Regelungen zur Einflussnahme durch den Investor festgehalten. Meist überstiegen die Möglichkeiten der Einflussnahme auch das eigentlich dem Investor zustehende Stimmrecht durch Sonderklauseln. Dieser Unterschied zu börsennotierten Publikumsgesellschaften konnte sehr klar herausgearbeitet werden und dieser zeigte sich auch konstant in der Art der Zusammenarbeit und der Interaktion zwischen Management und externen Eigenkapitalgebern.

„[Der Eigenkapitalgeber] durfte ein Veto bei unserer Entlohnung einlegen. Bei größeren Anschaffungen war ab bestimmten Beträgen seine Zustimmung notwendig. Da hatte er ganz klare Rechte. Er hatte die klassischen Rechte drag-along/tag-along. Auch durfte er bei Einstellungen oberhalb von 100.000 Euro ein Veto einlegen. Er

durfte Kapitalerhöhungen blockieren. Sehr klassische Sachen, wobei wir da viel Glück hatten. Da gibt es viel heftigere Verträge."

Proposition 8 konnte durch die Angaben in den Fallstudien bestätigt werden. Unterschieden wurden hier aber verschiedene Phasen, die teilweise auch von der Anteilseignerstruktur abhingen. Wenn sich zunächst nur Business Angel beteiligten, dann war zwar eine Kontrolle vorhanden, aber diese war weniger standardisiert als dies bei formellen Kapitalgebern der Fall war. Generell wurde durch die Kapitalbeteiligung auch stärker auf die Ausgestaltung des Berichtswesens geachtet. Im Sinne der Principal-Agent-Theorie setzte somit ein Monitoring der Leitung nach der Beteiligung ein.

„[Die Venture-Capital-Gesellschaft] wollte sehr strikt monatlich informiert werden. Die hatten da ein Portal und da musste unser Finanzvorstand die Daten immer eintragen. Diese monatlichen Berichte haben auch die anderen Investoren bekommen. Das hat sich dann mit der Zeit professionalisiert und das lief dann so seinen Gang, aber eher auf der Finanzseite. Ansonsten haben wir dann regelmäßig mit denen Telefonkonferenzen gehabt oder Aufsichtsratsmeetings, so drei bis viermal pro Jahr gehabt. Plus Hauptversammlung."

Die Tatsache, dass Gründungsunternehmen durch Venture-Capital-Gesellschaften Kapital erhalten, führt dazu, dass die Unternehmen verpflichtet sind, von Wirtschaftsprüfern testierte Jahresabschlüsse vorzulegen. Wirtschaftsprüfer stellen im Sinne der Principal-Agent-Theorie ein wirksames Aufsichtsgremium dar.[620] Es konnte auch anhand der Fallstudien gezeigt werden, dass Wirtschaftsprüfer diesem Anspruch gerecht werden, da sie bspw. dem Aufsichtsrat als zusätzliche unabhängige Instanz einmal pro Jahr Rede und Antwort gestanden haben. Proposition 8 wird daher unverändert übernommen.

Proposition 8: Die Beteiligung von externen Eigenkapitalinvestoren führt zu einer stärkeren Kontrolle der Unternehmensleitung durch Unternehmensexterne (bspw. Anteilseigner oder Wirtschaftsprüfer).

---

[620] Vgl. Kapitel 2.2.2.3.

Business Angel zeigten insbesondere in einer Zeit, in der noch keine formellen Eigenkapitalgeber engagiert waren, ein hohes Maß an Engagement, aber dieses war meist nicht primär auf die Kontrolle gerichtet, sondern bezog sich auch sehr stark auf Unterstützungsleistungen, die bis hin zu temporärer Geschäftsführungsunterstützung ging.

Erkennen konnte man, dass der zeitliche Aufwand für Business Angel nach der Beteiligung von Venture-Capital-Gesellschaften zurückging und diese mehr die Kontrolle den formellen Kapitalgebern überließen. Daher kann die Proposition nicht komplett bestätigt werden. Die Kontrolle der Unternehmensleitung ist eher wie ein „öffentliches Gut" zu betrachten, denn wenn sich der Business Angel stark in der Kontrolle engagiert, dann kann die Venture-Capital-Gesellschaft ihre Aktivitäten reduzieren, da die Kontrollfunktion bereits ausgeführt wird, dito vice versa.

Alle Fallstudien zeigten ein mehr oder minder stark ausgeprägtes Berichtswesen der Portfoliounternehmen an die externen Eigenkapitalgeber. Teilweise, bei dem Vorhandensein mehrerer formeller Eigenkapitalgeber, mussten für jeden angepasste Berichte abgegeben werden. Die Kosten für Unterrichtung der Eigenkapitalgeber wurden immer wahrgenommen, aber nie als wirklich großer Ausgabenblock angesehen, was sicher auch an der fehlenden genauen Quantifizierung dieser Aufwendungen lag.

„Das ist ein monatliches zahlenorientiertes Reporting. GuV, Cash Flow, Mitarbeiter. Weiter gibt es ein Berichtswesen, das für jede Venture-Capital-Gesellschaft unterschiedlich ist, dieses erfolgt quartalsweise. Das sind im Prinzip die gleichen Zahlen, die wir auch intern verwenden."

Das Berichtswesen wäre ohne eine Beteiligung von externen Eigenkapitalgebern bei einigen Unternehmen geringer ausgefallen. Da es sich um Software- und Internetunternehmen handelt, konnten sehr viele Daten, insbesondere über den Besuch der Website und die Nutzung einzelner Services, gesammelt werden. In einigen Unternehmen wurde dann auch davon gesprochen, dass man sehr zahlenorientiert sei. Insbesondere diese zahlenorientierten Unternehmen waren hinsichtlich des Berichtswesens gut aufgestellt und schätzten die Auflagen hinsichtlich der Kosten als sehr gering ein.

„[Die Venture-Capital-Gesellschaft] hat versucht, uns mit den Meilensteinen unter Druck zu setzen. Der Investor hat dann gemerkt, bei uns wird das Geld knapp. Wir haben dann gesagt, aber hier sind die zwei Kunden, da meinte er, so richtige Kunden sind das nicht. Er hat dann angefangen Druck auszuüben, und dann mussten wir Anteile lassen.“

Der Beitrag der externen Anteilseigner zur Transparenz war deutlich vorhanden und zeigte sich unter anderem in der Ausgestaltung der Finanzierungsrunden, da über die Beteiligungsverhandlung hinsichtlich der vertragsrelevanten Daten hinaus auch Informations- und Kontrollrechte wirksam umgesetzt werden mussten. So stiegen beispielsweise die Grenzen für zustimmungspflichtige Entscheidungen (Anschaffungen, Einstellungen) von anfangs häufig 50.000 Euro auf 100.000 Euro.

Auch durch den Katalog an zustimmungspflichtigen Geschäften werden Entscheidungen für alle Beteiligten transparenter und bedürfen der genaueren Prüfung, bspw. bei Einstellungen.

Im Folgenden sollen zwei Fallbeispiele für den Bereich Vertragsverhandlung und anschließender Ausgestaltung des Monitoring detailliert verglichen werden. Die Spanne hinsichtlich der Art der Beteiligungsverhandlungen war sehr breit. In den vorgestellten Beispielen waren jeweils Gründerteams in die Verhandlungen involviert. Bei beiden kam der Einstieg der externen Eigenkapitalgeber sehr schnell nach der Gründung und der Eigenkapitalgeber, der direkt nach dem Einstieg auch größter alleiniger Anteilseigner (beide zu Beginn knapp unter 50%) wurde, hatte jeweils ein langfristiges strategisches Interesse an der Beteiligung.

Fallbeispiel: Detaillierte Vertragsklauseln und intensives Monitoring

„Inhaltich ging es um Vesting-Perioden, Anteile, Drag-along, Tag-along, Liquidation Preference, down round protection, also Verwässerungsschutz. Du redest über z.B. eine Klausel „Ich habe ein tag-along-right, wenn einer meiner Gesellschafter an an-

dere Gesellschafter verkaufen will." Ich sage, nein, pro rata gemäß meiner Shares, möchte ich x% des Deals."

Die Vertragsdetails wurden sowohl mit dem Business Angel als auch mit der Venture-Capital-Gesellschaft intensiv verhandelt, wobei viele Regelungen, die mit dem Business Angel getroffen wurden, in den Vertrag mit der Venture-Capital-Gesellschaft übernommen wurden. Beim Monitoring konnte sehr gut beobachtet werden, dass es sich dabei um ein quasi öffentliches Gut handelt, denn der Business Angel hatte eine sehr intensive Kontrolle des Unternehmens durchgeführt. In den ersten sechs Monaten gab es jeden Tag um 9 Uhr ein Telefonat, bei dem sämtliche Kennzahlen des Unternehmens durchgesprochen wurden. Grundlage waren geschäftsspezifische Kennzahlen des Unternehmens, die u.a aus Google Analytics übernommen wurden. Auch nach dieser Zeit hatte der Eigenkapitalgeber weiterhin Zugang zu Google Analytics.

Die beiden Beispiele zeigen unterschiedliche Herangehensweisen bzgl. der Ausgestaltung des Monitoring. Beiden ist gemein, dass die Eigenkapitalgeber starke Rechte im Beteiligungsvertrag ausgehandelt hatten, sich aber in der täglichen Zusammenarbeit die Kontrolle anders gestaltete. Beide Unternehmen wiesen eine positive Geschäftsentwicklung auf, aber dennoch ließen sich die Eigenkapitalgeber anders informieren, was sich vor allem im Detailgrad und in der Häufigkeit zeigte.

Fallbeispiel: Vertrauen gegen Vertrauen

„Es hat sich ein Vertrauensverhältnis herausgebildet und es hat von Anfang an sehr gut funktioniert."

Beide Seiten sind auch nach einigen Jahren noch sehr gute Partner und der Eigenkapitalgeber hat seinen Anteil kontinuierlich auf mittlerweile knapp über 75% gesteigert. Der Eigenkapitalgeber hatte umfangreiche Einwirkungsrechte, hat aber immer gemeinsam mit den Gründern Themen besprochen und Entscheidungen wurden versucht im Konsens zu treffen. Auf der einen Seite wurde den Gründern das Fachwissen für den Bereich des Unternehmens zugesprochen, aber auf der anderen Seite wurde auch seitens des Eigenkapitalgebers sehr viel Wert auf das Reporting gelegt, damit Änderungen genau nachvollzogen werden konnten, dieses Reporting erfolgte lediglich quartalsweise und wurde erst später – aufgrund der zunehmenden Bedeutung des Unternehmens für den Eigenkapitalgeber – auf monatlich geändert.

Es kann bestätigt werden, dass die informellen Investoren eher Unterstützungs- als Kontrollleistungen anboten und darüber hinaus beim Einstieg von Venture-Capital-Gesellschaften ihre eigenen Kontrollaktivitäten begrenzten. Dies war allerdings auch umgekehrt der Fall, d.h., wenn Business Angel stark in der Kontrolle ihrer Beteiligung involviert waren, dann reduzierte die Venture-Capital-Gesellschaft ihrerseits die Monitoringaktivitäten, wobei das Berichtswesen immer erhalten blieb. Die Anpassung der Proposition ist auch konsistent mit den Ergebnissen von Gormann und Sahlman, die zeigen konnten, dass Lead-Investoren dreimal mehr Zeit für das informelle Monitoring[621] aufwandten, als die Venture-Capital-Gesellschaften, die zwar beteiligt, aber nicht in einer führenden Rolle waren.[622]

Proposition 9: Wenn einer der Kapitalgeber die Unternehmensleitung stark kontrolliert, dann können die anderen Kapitalgeber ihre Kontrollaktivitäten entsprechend reduzieren (Charakter eines öffentlichen Gutes). Eine stärkere Kontrolle durch persönliches Involvieren und die Anforderung detaillierter Berichte erhöht den Erfolg der Beteiligung.

Effektiv führte die Beteiligung meist zur Etablierung eines Kontrollgremiums, sei es über eine Beiratskonstruktion oder einen durch Umwandlung verpflichtend gewordenen Aufsichtsrat. In Folgerunden bestand diese Einbindung vor allem dadurch, dass als Auflage erteilt wurde, einen Fremdmanager für einen speziellen Bereich anzustellen, da diese Kompetenz dem Eigenkapitalgeber zufolge im Unternehmen noch fehlt.

„Ein Meilenstein war, dass wir einen Director HR rekrutieren mussten. Das ist natürlich leicht zu beeinflussen."

Diese Proposition betrifft die Gesellschaften mit beschränkter Haftung, da dort kein Aufsichtsrat vorgeschrieben ist und ein Beirat gebildet werden kann. Es konnte beo-

[621] Bspw. persönliche Treffen oder Telefonate.
[622] Gorman und Sahlman (1989).

bachtet werden, dass die Folge der Beteiligung eines externen Eigenkapitalinvestors häufig ein Rechtsformwechsel war. Dies führte dazu, dass dann verpflichtend ein Aufsichtsrat gebildet werden musste. Neue Beteiligungen führten teilweise auch zu einer Erhöhung der Anzahl der Aufsichtsratsmitglieder. Anschließend wurde der Beirat v.a. zur schnellen Entscheidungsfindung genutzt. Die Kompetenzen bestanden meist aus einem Katalog an zustimmungspflichtigen Geschäften[623].

Proposition 10: Formelle Eigenkapitalgeber werden mit ihrer Investition eine Veränderung der Struktur hervorrufen, die ihnen eine stärkere Einbindung in Entscheidungen mit großer Tragweite erlaubt. Konkret wird die Beteiligung externer Eigenkapitalinvestoren zur Gründung eines Beirats (falls nicht ohnehin verpflichtend wie bei der AG) führen und dieser Beirat erhält besondere Kompetenzen zur Steuerung der Geschäftsführung.

Insbesondere hinsichtlich der Regelmäßigkeit war bei den Unternehmen festzustellen, dass diese sehr positive Auswirkungen auf die Professionalität von Planung, Berichtswesen und operativer Kontrolle hatte. Wenn das Überwachungsorgan zwischen vier bis achtmal pro Jahr tagte, war deutlich zu erkennen, dass immer zum genannten Zeitpunkt auch die Planung aktualisiert und offene Punkte stärker nachgehalten wurden.

> *„Wir teilen [dem Beirat] regelmäßig den Stand der Geschäfte mit, die Entwicklung der Sales Pipeline, Opportunitäten, Auftragseingang, die Entwicklung von Kundenbeziehungen, die Entwicklung von wichtigen Partnerbeziehungen, die Entwicklung des Personals, betriebswirtschaftliche Kennzahlen, Cashflow. Monatlich werden diese Kennzahlen an den Beirat gesendet."*

Die Tatsache, dass Gründungsunternehmen durch Venture-Capital-Gesellschaften Kapital erhalten, führt dazu, dass die Unternehmen verpflichtet sind, von Wirtschaftsprüfern testierte Jahresabschlüsse vorzulegen. Im Rahmen der Prüfung werden auch Prozesse kontrolliert und dies führt auch im Bereich Organisation zu einer Professionalisierung, da für die Prüfung auch eine Dokumentation erforderlich ist. Hinsichtlich der Organisation hat sich in den Fallstudien gezeigt, dass teilweise auch Wirtschafts-

[623] Vgl. Kapitel 2.2.2.2.

prüfer die Herausbildung von Organigrammen und die Vergabe von Job-Titeln bewirken.

Proposition 11: Regelmäßige Beirats- oder Aufsichtsratssitzungen führen zu einer professionelleren Planung, einem pünktlichen Berichtswesen und einer stärkeren operativen Kontrolle.

Externe Eigenkapitalgeber treiben die Professionalisierung und die Entstehung von Strukturen. In vielen Fällen wurden Organigramme zur Finanzierungsrunde bzw. zur Präsentation für die Eigenkapitalgeber erstellt. Das zeigt, dass dadurch auch die Professionalisierung getrieben wird. Die Unternehmen müssen zur Kapitalgewinnung für weiteres Wachstum sich auch Gedanken über ihre Strukturen machen. Die erste Reaktion hinsichtlich des Organigramms, wenn es denn für die Finanzierungsrunde erstellt wurde, war meist, dass es primär für den Investor erstellt wurde. Nachfragen haben dann aber gezeigt, dass der Erstellungsprozess positive Wirkungen im Hinblick auf Prozessgestaltung und Klärung von Zuständigkeiten hatte. Genau dies ist ja der originäre Zweck eines Organigramms, denn zum einen zählt der Prozess der Erstellung, in dem darüber diskutiert wird, wer zuständig ist und an wen bestimmte Mitarbeiter berichten, und zum anderen gibt es die Verwendung des Organigramms. Somit kann festgehalten werden, dass auch ohne Kommunikation des Organigramms der Prozess der Erstellung einen positiven Einfluss hat, da Zuständigkeiten geklärt werden.

Die Bestätigung der Proposition zeigt an dieser Stelle auch stark den Einfluss der Eigenkapitalgeber, da dadurch eine aktive Organisationsplanung betrieben wird, die über das von Manstedten festgestellte Maß hinausgeht, da bei den dort untersuchten Software- und Systemhaus-Unternehmen die „Gründer [...] nur allzu oft mit der Organisation der eigenen Person beschäftigt [und ...] Organisationsplanung [...] in den ersten Jahren meistens nur rein gedanklich und ohne schriftliche Fixierung“[624] vorgenommen wurde.

Proposition 12: Finanzierungsrunden erhöhen den Druck auf die Dokumentation der Organisationsstrukturen.

[624] Manstedten (1996), S. 222.

Die Verkäufe der Anteilseigner lagen im hier betrachteten Sample meist um das sechste und siebte Jahr verteilt. Die Wertsteigerung der Anteile wurde bei allen Verkäufen durch den Trade-Sale, sofern dieser erfolgte, an einen strategischen Investor erreicht. Teilweise wurde der Ausstieg der Eigenkapitalgeber durch eine Zug-um-Zug-Beteiligung des strategischen Investors durchgeführt.

„Früher hatte man fünf Leute und alle haben an einem Projekt gearbeitet. Das war in zwei Tagen aufgesetzt. Funktionierte und war gut. Heute: Planungsprozess, Machbarkeit, Integration. Was bringt es? Welche Ressourcen brauchen wir?"

Nach der Übernahme waren meist ähnliche Zitate, wie das hier aufgeführte, zu hören. Es ging für die strategischen Investoren natürlich auch um die Realisierung des strategischen Wertes. Dafür gab es zwei Ansätze: Der eine bezog sich auf eine Portfoliobetrachtung, d.h., das gekaufte Unternehmen wurde wie eine Beteiligung gehalten. Die andere Variante versuchte eher, die Beteiligung in den Konzernverbund zu integrieren. Bei beiden Ansätzen wurde aber das Controllingsystem der jeweiligen Mutter- oder Holdinggesellschaft im erworbenen Unternehmen eingeführt, um eine Vergleichbarkeit sicherzustellen.

„Wir haben den Business Angel eingeladen, Reports geschickt. Die Venture-Capital-Gesellschaft haben wir über die Aufsichtsratssitzungen informiert. Damit war es gut. Die aktuellen strategischen Investoren haben ein großes Informationsbedürfnis. Jeder erzählt alles nochmal. Das ist eine ganz andere Art von Kommunikation. Das ist um Größenordnungen aufwendiger."

Proposition 13 wird daher unverändert übernommen.

Proposition 13: Ein Strategischer Investor baut eine Controlling-Abteilung, die dem Controlling der Muttergesellschaft nachempfunden ist, im Portfolio-Unternehmen auf.

4.4.3 Größe

Der Unternehmensgröße wurde von allen Beteiligten ein großer Einfluss auf die Organisation beschieden. Das teilweise äußerst schnelle Mitarbeiterwachstum führte zu Anpassungsproblemen und regelmäßigen Änderungen in der Organisation.

Im Interviewleitfaden war die Frage nach der / den größten Herausforderung(en) im Zeitverlauf bewusst offen gestellt worden. Sehr wenige Antworten bezogen sich auf nicht besprochene Aspekte, einige bestanden aus Aufzählungen, die Mehrheit verwies aber auf die Herausforderung, eine Organisation bei kontinuierlich steigender Mitarbeiterzahl immer wieder neu zu strukturieren und auszurichten.

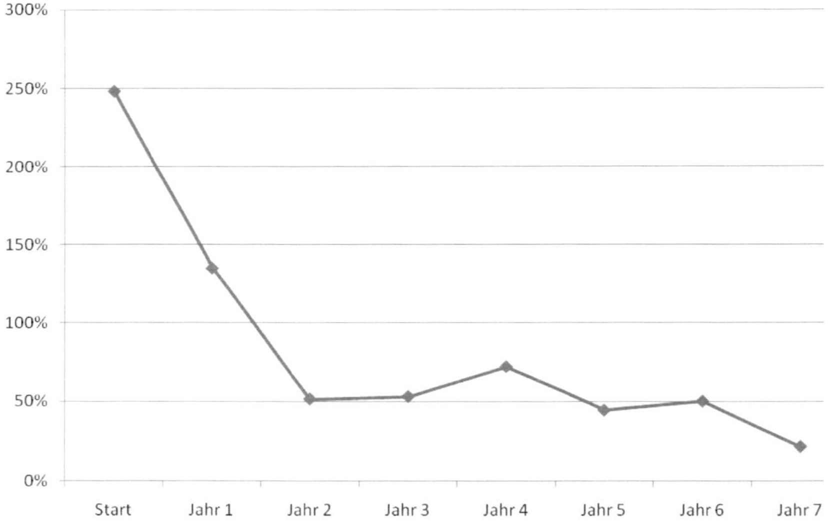

Abbildung 23: Zeitpunkt der Eigenkapitalfinanzierung und prozentuale Durchschnittssteigerung der Mitarbeiterzahl

Zur Erstellung der Grafik wurden die jeweiligen Finanzierungsrunden der Unternehmen identifiziert und anschließend wurde die Mitarbeiterzahl zum Zeitpunkt der Finanzierung mit der Mitarbeiterzahl ein Jahr später verglichen und die prozentuale Steigerung errechnet. In der Tabelle findet sich der über alle Finanzierungsrunden der beteiligten Unternehmen errechnete arithmetische Mittelwert für den jeweiligen Jahreszeitraum. Da bei den Unternehmen im Zeitverlauf mehrheitlich starkes Mitarbeiterwachstum, teilweise auch kurzfristige und vereinzelte Rückgänge[625], vorherrschten und die Finanzierungsrunde zu verfügbaren liquiden Mitteln führte, sind die starken Zuwächse nicht verwunderlich. Es sollte allerdings beachtet werden,

dass die hohen prozentualen Zuwächse in der Anfangsphase auch auf die absolut gesehen kleine Basis hinsichtlich der Gesamtmitarbeiterzahl zurückzuführen ist.

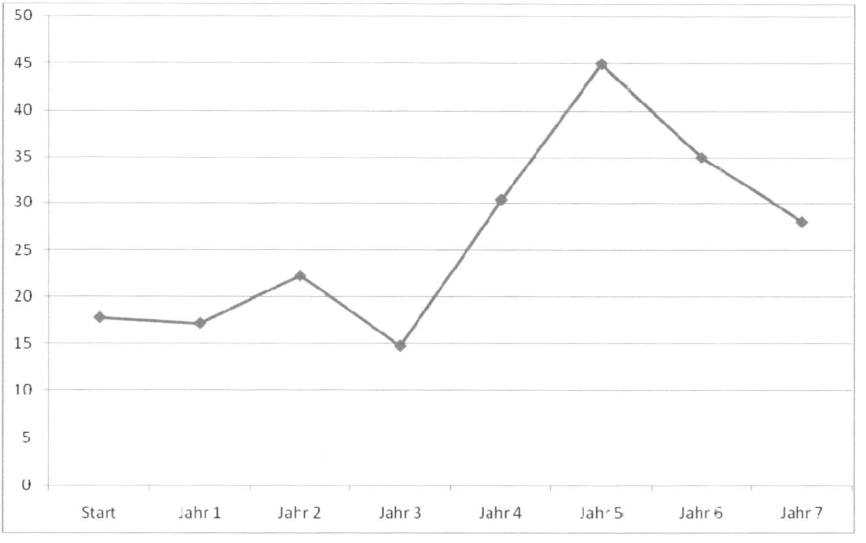

Abbildung 24: Zeitpunkt der Eigenkapitalfinanzierung und die absolute Durchschnittssteigerung der Mitarbeiterzahl im Folgejahr

Zur Erstellung der Grafik wurden die jeweiligen Finanzierungsrunden der Unternehmen identifiziert und anschließend wurde die Mitarbeiterzahl zum Zeitpunkt der Finanzierung mit der Mitarbeiterzahl ein Jahr später verglichen. Der erste Punkt in Abbildung 24 bedeutet also, dass eine Finanzierung zum Startzeitpunt (innerhalb der ersten 6 Monate) bei den betrachteten Unternehmen im Durchschnitt im Folgejahr eine Steigerung der Mitarbeiterzahl um 18 Personen zur Folge hatte.

Die Unternehmen, die auch Zeiten negativen Wachstums hatten, wurden genau dann mit der Drohung, die Gründer durch andere Manager zu ersetzen, durch die externen Eigenkapitalgeber konfrontiert. Es gab aber zwei Gründe, die dann in den betrachteten Fällen dazu führten, dass eine Absetzung nicht erfolgte: Erstens die Gründer hatten eine Mehrheit im für den Wechsel zuständigen Aufsichtsrat oder,

[625] Lediglich in sieben Jahresperioden war ein Sinken der Mitarbeiterzahl festzustellen.

zweitens es handelte sich um spezifisches Produkt-bezogenes Wissen, das so nicht auf dem freien Markt verfügbar gewesen wäre. Der Austausch hätte dann zu einer schlechteren Gesamtsituation für das Unternehmen geführt.

Zusätzlich wurde im Managementteam bei allen beteiligten Unternehmen sachlich mit Problemen umgegangen. Die Meinungsunterschiede wurden meist ausdiskutiert und eher selten durch Mehrheitsentscheide gelöst, sondern man suchte fast immer eine Konsensorientierung (teilweise ebenfalls mit externer Unterstützung durch Mediation) und versuchte, einstimmige Entscheidungen herbeizuführen. Da dies der Fall war, war auch den Ergebnissen von Struß entsprechend die Wahrscheinlichkeit auf einen Führungswechsel geringer.[626]

„Wenn man einen Venture Capital-Geber hat, der stark operativ mit rein geht, dann ist es auch ziemlich klar, dass man seinen Job nicht gut macht."

Wenn Positionen ersetzt wurden oder das Managementteam um Fremdmanager ersetzt wurde, dann geschah dies im Einvernehmen mit den Beteiligten. Hierbei ist allerdings möglich, dass die Interviewpartner eine Entscheidung, der sie vielleicht ursprünglich gar nicht zustimmten, im Nachgang zustimmten oder vor dem Interviewer den Eindruck erwecken wollten, dass dies der Fall war. Insofern kann hier ein Antwort-Bias nicht komplett ausgeschlossen werden, die Proposition 14 kann aber nicht komplett bestätigt werden. Für zwei Unternehmen konnte im Nachgang an die Fallstudien der Austausch bestätigt werden, beide Wechsel erfolgten aber erst nach dem Verkauf des Unternehmens, bestätigen aber die Hypothese, dass mit zunehmender Größe, andere Anforderungen an die Leitung gestellt werden und dann auch die Gründer durch Fremdmanager ersetzt werden. Da aber die Zeit nach dem Verkauf des Unternehmens nicht im ursprünglichen Rahmen dieser Untersuchung enthalten war, sollte diese Proposition noch einmal genauer überprüft werden, da der Austausch evtl. erst stärker nach dem Trade-Sale relevant wird.

Proposition 14: Je größer das Unternehmen, desto wahrscheinlicher ist, dass nicht mehr der Gründer oder das Gründerteam die Leitung inne haben, sondern Fremdmanager eingesetzt werden. Unterschiedliche Unternehmensgrößen haben andere

Anforderungen an die Leitung zur Folge. Dies kann zu einem Wechsel der Leitung führen. Schwächere Wachstumsphasen oder Krisenzeiten können diese Wechsel beschleunigen.

Proposition 15 konnte bestätigt werden. Problematisch war allerdings häufig der Durchsetzungsprozess, der sich sowohl für die Mitarbeiter als auch für die Führungskraft schwierig gestaltete. Die Führungskräfte, bei starkem Wachstum gilt dies sowohl für die erste als auch die zweite Führungsebene, neigten dazu, zunächst die Erweiterung der Leitungsspanne hinzunehmen und weiterhin dem von Beginn an praktizierten Team-orientierten Leitungsmodell zu folgen. Dies führte aber mit zunehmender steigender Leitungsspanne zu Problemen in der Kommunikation, da die Führungskraft für immer mehr Personen zum Ansprechpartner wurde. Dies entspricht der Führungskrise bei Greiner, die dieser in seinem Modell mit der Einstellung eines professionellen Managers und der stärkeren Etablierung von formalen Kontrollsystemen entgegentritt.[627]

Ein wichtiger Aspekt hierbei war auch der Erfahrungseffekt, der insbesondere bei der Release-Planung neuer Software-Versionen sehr hilfreich war. Die Abweichungen zwischen dem Plan und den Sollzeiten wurden stark verbessert. Konkrete Maßnahmen waren die Einführung von Teamleitern, die dann dafür sorgen konnten, dass Entscheidungen schneller getroffen werden konnten, da dann nicht immer auf eine Rückmeldung aus der Geschäftsleitung/IT-Abteilungsleitung gewartet werden musste. Diese Zwischenebene konnte somit Entscheidungen beschleunigen. Dieser Effekt war daher sicherlich eine Kombination aus zeitlicher Entwicklung und Größenwachstum.

In ähnlicher Form wie oben bei der Regelmäßigkeit der Aufsichtsratssitzungen konnte dies beispielsweise bei den Sitzungen des Managementteams festgestellt werden. Hier etablierten sich feste Ablaufformen und Intervalle. Zunächst waren diese Treffen nicht notwendig, da das Management bei einer überschaubaren Mitarbeiterzahl genug untereinander kommunizierte und keine formalen Abstimmungsprozesse notwendig waren. Dies änderte sich mit zunehmender Größe und Spezialisierung. Jeder

[626]Struß (2003), S. 96-101 und 232.
[627] Greiner (1972)

aus dem Gründungsteam hatte seinen Zuständigkeitsbereich, und da die Kommunikation zunehmend innerhalb der Abteilung durchgeführt wurde, waren Abstimmungsrunden im Managementteam notwendig und wurden auch eingeführt. Dadurch kann Proposition 15 ohne Veränderung übernommen werden.

Proposition 15: Durch das Größenwachstum sinkt die Möglichkeit der persönlichen Kontrolle des einzelnen Mitarbeiters. Formelle Planungs- und Kontrollprozesse entstehen und ersetzen persönliche Anweisungen und Kontrolle.

Die Kennzahlenorientierung hatte zwischen den Unternehmen unterschiedliche Ausprägungen. So gab es eine Reihe verschiedener Einstellungen zur Kontrolle von Prozessen oder Werten über Kennzahlen. Zum einen, und dabei handelte es sich primär um vergleichsweise junge und damit auch kleinere Unternehmen, wurde dieser Art der Steuerung noch keine große Bedeutung zugemessen. Die Gesprächspartner hatten den Eindruck, dass sie die Leistungen der Mitarbeiter gut genug einschätzen konnten, auch ohne Kennzahlenkontrolle. In späteren Phasen nahm die Kennzahlenorientierung zu. Die Beschreibung war zum Teil auch daran orientiert, dass es im Verhältnis gesehen mehr Zeit und Managementkapazität gab, um Kennzahlen auszuwerten. Es wurde zwar auch geäußert, dass die zunehmende Größe ein Einflussfaktor sei, aber explizit daran festgemacht wurde die zunehmende Kennzahlenorientierung nicht.

Hier ist sicherlich auch eine Wahrnehmungsverzerrung bei der Beantwortung der Frage festzustellen, denn wenn es um die persönliche Leitung von Mitarbeitern ging, war direkt die Anzahl der Mitarbeiter für die zunehmend schwerer werdende Kontrolle zuständig. Auf Nachfrage wurde eine stärkere und zunehmende Steuerung über Kennzahlen aber bestätigt. Auch der Vergleich der Mitarbeiterzahlen mit den Einschätzungen zur Steuerung durch Kennzahlen lässt eher eine Bestätigung der Proposition erkennen, die unverändert übernommen wird.

Proposition 16: Je größer ein Unternehmen, desto stärker wird die Kennzahlenorientierung, da die einzelnen Tätigkeiten zunehmend schwerer beobachtbar werden. Leitung durch persönliche Weisung wird dann durch Steuerung über Kennzahlen ersetzt.

Wie oben beschrieben führte zunehmende Größe dazu, dass die Funktion der Rationalitätssicherung stärker im Unternehmen abgebildet wurde. Die Interaktion mit dem Aufsichtsrat wurde mit zunehmender Zeit professioneller und die Vorgaben konnten genauer abgestimmt werden.

Zunehmend wurden mehr Entscheidungen nur noch direkt mit dem Aufsichtsrat besprochen und die vorhergehende starke Einbindung der externen Eigenkapitalgeber ging zurück.

Reporting an den Aufsichtsrat

„Der Aufsichtsrat bekam regemäßig Balanced Scorecards. Intensive Präsentationen. Die Aufsichtsratssitzungen waren schon sehr professionell. Da hat der Aufsichtsrat einfach mehr Einblick.

Das [Reporting] war immer ein fünf Seiten Papier. Die erste Seite war eine Zusammenfassung für die verschiedenen Geschäftsbereiche. Dann kam eine virtuelle Bilanz und Deckungsbeitragsrechnung. Dann gab es für jeden Bereich noch Kennzahlen, für das Portal waren das zum Beispiel Page Impressions, Auslastungsquoten bei der Buchung der Werbung, TKP [Tausenderkontaktpreis] im Vergleich zum Wettbewerb. Im Lizenzgeschäft war das Zahl der Kunden, Lizenzumsatz versus Projektumsatz. Aufteilen des kompletten Deckungsbeitrages.

Ich glaube, wäre das nur für uns gewesen, dann wären wir ein bisschen fauler gewesen. Der Aufsichtsrat diszipliniert da schon, weil es die Sitzung gibt und zu der Sitzung muss es wieder stehen."

Proposition 17 wird daher ohne Veränderung beibehalten.

Proposition 17: Zunehmende Größe erhöht das Kontrollbedürfnis des Aufsichtsrates und reduziert den direkten Einfluss der externen Eigenkapitalgeber auf das Management.

In einigen Unternehmen wurde die von Albach, Bock et al. herausgefundene Anpassungsregel[628] sehr gut umgesetzt. Pro-aktiv wurden Wachstumsschritte für das Unternehmen geplant. Aufgrund der hohen externen Unsicherheit wurde meist ausgehend von einer Umsatzschätzung der weitere Bedarf an Mitarbeitern heruntergebrochen. Dies führt dazu, dass für die einzelnen Abteilungen die notwendige Abwicklungskapazität grob geschätzt werden konnte und anschließend prospektiv der Personalbestand geplant und evtl. Änderungen bereits im Vorfeld eingeführt werden konnten. Die Unternehmen, die diesen Prozess so kontinuierlich und regelmäßig durchführten, hatten dann auch weniger Anpassungsprobleme aufgrund ihres Wachstums.

Problematisch ist die Überlastung des Managements vor allem daher, dass sie sich erst durch Fehlentscheidungen äußert, die dann bereits negative (meist direkt sogar finanzielle) Auswirkungen auf das Unternehmen haben. So kann es sein, dass beispielsweise Projekte aufgrund fehlender Entscheidungen von Gründern nicht termingerecht durchgeführt werden konnten.

„Insbesondere gibt es Wachstumsschritte, bei denen sich – meiner Ansicht nach – die Organisation faktisch umbaut, entweder macht sie es selber oder man versucht, es zu steuern.“

Fehlende Planungsprozesse führten auch in vielen Fallstudienunternehmen zu Wachstumsproblemen. Dies war vor allem dann der Fall, wenn ein starkes Mitarbeiterwachstum mit fehlender operativer Planung und ohne hinreichende Kontrolle gegeben war.

„Früher konnte jeder Entwickler zum Vorstand gehen und hatte eine Entscheidung, heute gibt es ein Produktmanagementteam mit sieben Mitgliedern und anschließend entscheidet ein IT-Board über die Priorisierung von Projekten bei konkurrierenden Ressourcenzugriffen.“

[628] Erfolgreiche Unternehmen nehmen inkrementelle Anpassungen der Organisation vor, bevor es zur Wachstumskrise kommt. Albach, Bock et al. (1985).

Proposition 18: Wachsende Unternehmen sind gekennzeichnet durch Mitarbeiterwachstum in Verbindung mit inkrementellen Anpassungen und Erweiterungen der Organisationsstruktur.

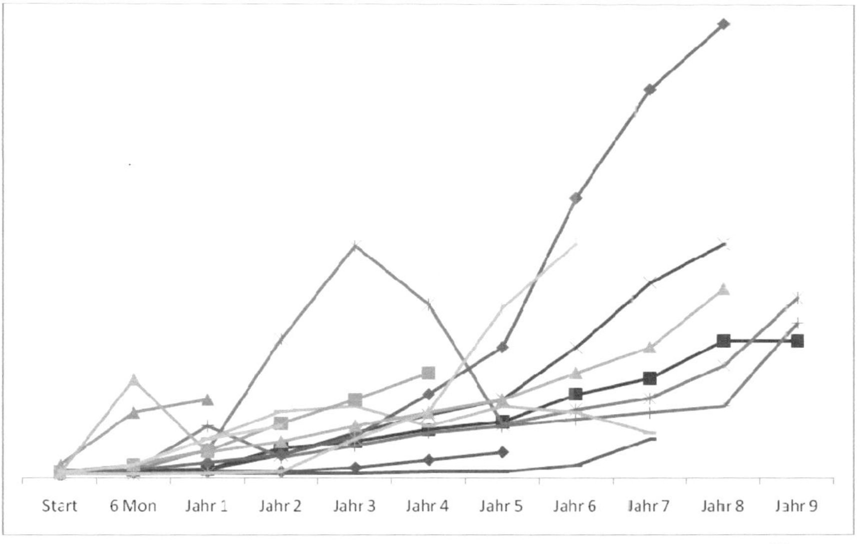

Abbildung 25: Entwicklung der Anzahl der Mitarbeiter pro Unternehmen im Zeitverlauf[629]

> *„Also gerade der Organisationsaufbau und das Schaffen eines Teams, das miteinander arbeitet und funktioniert. Das war ganz klar die größte Herausforderung."*

Hierbei gilt es, zwei Unternehmen zu unterscheiden. Eine Gruppe hatte sich für geplante, vorausschauende, inkrementelle Anpassungen der Organisationsstruktur entschieden, die auch bei der rechtzeitigen Durchführung sehr erfolgreich waren. Bei der anderen Gruppe machte sich das Wachstum bemerkbar. Die Abteilungen nahmen hinsichtlich der Mitarbeiterzahl zu und der leitende Verantwortliche, in den Anfangsphasen meist ein Gründer, hatte zunehmend Probleme, alle Mitarbeiter adäquat zu steuern.

[629] Zur Gewährleistung der Anonymität wurde die Achsenbeschriftung entfernt.

„Wachstumsschmerzen gab es mit Sicherheit mit der Teamleiterebene, wo wir etwas gebraucht haben. Wo wir auch den Bedarf gedeckt haben. Es ist nicht damit getan, dass man einen Teamleiter einsetzt, nein, man muss sehr kritisch sein mit dem, was er kann und man muss ihn entwickeln."

Aufgrund fehlender Führungsentscheidungen wurden die Mitarbeiter in ihrer Arbeit eingeschränkt, was bei diesen zu Unzufriedenheit führte. Beseitigt wurde diese durch die Einführung der zweiten Führungsebene, allerdings erst zu einem Zeitpunkt, wo die Nachteile der Zunahme der Leitungsspanne bereits mehr als evident waren und auch bereits Arbeitsrückstand produziert hatten. Teilweise konnte dieser Prozess durch die Einführung von temporären Team- und Projektleitern abgefedert werden. Diese waren dann aber meist die Vorboten einer neuen Gliederungsebene.

„Der Aspekt, wann kommt die nächste Ebene, der hat für uns große Bedeutung. Delegation: Junge Leute zu fordern und zu fördern, so dass diese Verantwortung übernehmen. Das Ziel, was uns alle [Gründer] eint, ist uns überflüssig zu machen. Nicht patriarchisch zu führen, nicht alles mikromäßig zu managen. Wie muss ein Sticker oder eine Box aussehen. Wir möchten nicht überall mit drin sein und Leute mit langen Wartezeiten frustrieren. Sondern wirklich zu sagen, Du hast das Budget, mach, aber Du stehst auch für Fehler gerade. Das ist mein Hauptziel. Ich bin hier klar das Korrektiv, aber ich will kein Micromanagement betreiben."

Interessant war die Art der Abteilungsentstehung. Die erste Aufteilung der Verantwortungsbereiche der Gründer war meist eine funktionale Aufteilung[630]. Mit zunehmendem Erfolg der Geschäftsideen und der Entwicklung zum Mehrproduktunternehmen[631] wurden dann auch divisionale/objektbezogene Abteilungen eingerichtet, die meist eher Unterabteilungen in den Bereich Produkt oder Technik/IT waren. Insbesondere die Einführung von Teamleitern/der zweiten Führungsebene beschleunigte die dezentrale Entscheidungsfindung, da aufgrund der Zunahme an Mitarbeitern, die Zeit des Gründers, der für diesen Bereich zuständig war, alle Entscheidungen für jeden einzelnen Mitarbeiter zu treffen, nicht mehr ausreichte. Dies findet sich sehr

[630] In abgewandelter Form gab es meist eine Kombination aus Vertrieb/Marketing, Finanzen, Produkt und IT/Technik.

[631] Mehrproduktunternehmen heißt in diesem Fall, dass unterschiedliche Ausfertigungen angeboten wurden.

schön auch in diesen beiden Zitaten: „[F]ounders cannot manage a growing firm without some abdication of control, or without the knowledge and experience of professional managers assistance"[632] und "Administrative procedures and controls replace direct control by the owner-manager."[633]

„Unsere größte Herausforderung war internationales Wachstum und der Sprung vom 10 Millionen Unternehmen zum 100 Millionen Unternehmen. Und der Einzug von Strukturen. Bewältigen konnte man das durch Einzug von Strukturen und der Zuteilung von Eigenverantwortung. Übergeben an kleinere Einheiten, die sich möglichst eigenverantwortlich, möglichst unternehmerisch verhalten dürfen. Die Zuteilung erfolgte bei den Country Managern nach Ländern. Bei den Departments nach Kompetenzen entlang der Funktionen."

Die Herausbildung von Organisationsstrukturen ändert die Kommunikationswege innerhalb eines Unternehmens. Die zunehmende Spezialisierung durch Arbeitsteilung führt dabei dazu, dass sich die Abteilungen herausbilden und vermehrt innerhalb der Abteilung kommuniziert wird, aber nicht mehr die Belange der anderen Abteilungen in Betracht gezogen werden.[634] Die Auswirkungen auf Kommunikationsregeln finden sich in 4.5.5, dort wird auch erläutert, wie sich Kommunikation im Zeitverlauf anpasst.

„Wir hatten auch gemerkt, dass es innerhalb der Silos sehr gut funktionierte, aber zwischen den Silos nicht. Und das macht eine Firma in der Größe sehr langsam und das versuchen wir bewusst zu bearbeiten."

Interessant sind dabei aber die Lösungsansätze:

„Wir haben einen Organisationsberater geholt und ich mache zwei Dinge. Ich kläre von oben und unten, wo man Organisationsbausteine einführen muss. Sprich Gremien, z.B. einen Produktbeirat zu etablieren, wo die Abteilungsleiter gemeinschaftlich entscheiden. Oder auf Mitarbeiterebene Querschnittsfunktionen zu geben, so dass

[632] Daily und Dalton (1992), S. 31.
[633] Kotey und Slade (2005), S. 36.
[634] Mehrere Fallstudienteilnehmer betrachteten dies als „Siloproblem", da die Abteilungen wie separate Silos getrennt voneinander arbeiteten.

> *sie Silo-übergreifend Verantwortung haben. Damit sollte man das Problem lösen. Wöchentliche Appelle gehören auch dazu."*

Proposition 19 wird daher angenommen.

Proposition 19: Steigende Größe wird zu einer Dezentralisierung der Entscheidungen führen und zwar zunächst in Gründer-geleiteten Abteilungen und anschließend in „Manager-geführten" Abteilungen nach Einführung der zweiten Führungsebene.

Das Berichtswesen an die Eigenkapitalgeber wurde mit zunehmender Zeitdauer zu einer Routineaufgabe. Zur Steuerung des Unternehmens wurden stärker die eigenen Systeme genutzt. Vermehrt konnte auch gesehen werden, dass das Berichtswesen an die Eigenkapitalgeber angepasst wurde und interne Elemente aus dem eigenen Controllingsystem integriert wurden. Bei einigen Unternehmen wurde stets das unternehmensinterne Kontrollsystem genutzt und eine Übersicht an die Eigenkapitalgeber weitergegeben, so dass kein Anpassungsaufwand notwendig war.

Die Vermutung, dass auch vor dem stärkeren Ausbau des Controllingsystems die Funktion, also die Sicherstellung der Rationalität der Führung, bereits vorhanden war, konnte an zwei Punkten bestätigt werden: Erstens war in früheren Phasen eine stärkere Einflussnahme durch die Risikokapitalinvestoren festzustellen, so dass diese die Funktion übernahmen, und zweitens war die Leitung noch nicht so stark vom Unternehmen separiert, dass alleinige Entscheidungen getroffen wurden. Zwar waren es letztendlich bei unternehmensinternen Prozessen ohne Einbindung der Kapitalgeber die Gründer, die die finale Entscheidung getroffen haben, doch war die Einbindung der restlichen Mitarbeiter stärker, da man stärker in einem Team ohne Hierarchien gearbeitet hat. Damit wird Proposition 20 unverändert aufrechterhalten.

Proposition 20: Steigende Größe führt zur stärkeren Internalisierung der Controllingprozesse und zur stärkeren Adressierung der internen Entscheider.

4.5 Weitere Ergebnisse

In diesem Bereich sollen Ergebnisse der Fallstudien vorgestellt werden, die über den Abgleich mit den Propositions hinausgehen.

4.5.1 Karrieresystem

Witt hatte bzgl. der noch notwendigen Forschung im Bereich Gründungsunternehmen festgehalten, dass für diese im Bereich Personal noch zu wenige Erkenntnisse hinsichtlich Rekrutierung, Motivation und Entlohnung vorliegen und in diesem Bereich weiterer Forschungsbedarf besteht.[635] Da dieses Feld auch vermehrt während der Fallstudienbearbeitung thematisiert wurde, sollen hier kurz die wichtigsten Erkenntnisse aus den Fallstudien festgehalten werden. Zunächst sollen hier Erläuterungen zum Karrieresystem in Gründungs- und Wachstumsunternehmen folgen. Danach schließen sich Ausführungen zur zweiten Führungsebene und zur Verwendung des Organigramms an.

Für das Karrieresystem gilt es vor allem, zwei Bereiche zu trennen. Das ist zum einen die fachliche und zum anderen die hierarchische Entwicklung. Bei den Software- und Internetunternehmen war immer ein großer Bereich der Mitarbeiter in IT-/Programmierabteilungen beschäftigt. Gerade in diesen Bereichen war eine Trennung von fachlicher und hierarchischer Karriere besonders wichtig.

Als Vorteil der Aufstellung eines Karrieresystems stellte sich heraus, dass bei der Besetzung der zweiten Führungsebene eine bessere Argumentation hinsichtlich der konkreten Auswahl einer Person möglich war und damit die Diskussion über die Auswahl eines Externen oder eines Mitarbeiters mit weniger Zeit im Unternehmen anhand von Fakten versachlicht werden konnte.

Eine Voraussetzung zur Entstehung des Karrieresystems ist das Vorhandensein zumindest rudimentärer Arbeitsplatzbeschreibungen. Meist werden diese aber nicht erstellt, da am Anfang noch durch direkte persönliche Weisung geführt werden kann. Aber mit zunehmender Anzahl der Mitarbeiter lässt diese Möglichkeit nach und die Erstellung der Arbeitsplatzbeschreibung wird nicht nachgeholt, was ein weiterer Faktor zur Entstehung der Wachstumskrise sein kann.

Bestandteile des Karrieresystems waren feste Entwicklungsstufen (meist drei) aufgeteilt in Linien- und Fachfunktion. Somit war sichergestellt, dass sich auch Programmierer gemessen an bestimmten Kriterien innerhalb ihres Fachgebietes entwickeln

[635] Witt (2005), S. 15.

konnten, ohne zwangsläufig an den (ggf. nicht gewünschten) Aufstieg in der Hierarchie gebunden zu sein. Auch erleichterten die Entwicklungsstufen die Begründung von Gehaltszahlungen, d.h., dass ein Programmierer mit Einzelmodulverantwortung weniger erhielt als ein Programmierer, der für das Gesamtsystem zuständig war. Zusätzlich gab es dann auch regelmäßige Feedback- und Entwicklungsgespräche (teilweise halbjährlich, meist jährlich), die zum einen zur Identifikation weiterer Entwicklungspotentiale und zusätzlich zur Kalibrierung innerhalb der gesetzten Kriterien genutzt wurden.

In den beteiligten Unternehmen mit Karrieresystem war auch die Einführung der zweiten Führungsebene einfacher und unproblematischer, da eine Weiterentwicklungsmöglichkeit des Mitarbeiters nicht an ein Vorankommen in der Hierarchie gekoppelt war und dadurch die Zusammenarbeit leichter fiel und neue Führungskräfte schneller eingearbeitet werden konnten.

Aufgrund der guten Erfahrungen aus der Anfangszeit des Unternehmens, als die Gründer noch direkter Bestandteil des Teams waren und die Arbeit aller schnell auf ein Ergebnis hin ausgerichtet werden konnte, sind einige Fallstudienteilnehmer mit einer leichten Aversion gegen kodifizierte hierarchische Elemente ausgestattet gewesen. Gerade die Einführung des Karrieresystems mit den oben beschriebenen Nebeneffekten hatte aber dazu beigetragen, dass die ursprüngliche Kultur der kleinen Teams weiter verstärkt und länger beibehalten werden konnte. Auch konnten die Diskussionen über die Besetzung von Teamleitungspositionen versachlicht werden, da die hierarchische Entwicklung durch die zusätzliche Option der Fach-bzw. Expertenkarriere von der persönlichen entkoppelt wurde.

Die Ergebnisse, dass die steigende Größe des Unternehmens zu einer zunehmenden Annahme von Elementen des Personalmanagements und der weiteren Entwicklung und Herausbildung von Managementkapazitäten führt, sind konsistent mit den Ergebnissen von Kotey und Slade.[636]

---

[636] Kotey und Slade (2005).

4.5.2 Zweite Führungsebene

Die Einführung der zweiten Führungsebene ist für Gründungs- und Wachstumsunternehmen eine kritische Phase in der Entwicklung des Unternehmens, daher soll diese Frage gesondert und außerhalb der drei Haupteinflussfaktoren dieser Untersuchung betrachtet werden, wenn auch sicherlich der Faktor Größe gemessen in Mitarbeitern der entscheidende Treiber für die Einführung der zweiten Führungsebene ist. Ein weiterer Faktor ist die Größe des Managementteams, da sich bei einem größeren Team auch die Einführung der zweiten Ebene verzögert. Hintergrund dafür ist, dass Personen im Gründungsteam eine breitere Leitungsspanne an Mitarbeitern abdecken können. Angenommen, ein Gründer kann 10 Mitarbeiter führen, dann gelingt dies zwei Gründern bis zu einer Anzahl von 20 Arbeitnehmern und 5 Gründern bis zu einer Anzahl von 50.

Drei Fragen müssen dabei primär beantwortet werden:

Wann soll eine zweite Führungsebene eingeführt werden?

Wie sollen die Ressortverantwortlichkeiten geschnitten werden?

Wer soll die neue Position übernehmen?

„Das war gar nicht so, dass wir die Zwischenebene eingeführt haben, sondern die Leute haben Mitarbeiter bekommen.“

Ein interessanter Ansatz, der sicherlich nur für großzügig finanzierte Wachstumsunternehmen in Betracht kommen kann, war, sich direkt zu Beginn der Gründung klar zu werden, dass die Mindestgröße des Unternehmens mehrere Hierarchieebenen erforderlich machen wird. Dieser Ansatz konnte in zwei Fallstudien beobachtet werden. Der Ansatz war dabei nicht, dass die Gründer direkt ein Team aufbauten und dann Zwischenebenen einzogen, sondern man bediente sich des Ansatzes, dass zunächst Führungskräfte rekrutiert wurden, die im Anschluss den Auftrag hatten, sich ihre Abteilung zusammenzustellen. Dadurch wurde von Beginn an an die zweite Führungsebene gedacht. Grundlage dafür ist ein klares Konzept und eine Finanzierung, die es erlaubt, auch kostenintensivere Managementpositionen frühzeitig zu besetzen.

Die Möglichkeiten mit diesem Ansatz erfolgreich zu sein, sind auch sehr gut, aber bergen natürlich ein hohes Risiko, dass man zunächst in eine teure Führungskraft investiert, die den Arbeitsauftrag nicht richtig ausführt und dann auch noch die falschen Leute einstellt.

„Vor allem braucht man am Anfang hochwertige Leute, denn die ersten Produkte entscheiden darüber, welchen Ruf man in einer Branche hat.“

Unterstützt wird diese Herangehensweise durch die Bedeutung der frühen Phase der Etablierung innerhalb einer Branche und ist dem Legitimationsgedanken von Zimmermann und Zeitz[637] verwandt. Die Herangehensweise, d.h., zunächst die späteren Führungskräfte zu rekrutieren, hat somit mehrere Vorteile, da so zum einen die Wahrnehmung in der Branche positiver ist (Qualität des Produktes) und zum anderen frühzeitig dem Unternehmen Glaubwürdigkeit und Legitimität verliehen wird. Zusätzlich wird elegant das Problem der späteren Besetzung der zweiten Ebene gelöst. Die Planung der zweiten Führungsebene von Beginn an war aber hier der Ausnahmefall. Im Folgenden soll zunächst das Beispiel zweite Führungsebene anhand der für Software- und Internetunternehmen relevanten IT- bzw. Entwicklungsabteilung aufgezeigt werden.

Zeitpunkt

„In der Technik haben wir sehr früh eine Zwischenebene eingezogen.“

Es konnte beobachtet werden, dass die Organisationsentwicklung meist zuerst in den technischen Bereichen[638], also IT, Produktentwicklung, Design, durchgeführt wurden, da dort aufgrund des Geschäftsmodells meist ein großer Bedarf an Mitarbeitern vorhanden war und diese entsprechend koordiniert werden mussten. Dieser Bereich war aber gleichzeitig der schwierigste Bereich in der Organisationsentwicklung, da die Mitarbeiter meist aus Programmierern bestanden und die Weiterentwicklung zur Führungskraft für diese Mitarbeiter immer bedeutete, dass sie selbst weniger Zeit

[637] Zimmerman und Zeitz (2002).
[638] IT-Kompetenz und kfm. Wissen sind auch lt. Kollmann, Häsel et al. (2007) die entscheidenden Anforderungen an das idealerweise heterogene Gründungsteam. Detailliert zur Softwareentwicklung in Teams vgl. Pattit und Wilemon (2005).

für Programmiertätigkeiten hatten. Dies wurde von den jeweiligen Teamleitern als Nachteil der Tätigkeit einer Führungskraft wahrgenommen und führte zu einer Unzufriedenheit mit der eigentlichen Arbeit, die aufgrund der Beförderung zunehmend aus Delegation und Koordination bestand. Eine mögliche Lösung wäre natürlich gewesen, dass man jemanden einstellt, der gerne diese Delegations- und Koordinationsaufgaben übernimmt. Als problematisch wurde dabei aber immer die fehlende Fach- und Detailkenntnis (insbesondere bei größtenteils im Unternehmen entwickelter proprietärer Software) einer solchen Koordinationsperson gesehen.

Ein weiteres Problemfeld im Unternehmen, das durch die frühe Entwicklung eines großen Technik-/Programmierbereiches entstand, war die Eignung der Mitarbeiter. Die Geschäftsführung hatte meist große Schwierigkeiten mit der Besetzung der leitenden Funktionen wie Team- oder Abteilungsleiter, da bereits bei den Auswahlkriterien kein einheitliches Bild vorgegeben wurde. Ein Merkmal für die Auswahl war häufig die Betriebszugehörigkeit. So wurden Mitarbeiter ausgewählt, weil sie bereits eine bestimmte Zeit im Unternehmen verbracht hatten und es nicht vermittelbar gewesen wäre, einen Kollegen mit kürzerer Betriebszugehörigkeit zu nehmen bzw. weil der erste Mitarbeiter unter Umständen das Unternehmen verlassen hätte. Diese Art der Auswahl konnte zwar das Auswahlproblem lösen, aber verfehlte meist die Lösung des eigentlichen Problems, nämlich eine neue Managementebene zu schaffen und dieser Verantwortung hinsichtlich der Aufgabenverteilung zu geben.

Eindeutig besser lief die Besetzung des mittleren Managements, wenn vorher eine Positionsbeschreibung mit einem klaren Aufgabenportfolio entwickelt wurde und im Anschluss dieses Aufgabenportfolio mit Fähigkeitsanforderungen an den neuen Team- bzw. Abteilungsleiter hinterlegt wurde. Die Prüfung im darauffolgenden Schritt wurde meist zunächst intern vorgenommen. Auch hier gab es dann teilweise Zugeständnisse hinsichtlich einer internen Lösung, die fast immer einer externen präferiert wurde, da die bereits vorhandenen Kenntnisse über das Unternehmen als sehr wichtig eingeschätzt wurden und man wenig Einarbeitungszeit in Kauf nehmen wollte. D.h., obwohl es ein Anforderungsprofil gab, wurde die interne Lösung mit Zugeständnissen gewählt, was ebenfalls später zu Problemen führte.

„Am Anfang war es fast ausschließlich intern, mittlerweile ist es fast ausschließlich extern."

Lediglich die interne Lösung mit fast keinen Zugeständnissen hinsichtlich des Anforderungsprofils brachte sehr gute Ergebnisse. Die externe Suche, teilweise unter Einbeziehung von Personalberatern, führte überwiegend zu zufriedenstellenden Ergebnissen. Zu beachten war hierbei, dass oftmals Kulturunterschiede auftraten, wenn die Mittelmanager zuvor in festen Konzernstrukturen eingebunden waren und dann diese eins zu eins auf die Gründungs- und Wachstumsunternehmen übertragen wollten.

Gerade in Technikbereichen waren die Konsequenzen suboptimaler Lösungen meist sehr drastisch. Aufgrund der fehlenden Auswahlkriterien wurden meistens die besten Mitarbeiter, also Fachkräfte, als vermeintliche Führungskräfte ausgewählt. Die fehlende Eignung als Führungskraft führte dann zu Unzufriedenheit auf Seiten der Mitarbeiter, des Mittelmanagers und der Geschäftsleitung. Ein weiteres Verbleiben in der Position wurde meist ausgeschlossen. Die Frage war dann immer, was passiert jetzt mit dem ehemaligen Mittelmanager. In den meisten Fällen haben diese dann das Unternehmen verlassen. Dies war aber für das Unternehmen eine eindeutige Verschlechterung der Situation im Vergleich zum Status vor der Beförderung, da man somit den besten Mitarbeiter zunächst zur Führungskraft gemacht und anschließend verloren hatte. Dieses Problem ist auch in der Literatur bekannt und wird „Peter Principle Effect"[639] genannt. Durch eine Auswahl gemäß dem Anforderungskatalog hätte dieser Schritt vermieden werden können. Zusätzlich führte dies zu einer negativen Wahrnehmung bei allen weiteren Mitarbeitern, was die Karriereentwicklung im Unternehmen anbelangt, weil die Mitarbeiter am Beispiel eines Kollegen gesehen hatten, dass die Beförderung zeitversetzt zum Verlassen des Unternehmens geführt hat und weil meist danach keine interne, sondern eine externe Lösung gesucht wurde.

Der Verlust eines guten Mitarbeiters war auch deshalb so problematisch für das Unternehmen, da nahezu alle Gesprächspartner bei der Neueinstellung von Personal passende Kandidaten nicht schnell genug fanden. Dies lag nach Auskunft der Gesprächspartner vor allem an einem konstatierten Mangel an geeigneten Personen auf dem Arbeitsmarkt. Eine weitere - nicht geäußerte Möglichkeit - ist aber auch, dass die Gründungs- und Wachstumsunternehmen noch nicht über die notwendige Reputation am Arbeitsmarkt verfügen. Für die Wertsteigerung des individuellen Lebenslaufes kann daher die Beschäftigung in einem (noch) unbekannten Unternehmen für Arbeitnehmer von eher geringerer Attraktivität sein.

Der Zeitpunkt der Einführung der zweiten Führungsebene ist für Gründungsunternehmen eine große Herausforderung. Häufig lässt sich nur das Symptom, nämlich die zu hohe Auslastung der jeweiligen Führungskraft, sollte die Effizienz und Effektivität bei den Mitarbeitern fehlen, da diese auf Entscheidungen warten müssen, beobachten. Vermieden werden kann dies durch proaktive Gestaltung der Organisation und vor allem durch eine prospektive Betrachtung der kommenden Organisationsbedürfnisse. In einem Unternehmen wurde parallel zur regelmäßigen Überprüfung der Strategie ebenfalls eine Vorausschau auf die organisatorischen Fragestellungen abgehalten. Damit konnten bereits vor dem Eintreten evtl. Krisen aufgrund eines weiteren Mitarbeiterwachstums Probleme in einzelnen Abteilungen betrachtet und dann vor dem Eintreten durch neuen Zuschnitt der Abteilungen oder der Einführung einer zusätzlichen Ebene vermieden werden.

Der Grund, warum sich die zweite Führungsebene besonders schnell in der Technik herausbildete, liegt sicher an der Branche und ist damit verbunden, dass viele Mitarbeiter zwangsläufig in diesem Bereich beschäftigt werden müssen. Zusätzlich kann dies auch durch die Kompetenzverteilung in den Gründungsteams begründet werden. Wenn es Teams mit wenig eigener Technikkompetenz gibt, werden automatisch für diesen Bereich eher und mehr auch leitende Angestellte benötigt und beschäftigt. Zusätzlich war zu beobachten, dass Teamleiter durch eine zunehmende Spezialisierung in den einzelnen Abteilungen herausgebildet wurden.

Ressortzuordnungen

Eine Frage, die in der IT-Abteilung erst ab der dritten Ebene anfällt, stellt sich auf Unternehmensebene wesentlich früher, nämlich die Frage des Ressortzuschnitts.

[639] Fabel, Hilgers et al. (2001), S. 191.

Dazu gehört die Frage, welche Abteilungen man braucht und wie man diese voneinander abgrenzt.

„Was sind überhaupt disjunkte Mengen, die man schneiden kann?“

Bei der Zuteilung der Abteilungen haben sich die Gründungsunternehmen sehr schwer getan und meist sehr lang die am Anfang zwischen den Gründern getroffene funktionale Arbeitsteilung beibehalten. Die Abteilungsentstehung war daher auch eng mit der ursprünglichen Kompetenz- und Ressortverteilung unter den Gründern verbunden. Hierzu gibt es weitere Details (bspw. Art der Managementmodi und Auswirkungen auf die Hierarchiegestaltung) im Bereich Verwendung des Organigramms.

Auswahlkriterien für die Besetzung von Führungspositionen

Zielführend war vor allem der Ansatz mit klaren formellen Kriterien, die insbesondere die Managementfähigkeiten beinhalteten. Hinsichtlich der Auswahl eines geeigneten Kandidaten war dann auch die Kommunikation mit Mitarbeitern, die sich selbst Hoffnung auf diese Position gemacht hatten, einfacher. Das klärende Gespräch während der Findungsphase konnte insbesondere Mitarbeitern, die schon längere Zeit im Unternehmen waren, verdeutlichen, warum sie nicht ausgewählt wurden. Dies war vor allem aufgrund der Transparenz des Prozesses durch die aufgestellten Kriterien möglich. Nichts desto trotz war es wichtig, den Mitarbeitern ein berufliches Fortkommen zu ermöglichen, das sich nicht zwangsläufig im Organigramm widerspiegeln musste, durch die Möglichkeit einer Fach- statt einer Linienkarriere im Unternehmen.

Die oben erwähnten ersten kleineren Teambildungen sollten in den Fallstudienunternehmen auch als Testreihen zur Evaluation interner Kandidaten betrachtet werden, da so überprüft werden kann, ob derjenige auch ein kleines Team ohne die formale Autorität leiten kann. Dies soll vor allem die Sicherheit der Entscheidung erhöhen, da man so den Mitarbeiter bereits testen kann, wobei natürlich auch die begrenzte Aufmerksamkeit der Gründer mit in Betracht gezogen werden sollte, da diese natürlich nicht alles genau beobachten können.

„Die richtigen Mitarbeiter an Bord zu bekommen war unsere größte Herausforderung. Das ist v.a. die Auswahl. Man hat eine bestimmte Größe und möchte immer die besten Leute bekommen. Aber wie bekommt man die besten Leute zu einer kleinen Firma, die nicht in der Lage ist, diese Spitzengehälter zu bezahlen?“

Hinsichtlich der Kriterien sollte Betriebszugehörigkeit eher untergewichtet werden und es sollte daran gedacht werden, dass ein klärendes Gespräch mit Mitarbeitern, die eine Beförderung aufgrund der Zeit im Unternehmen erwarten, zwar auch unangenehm sein kann, aber die bessere Alternative zu dem oben beschriebenen Problem ist. Wichtig ist vor allem, dass der neue Leiter die notwendige Fachkompetenz besitzt, die Stelle adäquat auszufüllen und dass er die Fähigkeit hat, sich als Führungskraft zu erweisen.

„Man braucht Disziplin beim Einstellen, wenn jemand nicht wirklich top ist, dann lieber warten.“

Das Zitat beschreibt das Dilemma vieler Wachstumsunternehmen sehr gut, denn häufig gibt es offene Positionen, die möglichst zeitnah besetzt werden müssen, aber die Kandidatensuche erweist sich als sehr schwierig. Die Unternehmen im Sample sind beide Wege gegangen, zum einen haben sie gewartet und die Stelle dann wirklich unbesetzt gelassen, auf der anderen Seite haben sich andere Unternehmen dann dafür entschieden, Personen einzustellen, die sie bei einer strikten Durchsetzung des Anforderungskataloges nicht eingestellt hätten. Meist konnte die Stelle dann auch zunächst abgedeckt werden, aber mittelfristig hat sich in diesen Bereichen dann immer Handlungsbedarf ergeben, was zeigte, dass das Einstellen von nicht ausreichend qualifizierten Mitarbeitern kurzfristig helfen konnte, aber spätestens mittelfristig zu Problemen führte.

4.5.3 Verwendung des Organigramms

Interessant war die Auswertung der Organigrammübersichten. Für jede Fallstudie wurden vier unterschiedliche Organigramme vorbereitet. Die Darstellungen orientieren sich an dem Phasenmodell von Churchill und Lewis[640] und bilden jeweils die Or-

[640] Churchill und Lewis (1983).

ganisationsausgestaltungen mit den unterschiedlichen Managementmodi (siehe Abbildung 26): direct supervision (oben links), supervised supervision (oben rechts), functional (unten links) und divisional (unten rechts). Es wurde zunächst nach der aktuellen Ausprägung der Organisation gefragt. Anschließend wurde gefragt, inwiefern sich dies im Zeitverlauf geändert hat. Allen Teilnehmern wurde ebenfalls die Möglichkeit gegeben, eine eigene Darstellung zu wählen.

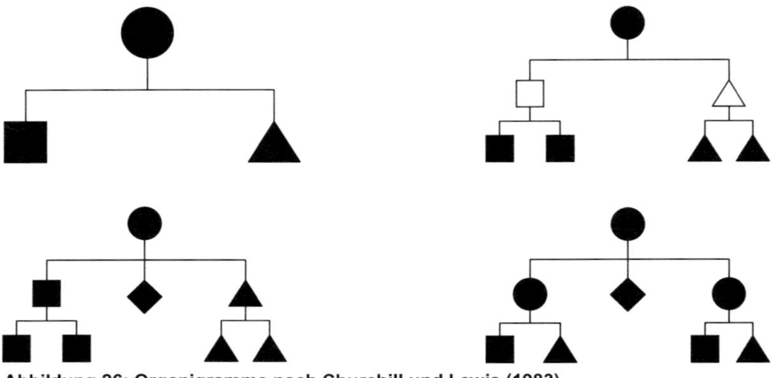

Abbildung 26: Organigramme nach Churchill und Lewis (1983)

Hier zeigte sich sehr deutlich, wie vertraut die Befragten mit der eigenen Organisation waren und über welche Bereiche sie sich innerhalb der Organisation bereits Gedanken gemacht haben. Zusätzlich wurde direkt die Einstellung der Gesprächspartner zum Organigramm an sich offensichtlich.

> *„Das haben wir auch intern genutzt und es kommuniziert, damit jeder versteht, wer sein Chef ist, weil, wenn Du hier 50 Leute einstellst innerhalb von drei Monaten, dann finden das alle lustig und dann steht mal einer an der Kaffeemaschine und fragt mich [Gründer], wer ich denn sei."*

Ein weiterer Aspekt der Diskussion war die Nutzung und Kommunikation des Organigramms. Die Verwendung reicht vom „reinem Schaubild in der Präsentation für die externen Eigenkapitalgeber" bis hin zur Veröffentlichung im unternehmensinternen Intranet mit der Aufforderung, dass es für jeden Mitarbeiter wichtig sei, seine Ansprechpartner zu kennen. Selbstverständlich gab es auch Abstufungen, so wurden beispielsweise ein paar Organigramme nur an Führungsmitarbeiter kommuniziert.[641]

„Wenn man Hierarchien hat, dann muss man sie auch leben. Eine Hierarchie muss man entweder leben oder abschaffen. Etwas anderes kann man nicht machen. Wir sind keine Freunde von Hierarchien, aber man braucht sie halt."

Die Auswertung der Organigramme zeigte eine Korrelation zur Größe, das heißt, umso größer eine Organisation, desto feiner ausdefiniert war auch das Organigramm. Das Gleiche zeigte sich in der inhaltlichen Aufteilung, da dort zu erkennen war, dass die Abteilungsbildung mit zunehmender Größe feiner justiert war und auch besser nachgehalten wurde. Insbesondere wenn Fremdmanager[642] dazu kamen, wurden die Abteilungen und ihre Zuständigkeiten genauer definiert und stärker voneinander abgegrenzt. Für diesen Prozess wurden teilweise auch externe Organisationsberater genutzt. Die Notwendigkeit zeigte sich in einem Fall besonders deutlich, als sich die Abteilungsleiter zur Einleitung mit dem Satz „Meine Aufgabe ist..." kurz vorstellen sollten.

„Diesen Satz für eine Person zu formulieren dauerte vier Stunden."

Organisationsberater waren sehr hilfreich in vor allem zwei Bereichen. Zum einen bei der Beschreibung der Aufgaben einer Abteilung, d.h. der Klärung der Zuständigkeiten und Obliegenheiten innerhalb einer Abteilung. Zum anderen waren sie von Nutzen, nachdem der erste Teil erfolgt war und es um die Abstimmung von Prozessen zwischen den einzelnen Abteilungen ging, denn historisch und vor allem sehr schnell gewachsene Strukturen führten nicht immer zu einer optimalen Verteilung der Aufgaben.

4.5.4 Job-Titel

Die Einführung und die Vergabe von Job-Titeln führte meist dazu, dass eine weitere Entwicklung weg von der Team- / Gründerorganisation festgestellt wurde. Dies ge-

[641] „Wer draufsteht, der kennt es und hat eines."
[642] Konzernerfahrung war ein zusätzlich verstärkendes Element in diesem Fall, das aber auch für die Gründer galt.

schah insbesondere, da Job-Titel mit der Entstehung von Strukturen gleichgesetzt werden, deren Abwesenheit in jungen Stadien bei überschaubarer Unternehmensgröße mit starker Produktivität assoziiert werden, denn „damals konnte man auch ohne formale Strukturen erfolgreich arbeiten.“

Die Entstehung von Strukturen wird auch als Einengung der Kreativität gesehen und eher mit Konzernunternehmen assoziiert. Es scheint eine emotionale Ablehnung gegenüber Job-Titeln aufgrund der guten Erfahrungen der Anfangszeit zu geben, aber es zeigte sich meist eine Einsicht in die Notwendigkeit. Oftmals wurde auch möglichst früh mit der Herausbildung von Strukturen begonnen, um dann später keine Wachstumshindernisse zu haben.[643] Dies war auch der erfolgreiche Weg. Unternehmen ohne Organigramm und ohne klare Zuständigkeiten bekamen immer ab einem bestimmten Zeitpunkt Wachstumsprobleme, die auf fehlende Strukturen oder die Abwesenheit eindeutiger Prozessdefinitionen zurückzuführen waren. Dies war insbesondere nach starken Wachstumsphasen ohne vorherige Anpassung der Strukturen der Fall. Erfolgreich gestaltet wurde dies vor allem von den Unternehmen, die sich vorzeitig Gedanken über die kommenden Wachstumsphasen gemacht hatten. Hier wurde proaktiv versucht, die Mitarbeiterentwicklung für die Zukunft zu schätzen und daraus wurden Handlungsaufträge in Form von Strukturanpassungen für die Gegenwart abgeleitet. Genau diese Anpassungen, nicht nur in struktureller Hinsicht, sondern vor allem im Hinblick auf die Auswahl der Leitung, wurden dann zeitnah durchgeführt, so dass kritische Wachstumsschwellen antizipiert und in der Struktur ex ante berücksichtigt wurden. Diese Ergebnisse stehen im Einklang mit Albach, Bock et al.[644]

Gemeinsam war den meisten Unternehmen, dass bereits die evtl. Einführung von Job-Titeln starke Diskussionen hervorrief. Das Spektrum der Empfehlungen war auch sehr breit, denn es reicht von dem Rat, diese möglichst spät einzuführen, um die Kreativität und Zusammenarbeit nicht einzuschränken, bis hin zu dem Hinweis, diese möglichst früh, aber mit System einzuführen. Nicht zielführend war in allen Unternehmen die Variante, dass in einem frühen Entwicklungsstadium eine arbiträre

[643] Hierbei ist anzumerken, dass natürlich auch eine zu starke Einschränkung der Kreativität und der Reaktionsgeschwindigkeit eines Unternehmens durch starre Strukturen eintreten kann, aber diese Gefahr schien bei allen Unternehmen eher gering.
[644] Albach, Bock et al. (1985).

Titelvergabe praktiziert wurde. Dies führte dazu, dass die einzelnen Mitarbeiter meist sehr wohlklingende Titel hatten, aber dies im späteren Wachstumsprozeß problematisch wurde, da ein lieb gewordener Titel nicht wieder zurückgegeben werden wollte und es keine einheitliche Verwendung bestimmter Bezeichnungen gab. Zusätzlich waren die Titel meist so gewählt, dass eine Steigerung nur noch schwer möglich war. Verglichen mit der Größe des Unternehmens und der wirklichen Position des Mitarbeiters lag teilweise eine große Diskrepanz zum Job-Titel vor.

Falls Job-Titel nicht vorhanden waren, gaben teilweise Wirtschaftsprüfungsgesellschaften den Anstoß zur Einführung von Job-Titeln und damit mittelbar auch wieder der Eigenkapitalgeber, denn sie beauftragten Wirtschaftsprüfer zur Erstellung von testierten Jahresabschlüssen.[645]

4.5.5 Kommunikationsregeln

Kommunikationsregeln entstehen mit zunehmender Größe des Unternehmens. Gerade kleinere Unternehmen haben viel direkte und persönliche Kommunikation und keine fest etablierten Regeln für die Kommunikation untereinander. Dies wird mit zunehmender Unternehmensgröße allerdings sehr problematisch. Dafür gibt es mehrere Gründe: Erstens die Gründer werden sehr häufig angesprochen, da sie als finaler Entscheidungsträger in der Vergangenheit galten und weiterhin als dieser gesehen werden, zweitens die Gründer und die ersten Mitarbeiter haben am Anfang als ein Team gearbeitet und die neuen Regeln der Kommunikation sind schwer durchzusetzen, drittens nicht mehr jeder ist über das komplette Geschehen im Unternehmen informiert.

> *„Das Etablieren von Regeln ist sehr schwer. Dies gilt für Kommunikationsregeln genauso wie für Entscheidungsregeln.“*

Gerade das Etablieren von Regeln ist zwar sehr schwer, aber da die Entwicklung bei steigenden Mitarbeiterzahlen mehr strukturierte Kommunikation erfordert, ist die Etablierung eine für weiteres Wachstum notwendige Bedingung.

---

[645] Natürlich kann es auch sein, dass es sich bereits um eine mittelgroße oder große GmbH handelt, deren Prüfung gesetzlich vorgeschrieben ist.

Erst kürzlich etablierte Hierarchien werden in der Praxis oft nicht eingehalten, da sich der Mitarbeiter bislang immer direkt an den Gründer gewandt hatte und die neue Führungskraft noch nicht akzeptiert ist. Dies verstärkt das vorhergehende Problem allerdings nur weiter, da so immer noch die Zeit des Gründers beansprucht wird und die neue Ebene noch nicht funktioniert. Auch fehlt es oft an markanten Übergängen, die den Mitarbeitern die Änderung verdeutlichen. Ein vielleicht trivialer Vergleich, aber nach Aussage mehrerer Interviewpartner ein hinsichtlich der Zielerreichung sehr effektiver Ansatz war die Einführung neuer Strukturen und Kommunikationsregeln direkt nach dem Umzug in größere Büroräume. Der Vorteil war, dass die Regeln leichter und schneller akzeptiert wurden, da das neue Umfeld auch eine Veränderung suggerierte.[646]

Die Änderung der Kommunikation lässt sich an der Entstehung von Besprechungen, an der nur ein Teil der Belegschaft teilnimmt, erkennen. Meetingstrukturen und erste temporäre Teamleiter sind dabei als Vorboten der Organisationsentwicklung zu betrachten. Es sind auch Anzeichen dafür, dass nicht mehr alle innerhalb des ursprünglichen Teams eingebunden werden können. Eine Situation, in der jeder mit jedem kommuniziert, ist dann nicht mehr gegeben.

Eine frühzeitige Festlegung und Standardisierung von Besprechungsrunden erleichtert die Hierarchisierung und die Einbindung in Abteilungen. In einem Unternehmen wurde dem zunehmenden Aufkommen und Ausufern von Besprechungen mit einem festen Besprechungstag entgegengewirkt. Dies hatte zur Folge, dass alle Besprechungen nur noch am letzten Tag der Woche[647] abgehalten wurden, was an den anderen Tagen eine effizientere Arbeitsgestaltung zuließ.

Aktiengesellschaften waren bei der Durchsetzung der Formalisierungen effizienter als die Gesellschaften mit beschränkter Haftung, da diese aufgrund des gesetzlich festgelegten Berichtswesens und der viel stärker ausdefinierten gesetzlichen Regelungen qua Rechtsform an eine stärkere Formalisierung gewöhnt waren. Das AktG

[646] Dies war auch immer ein Zeitpunkt, an dem der Abteilungszuschnitt überdacht werden konnte, da sich so bestimmte räumliche Notwendigkeiten für den Sitzplan ergaben. Was auch zur Steuerung der Kommunikation beigetragen hat.

[647] Es wurde zunächst der Montag als fester Termin gewählt, aber nach einer Analyse der Verteilung der Krankmeldungen über die Wochentage, wurde dieser Termin auf den Freitag gelegt, um mehr Mitarbeitern eine Teilnahme zu ermöglichen.

macht zwar keine Vorgaben hinsichtlich der Organisation, aber Vorstandssitzungen und -beschlüsse werden genauer zur Nachvollziehbarkeit durch den Aufsichtsrat dokumentiert. Die Durchsetzung der neuen Regeln war aber auch immer im Einflussbereich der Leitung. Dabei gab es vor allem bei den Gründern zwei Gruppen, die eine Gruppe wollte weiterhin in viele Entscheidungen eingebunden werden und nicht den vormals sehr intensiven Kontakt zu den Mitarbeitern verlieren, während die andere Gruppe primär darauf abstellte, sich durch die neuen Strukturen selbst überflüssig zu machen, d.h. zu delegieren und mehr Zeit für strategische Planung zu haben. Die zweite Gruppe war dabei vor allem darauf bedacht, durch die neuen Strukturen weniger selbst entscheiden zu müssen und damit auch den Übergang zu einer Managerorganisation zu begleiten.

5 Schlussbetrachtung

Für Gründungs- und Wachstumsunternehmen mit externen Eigenkapitalgebern, Business Angeln oder Venture-Capital-Gesellschaften, konnte in dieser Arbeit gezeigt werden, wie sich Leitungsstrukturen im Zeitverlauf verändern. Geprüft wurde dies für die Einflussgrößen Rechtsform, Anteilseignerstruktur und Größe in den jeweiligen Bereichen der Leitung, der Kontrolle des Unternehmens und seiner Organisationsstruktur. Die Principal-Agent-Theorie liefert dabei sehr gute Erklärungen für die Entstehung von Leitungsstrukturen in Gründungs- und Wachstumsunternehmen. Dies gilt dabei sowohl für die Ausgestaltung der Kontrolle bei einem Auseinanderfallen von Leitung und Anteilseigentum, als auch für die Ausgestaltung der Organisationsstruktur in einem Unternehmen.

5.1 Zusammenfassung

In Kapitel 1 wurden die Problemstellung und Zielsetzung der Arbeit erläutert. Das theoretische Fundament dieser Arbeit bildet die Principal-Agent-Theorie. Im wesentlichen entstehen zwei Arten von Principal-Agent-Beziehungen in Gründungs- und Wachstumsunternehmen. Durch die Beteiligung von externen Eigenkapitalgebern kommt es zum Auseinanderfallen von Leitung und Anteilseigentum. Zusätzlich kommt es innerhalb der Organisationsstruktur durch die zunehmende Größe zu Principal-Agent-Beziehungen. Ziel der Arbeit war es, die entstehenden Leitungsstrukturen im Zeitverlauf zu erklären. Zusätzlich wurde die Arbeit in den theoretischen Kontext eingebettet und es wurden einzelne thematisch ähnliche Arbeiten kurz konkret vorgestellt. Die vorgestellten Arbeiten waren thematisch in angrenzenden Bereichen und behandelten Themen wie: Die Anpassung der Corporate Governance an die Größe[648], die Corporate Governance von Portfoliounternehmen von Venture-Capital-Gesellschaften[649], vergleichbare Situationen in Familienunternehmen[650] und die Entstehung der Aufbauorganisation in Gründungsunternehmen[651]. Abschließend wurde der Aufbau der Arbeit anhand der Kapitelstruktur erläutert.

648 Staud (2009).
649 Ruppen (2002).
650 Vgl. Schulze, Lubatkin et al. (2001) und Gomez-Mejia, Nuñez-Nickel et al. (2001).
651 Manstedten (1996) und Stern (2003).

Die theoretischen Grundlagen der Arbeit wurden in Kapitel 2 dargelegt. Zunächst wurden die verwendeten Begriffe (Leitungsstrukturen, Leitung, Kontrolle und Organisationsstruktur) vorgestellt. Darauf folgte eine detaillierte Erklärung der Principal-Agent-Theorie hinsichtlich ihrer Annahmen und Begrenzungen in der Anwendbarkeit bzw. Operationalisierung in Forschungsfragen. Die Interessenkonflikte zwischen Anteilseigner und der Unternehmensleitung und zwischen der Unternehmensleitung und den Mitarbeitern wurden als kaskadierende Principal-Agent-Beziehungen bezeichnet. Die jeweiligen Lösungsansätze (Signaling, Screening, Contracting und Monitoring) wurden dann allgemein wiedergegeben und für Gründungs- und Wachstumsunternehmen in den relevanten Kontext gesetzt. Da Familienunternehmen insbesondere in der Leitung[652] Gründungs- und Wachstumsunternehmen sehr ähnlich sind, wurden vergleichbare Ansätze aus Familienunternehmen und eine konkurrierende/ergänzende Theorie (Stewardship-Theorie), der besondere Bedeutung im Bereich von Familienunternehmen zukommt, vorgestellt. Um der Veränderung im Zeitverlauf gerecht zu werden, wurden Modelle zur Unternehmensentwicklung dargestellt: Ein allgemeines – nicht auf empirischen Daten basierendes – Modell[653] und quasi eine Lupe für die Krisenphasen[654] sowie Modelle für Gründungs- und Wachstumsunternehmen[655]. Zusätzlich wurde detailliert, welche Möglichkeiten der Finanzierung Gründungs- und Wachstumsunternehmen zur Verfügung stehen und warum sich diese Untersuchung auf schnellwachsende Gründungs- und Wachstumsunternehmen mit Eigenkapitalfinanzierung fokussiert – und zwar nicht nur aufgrund der Entstehung der Trennung von Leitung und Anteilseigentum, sondern vor allem auch, weil die Investition einer Venture-Capital-Gesellschaft aufgrund der hohen Renditeerwartung gleichbedeutend mit einer eindeutigen Aussage über das Portfoliounternehmen ist, nämlich dass es eine klare Wachstumsabsicht hat.

Kapitel 3 diente – aufbauend auf den theoretischen Grundlagen aus dem vorangegangen Kapitel – der Propositionbildung für die Haupteinflussfaktoren: Rechtsform, Anteilseignerstruktur und Größe des Unternehmens. Zusätzlich wurde im Abschnitt zur Rechtsform begründet, warum in der Untersuchung eine Einschränkung zuguns-

[652] Häufig sind Familienmitglieder in der Leitung eines Familienunternehmens gleichzeitig Anteilseigner, Gleiches trifft auf Gründer in Gründungs- und Wachstumsunternehmen zu.
[653] Greiner (1972).
[654] Krystek (1980).
[655] Timmons und Spinelli (2006), Churchill und Lewis (1983) und Stern (2003).

ten von Kapitalgesellschaften vorgenommen wurde und es wurde der Stand der gesetzlichen Rahmenbedingungen dokumentiert. Für die Bereiche Leitung, Kontrolle und Organisationsstruktur wurden theoriegeleitet insgesamt 20 Propositions für jeden der drei Haupteinflussfaktoren aufgestellt, die anschließend in Kapitel 4 überprüft wurden.

Es konnte in Kapitel 4 gezeigt werden, dass die drei beschriebenen Haupteinflussfaktoren, Rechtsform, Anteilseignerstruktur und die Größe des Unternehmens, einen Einfluss auf die Leitung und Kontrolle von Gründungs- und Wachstumsunternehmen haben. In der beschriebenen Art und Weise tragen diese Faktoren zur Professionalisierung des Unternehmens bei. Grundlage waren Fallstudieninterviews mit Gründern und Fremdgeschäftsführern von 14 Gründungs- und Wachstumsunternehmen in Deutschland. Die in Kapitel 3 aufgestellten Propositions wurden entweder übernommen oder – die Erkenntnisse aus den Fallstudien nutzend – modifiziert. Außerdem konnte gezeigt werden, dass diese Faktoren und ihre unterschiedlichen Ausprägungen besonders in bestimmten Phasen der Unternehmensentwicklung relevant sind. Weiterhin konnten zusätzliche Ergebnisse aus den Fallstudien über die Bewertung der Propositions hinaus festgehalten werden, dies gilt insbesondere für die Gestaltung der Anreizfunktion für Mitarbeiter außerhalb der Aufbauorganisation.

Der Hauptbeitrag dieser Arbeit ist die Anwendung der Principal-Agent-Theorie auf die kaskadierenden Principal-Agent-Beziehungen in schnellwachsenden Gründungs- und Wachstumsunternehmen und vor allem deren Beschreibung und die sich ändernden Anforderungen an die Leitungsstrukturen im Zeitverlauf. Unterschiedliche vorgestellte Arbeiten erfassen jeweils Einzelaspekte dieses Themas. Zusätzlich wurde hier aber insbesondere auf Details bei Eigenkapital-finanzierten Gründungs- und Wachstumsunternehmen eingegangen, da dort auch die Entwicklung sich besonders schnell vollzieht[656].

---

[656] Vergleichbar ist die in Kapitel 2 gewählte Analogie mit der höheren Steigung der Geraden im Greiner-Modell.

5.2 Kritische Würdigung und Implikationen für Theorie und Praxis

Aufbauend auf den Ergebnissen von Stern[657] konnten in dieser Arbeit vor allem Erkenntnisse über Unternehmen mit einer substantiellen externen Eigenkapitalfinanzierung gewonnen werden. Dies ist vor allem in Zusammenhang mit der von Hellmann und Puri festgestellten Professionalisierung von Unternehmen mit einer Venture Capital-Finanzierung zu sehen.[658] Im Vergleich zu der Studie von Ruppen konnte hier die Ausgestaltung von Leitungsstrukturen bei Gründungs- und Wachstumsunternehmen zum einen um den Bereich der Aufbauorganisation ergänzt werden und zum anderen wurde der Bereich nicht nur für das Durchschnittsunternehmen einer Venture-Capital-Gesellschaft betrachtet, sondern es wurden konkrete einzelne Fallstudien und deren Entwicklung im Zeitverlauf betrachtet.

Für Beirat/Aufsichtsrat der Gründungs- und Wachstumsunternehmen konnten klare Phasen in Abhängigkeit zur Rechtsform aufgezeigt werden. Wurde ein Unternehmen direkt als Aktiengesellschaft gegründet, dann waren die Aufsichtsratsvertreter am Anfang zunächst Familienmitglieder oder Freunde der Gründer und die Hauptaufgabe war zunächst, die gesetzlichen Anforderungen zu erfüllen. Eine wirkliche Überwachung, wie vom AktG gefordert, fand meist nicht statt. Wurden Unternehmen als GmbH gegründet, dann wurde ein Beirat primär mit dem Ziel, dem Unternehmen zusätzliche Legitimität zu verschaffen, gegründet. Dies erfolgte vor allem dadurch, dass namhafte Persönlichkeiten in den Beirat berufen wurden. Nach dem Eintritt eines externen Eigenkapitalgebers wurde, falls noch kein Beirat vorhanden war, dieser gegründet bzw. die Zusammensetzung wurde geändert, denn der neue Anteilseigner beanspruchte eine Vertretung im Beirat/Aufsichtsrat. Zusätzlich änderte sich die Aufgabe, denn der Beirat/Aufsichtsrat wurde im Nachgang der Beteiligung vor allem zum Monitoring benutzt. Diese Ergebnisse für Gründungs- und Wachstumsunternehmen sind damit auch konsistent mit den Ergebnissen von Staud, die zeigen konnte, dass Unternehmen, bei denen die geschäftsführenden Gesellschafter einen hohen Anteil am Eigenkapital halten, dazu neigen, keinen Beirat einzurichten bzw. dieser nur beratende Funktion hat.[659] Dies ist auch übereinstimmend mit der Aussage von Grundei und Talaulicar in Bezug auf die Funktionen von Beiräten/Aufsichtsräten. Denn diese

[657] Stern (2003).
[658] Hellmann und Puri (2002b).
[659] Staud (2009), S. 182-189.

werden gerade am Anfang den Kontrollaspekt vernachlässigen und bei freiwillig eingerichteten Beiräten werden andere Aspekte als Managementkontrolle im Vordergrund stehen.[660]

Hinsichtlich der Dokumentation und Anpassung der Organisationsstruktur konnte eindeutig festgestellt werden, dass diese durch die externen Eigenkapitalgeber vorangetrieben wurden und einen positiven Effekt auf die Entwicklung der Organisation hatten. Ein Problem der Lebenszyklusmodelle ist die vorgegeben zeitliche Abfolge der einzelnen Phasen. Viele der beschriebenen Probleme treten auch auf, aber es muss nicht zwangsläufig in der gegebenen Reihenfolge ablaufen. Für Gründungs- und Wachstumsunternehmen ist aber die Kenntnis dieser Problematik sehr wichtig, denn die empirische Untersuchung hat gezeigt, dass die Probleme auftreten und dass sie der Aufmerksamkeit des Managements bedürfen.

Hinsichtlich der Entwicklung der Zusammensetzung des Beirats/Aufsichtsrats konnte sehr gut gezeigt werden, dass bei der Gründung einer Aktiengesellschaft zum Zeitpunkt der Entstehung des Unternehmens die Aufgabe des Aufsichtsrats, nämlich die Kontrolle des Vorstands, nur begrenzt erfüllt wird. Wenn von Beginn an die Form der Aktiengesellschaft gewählt wurde, dann war der Aufsichtsrat mit Freunden oder Verwandten der Gründer besetzt, die lediglich formal die Kontrolle durchführten, aber meist keine wirkliche inhaltliche Kontrolle ausübten.[661]

Eine Limitation der hier getätigten Untersuchung ist sicherlich, dass die Untersuchung retrospektiv erfolgte. Die Daten[662] sind zwar auch im Nachhinein noch zu erheben, insbesondere da diese in Jahresabschlüssen dokumentiert sind, für die Rekonstruktion von Organigrammen ist dies allerdings weitaus schwieriger. Genau genommen müsste dies durch eine originäre Längsschnittanalyse überprüft werden.[663] Zusätzlich ist bei der Beschreibung des Wachstums das Problem der Größenbestimmung (Auswahl der Maßzahl) stärker zu detaillieren.

[660] Grundei und Talaulicar (2002).
[661] Damit sind die Ergebnisse auch konsistent mit Talaulicar, Grundei et al. (2001) und Grundei und Talaulicar (2002)
[662] Anzahl der Mitarbeiter, Umsatz, etc.
[663] Dies ist vor allem aufgrund der hohen „Panelsterblichkeit“ (dem Ausscheiden von Unternehmen aufgrund von Insolvenz oder weil eine Teilnahme nicht mehr erwünscht ist) problematisch.

Ein offener Punkt, der einer genaueren Analyse bedarf, ist die Einstellung von Fremdgeschäftsführern. So konnte die Ergänzung des Managements durch Fremdgeschäftsführer sehr gut gezeigt werden. Auch die Zeitpunkte der Ergänzung, nämlich in Verbindung mit Finanzierungsrunden, in Krisen bzw. nach dem Ausstieg der Risikokapitalgeber konnten aufgezeigt werden. Das Ersetzen ist aber häufig erst nach dem Verkauf der Anteile der Venture-Capital-Gesellschaft aus der Seed-Phase der Fall gewesen, daher wäre ein Forschungsprojekt, das genau diesen Bereich nach Trade Sales (denn für IPOs gibt es in diesen Fällen bereits erste Untersuchungen[664]) untersucht, denkbar.

Weiterhin konnte gezeigt werden, dass sich die Anwendung der Principal-Agent-Theorie und das Entstehen von Vertrauen zwischen den beteiligten Parteien nicht ausschließen. Entscheidender Treiber für die Herausbildung der Organisationsstruktur war in diesem Bereich vor allem die Größe der Unternehmen. Im Sinne der Principal-Agent-Theorie hat die Unternehmensleitung Aufgabenerledigung und Entscheidungskompetenz an die nachgeordneten Hierarchieebenen und die Mitarbeiter weitergeleitet. Die Entstehung der Hierarchieebenen ist dabei auch Agency-theoretisch zu erklären, da sich für den Principal immer die Frage nach der Kontrolle des Agenten stellt. Bei einer ansteigenden Anzahl an Agenten sinkt dann auch die Möglichkeit der persönlichen Kontrolle und diese wird teilweise durch die Kontrolle mittels Kennzahlen ersetzt.

Für Gründer ist zu beachten, dass sie bereits frühzeitig die Strukturerfordernisse von Eigenkapitalgebern berücksichtigen und sich möglichst auch einen wirklich kontrollierenden Beirat/Aufsichtsrat mit unabhängigen Mitgliedern zulegen, der auch seiner eigentlichen Aufgabe gerecht wird und nicht nur den gesetzlichen Anforderungen der Rechtsform Aktiengesellschaft formal genügt. Hinsichtlich der Organisationsstruktur hat es sich als sehr wichtig herausgestellt, dass das kommende Wachstum möglichst gut antizipiert und zeitnah auch in der Organisationsstruktur abgebildet wird und es nicht zu „Entscheidungsengpässen“ kommt, weil nicht rechtzeitig eine zweite Führungsebene eingezogen und die Entscheidungskompetenzen nicht adäquat delegiert werden. Wenn die Delegation erfolgt, ist aber auch zu beachten, dass dennoch ein Mindestmaß an Kontrolle erhalten bleibt.

---

[664] Vgl. Struß (2003).

Für Eigenkapitalgeber ist daher die Etablierung eines Kennzahlensystems als Reporting an den Beirat/Aufsichtsrat und die eigene Vertretung der Interessen in diesem Gremium sehr wichtig. Insbesondere regelmäßige Beirats- bzw. Aufsichtsratssitzungen steigern die Professionalität der Vorbereitung durch die Unternehmensleitung und erhöhen damit die Erfolgswirkung der Kontrolle, zum einen weil sich diese positiv auf den Unternehmenserfolg auswirkt und zum anderen weil sich so auch die Interessen der Anteilseigner viel wirksamer durchsetzen lassen.

Anhang

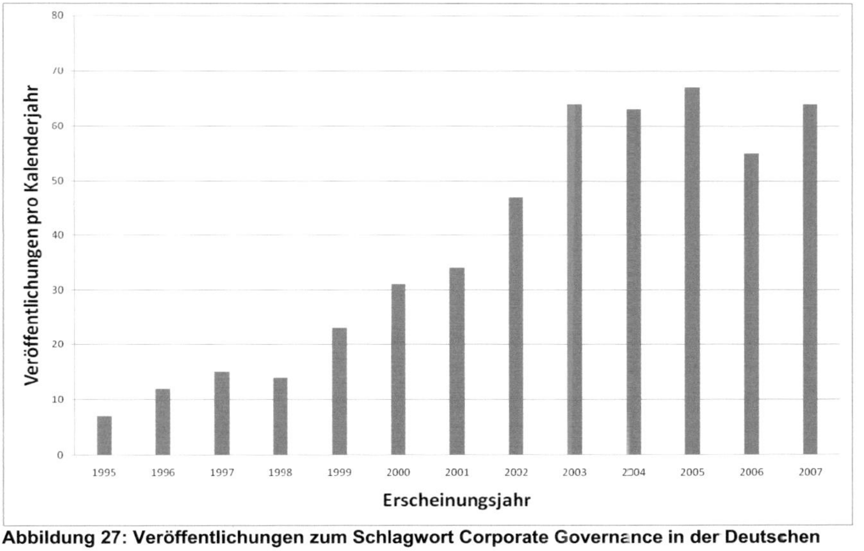

Abbildung 27: Veröffentlichungen zum Schlagwort Corporate Governance in der Deutschen Nationalbibliothek[665]

[665] Deutsche Nationalbibliothek, Suchwort Corporate Governance + Erscheinungsjahr, Suche am 21. Februar 2005 und 3. Januar 2008, Suche über „Die Digitale Bibliothek".

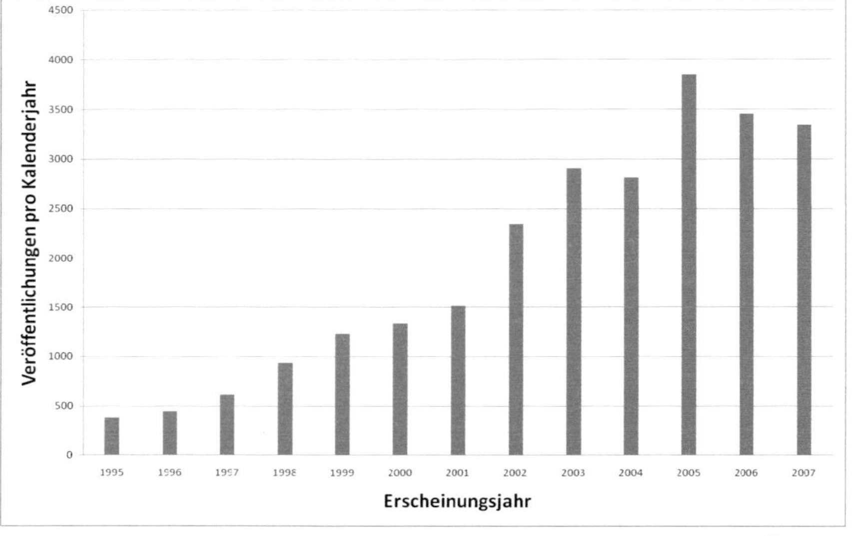

Abbildung 28: Veröffentlichungen zum Schlagwort Corporate Governance bei EBSCO[666]

[666] EBSCO-HOST Research Database, Suchwort: Corporate Governance + Erscheinungsjahr, Suche am 21. Februar 2005 und 3. Januar 2008, Suche über Internetsuche von EBSCO-HOST, EconLit und Business Source Premier.

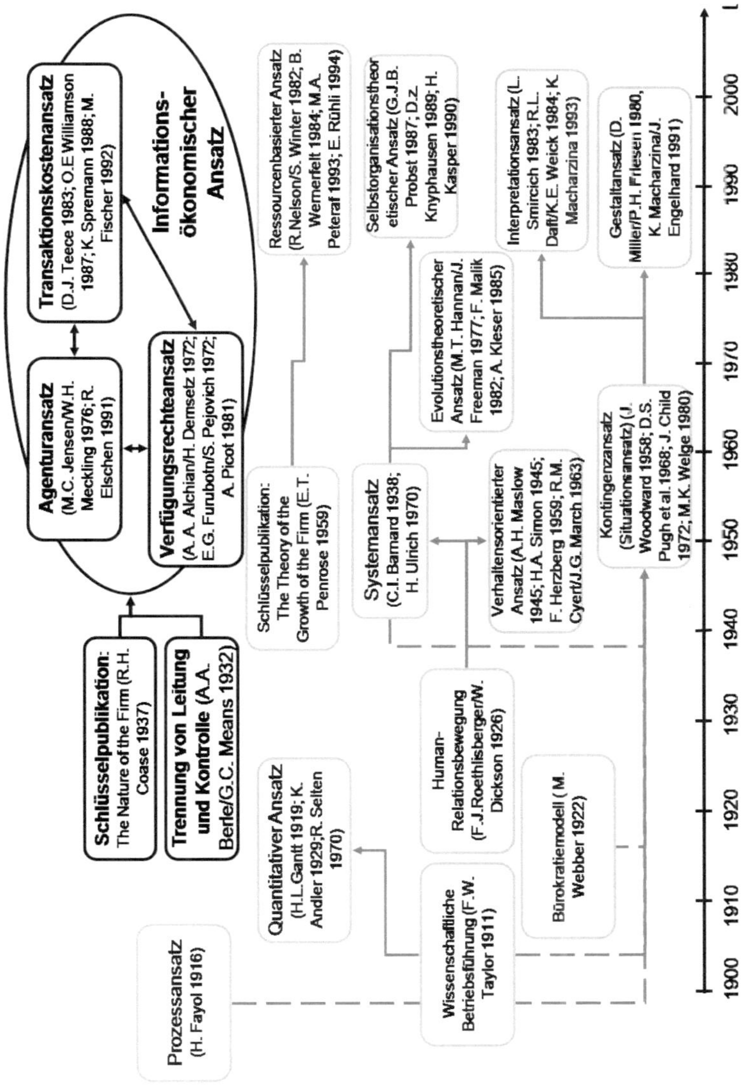

Abbildung 29: Die Principal-Agent-Theorie als Bestandteil der Neuen Institutionenökonomik (Informations-ökonomischer Ansatz) im Verhältnis zu den Theorien der Unternehmensführung nach Macharzina (2003)

Literaturverzeichnis

Achleitner, Ann-Kristin, Braun, Reiner, Schraml, Stephanie und Welter, Juliane (2009): Goal Structures in Family Firms: Empirical Evidence on the Relationship between Firm and Family Goals.

Adizes, Ichak (1989): Corporate Life Cycles: How and Why Corporations Grow and Die and What to Do About It, Engelwood Cliffs.

Aghion, Philippe und Bolton, Patrick (1992): An Incomplete Contracts Approach to Financial Contracting, in: Review of Economic Studies 59, S. 473-494.

Akerlof, George (1970): The Market of "Lemons": Quality and Uncertainty and the Market Mechanism, in: Quarterly Journal of Economics 84, S. 488-500.

Albach, Horst (1976): Kritische Wachstumsschwellen in der Unternehmung, in: Zeitschrift für Betriebswirtschaft 46, S. 683-696.

Albach, Horst (Hrsg.) (1989): Zur Theorie der Unternehmung, Heidelberg.

Albach, Horst (1993a): Die Zukunft der Betriebswirtschaftslehre in Deutschland, in: Zeitschrift für Betriebswirtschaft Ergänzungsheft(3), S. 7-25 zitiert nach Brockhoff, Klaus (Hrsg.) (2002): Geschichte der Betriebswirtschaftslehre, Wiesbaden.

Albach, Horst (1993b): Unternehmenswachstum, -stagnation und -schrumpfung, in: Wittmann, W. (Hrsg.): Handwörterbuch der Betriebswirtschaft, Stuttgart, S. 4417-4436.

Albach, Horst (1997): Gutenberg und die Zukunft der Betriebswirtschaftslehre, in: Zeitschrift für Betriebswirtschaft 67, S. 1257-1283.

Albach, Horst (2000): Allgemeine Betriebswirtschaftslehre – Einführung, Wiesbaden.

Albach, Horst (2002): Das Unternehmerische in der Theorie der Unternehmung, in: Zeitschrift für Betriebswirtschaft ZfB-Ergänzungsheft 1/2002, S. 87-98.

Albach, Horst und Albach, Renate (1989): Das Unternehmen als Institution. Rechtlicher und gesellschaftlicher Rahmen, Wiesbaden.

Albach, Horst, Bock, Kurt und Warnke, Thomas (1985): Kritische Wachstumsschwellen in der Unternehmensentwicklung, Stuttgart.

Albach, Horst, Brockhoff, Klaus, Eymann, Egbert, Jungen, Peter, Steven, Marion und Luhmer, Alfred (Hrsg.) (2000): Theory of the Firm, Heidelberg.

Albach, Horst und Held, Thomas (Hrsg.) (1984): Betriebswirtschaftslehre mittelständischer Unternehmen, Stuttgart.

Alchian, Armen A. und Demsetz, Harold (1972): Production, Information Costs, and Economic Organization, in: American Economic Review 62(5), S. 777-795.

Alsop, Stewart (2002): The Rules of Venture Capital, in: Fortune (Europe) 145(8), S. 30.

Amit, Raphael, Glosten, Lawrence und Muller, Eitan (1990): Entrepreneurial Ability, Venture Investments, and Risk Sharing, in: Management Science 36(10), S. 1232-1245.

Anderson, Ronald C., Mansi, Sattar A. und Reeb, David M. (2003): Founding-Family Ownership and the Agency Cost of Debt, in: Journal of Financial Economics 68(2), S. 263-285.

Ang, James S., Cole, Rebel A. und Lin, James W. (2000): Agency costs and ownership structure, in: Journal of Finance 55(1), S. 81-106.

Aoki, Masahiko (2000): Information and Governance in the Silicon Valley Model, in: Vives, X. (Hrsg.): Corporate Governance – Theoretical and Empirical Perspectives, Madrid, S. 169-195.

Arrow, Kenneth J. (1968): Optimal Capacity Policy with irreversible Investment, in: Wolfe, J. N. (Hrsg.): Value, Capital and Growth, Edinburgh.

Arthurs, Jonathan D. und Busenitz, Lowell W. (2003): The Boundaries and Limitations of Agency Theory and Stewardship Theory in the Venture Capitalist/Entrepreneur Relationship, in: Entrepreneurship: Theory & Practice 28(2), S. 145-162.

Audretsch, David B. und Lehmann, Erik E. (2004): Financing High-Tech Growth: The role of banks and Venture Capitalists, in: Schmalenbach Business Review 56(4), S. 340-357.

Audretsch, David B. und Tamvada, Jagannadha Pawan (2008): The Distribution of Firm Start-Up Size Across Geographic Space, C.E.P.R. Discussion Papers: 6846.

Baack, Clemens und Thielmann, Heinz (2000): Spin-Offs aus der Forschung, in: Picot, A. und Doeblin, S. (Hrsg.): eCompanies – gründen, wachsen, ernten, Heidelberg.

Backes-Gellner, Uschi und Werner, Arndt (2007): Entrepreneurial Signaling via Education: A Success Factor in Innovative Start-Ups, in: Small Business Economics 29(1-2), S. 173-190.

Backes-Gellner, Uschi und Wolff, Brigitta (2001): Personalmanagement, in: Jost, P. J. (Hrsg.): Die Prinzipal-Agenten-Theorie in der Betriebswirtschaftslehre Stuttgart.

Bamberg, Günter und Spremann, Klaus (Hrsg.) (1987): Agency Theory, Information, and Incentives, Berlin.

Barney, J.B., Busenitz, Lowell W., Fiet, James O. und Moesel, Douglas O. (1994): The Relationship Between Venture Capitalists and Managers in New Firms: Determinants of Contractual Covenants, in: Managerial Finance 20(1), S. 19-30.

Berghe, L.A.A. van den und Carchon, Steven (2003): Agency Relations within the Family Business System: an exploratory approach, in: Corporate Governance: An International Review 11(3), S. 9.

Berghe, L.A.A. van den und Levrau, Abigail (2002): The Role of the Venture Capitalist as Monitor of the Company: a corporate governance perspective, in: Corporate Governance: An International Review 10(3), S. 124-134.

Bergiel, Erich B. , Chrisman, James J. und Chua, Jess H. (2004): Transition To Professional Management: An Agency Theoretic Comparison Of Decentralization In Family And Non-Family Firms, in: Working Paper.

Berle, Adolf. A. und Means, Gardiner C. (1932): The Modern Corporation and Private Property, Buffalo.

Bernhardt, Wolfgang und Witt, Peter (1999): Unternehmensleitung im Spannungsfeld zwischen Ressortverteilung und Gesamtverantwortung. (With English summary.), in: Zeitschrift für Betriebswirtschaft 69(8), S. 825-845.

Betsch, Oskar, Groh, Alexander P. und Schmidt, Kay (2000): Gründungs- und Wachstumsfinanzierung innovativer Unternehmen, München.

Bhattacharya, Utpal und Ravikumar, B. (2004): From Cronies to Professionals: The Evolution of Family Firms, in: Working Paper.

Bhidé, Amar V. (2000): The Origin and Evolution of New Businesses, Oxford.

Blum, Norman (2006): Spin-offs in strategischen Unternehmensnetzwerken. Ein alternativer Weg zur Existenzgründung, Wiesbaden.

Boehmer, Ekkehard (2001): Germany, in: Gugler, K. (Hrsg.): Corporate Governance and Economic Performance, Oxford, S. 96-120.

Böhler, Christian (2004): Corporate Governance und externe Berichterstattung in Venture-Capital-Gesellschaften, Bern.

Bolton, Ruth N. (1991): An Exploratory Investigation Of Questionnaire Pretesting With Verbal Protocol Analysis, in: Advances in Consumer Research 18(1), S. 558-565.

Bolton, Ruth N. und Bronkhorst, Tina M. (1991): Quantitative Analyses of Depth Interviews, in: Psychology & Marketing 8(4), S. 275-297.

Brachtendorf, German (2004): Gestaffelte Finanzierung junger Unternehmen – Eine empirische Untersuchung in Deutschland, Wiesbaden.

Brachtendorf, German und Witt, Peter (2004): Gründungsfinanzierung und optimale Kassenhaltung. (Entrepreneurial Finance and Optimal Cash Inventories. With English summary.), in: Kredit und Kapital 37(1), S. 86-116.

Brettel, Malte (2001a): Deutsche Business Angels im internationalen Vergleich, in: WHU-Forschungspapier(84).

Brettel, Malte (2001b): Entscheidungskriteren von Venture Capitalists, in: WHU-Forschungspapier(82).

Brettel, Malte (2004): Der informelle Beteiligungskapitalmarkt, Wiesbaden.

Brettel, Malte, Heinemann, Florian und Hiddemann, Tim (2006): Operatives Management als Erfolgsfaktor in jungen Wachstumsunternehmen: Die moderierende Wirkung von interner und externer Unsicherheit, in: Zeitschrift für Betriebswirtschaft(Special Issue 4), S. 1-44.

Brettel, Malte, Jaugey, Cyril und Rost, Cornelius (2000): Business Angels – Der informelle Beteiligungsmarkt in Deutschland, Wiesbaden.

Brettel, Malte, Rudolf, Markus und Witt, Peter (2005): Finanzierung von Wachstumsunternehmen – Grundlagen – Finanzierungsquellen – Praxisbeispiele, Wiesbaden.

Brettel, Malte, Thust, Solveig und Witt, Peter (2001): Die Beziehung zwischen VC-Gesellschaften und Start-Up-Unternehmen, in: WHU-Forschungspapier(81).

Brockhoff, Klaus (Hrsg.) (2002): Geschichte der Betriebswirtschaftslehre, Wiesbaden.

Bruce, Richard (1976): The Entrepreneurs: strategies, motivations, successes, and failures, Bedford.

Brüderl, Josef, Preisendörfer, Peter und Ziegler, Rolf (1996): Der Erfolg neugegründeter Betriebe. Eine empirische Studie zu den Chancen und Risiken von Unternehmensgründungen, Berlin.

Brush, Candida G., Manolova, Tatiana S. und Edelman, Linda F. (2008): Properties of emerging organizations: An empirical test, in: Journal of Business Venturing 23(5), S. 547-566.

Bundesjustizministerium (2008): Schwerpunkte des Gesetzes zur Modernisierung des GmbH-Rechts und zur Bekämpfung von Missbräuchen (MoMiG), http://www.bmj.bund.de/files/-/3339/Gesetz%20MoMiG.pdf, Datum des Abrufs: 16.12.2009.

Burton, Bruce, Helliar, Christine und Power, David (2004): The Role of Corporate Governance in the IPO Process: a note, in: Corporate Governance: An International Review 12(3), S. 353-360.

Busenitz, Lowell W., Fiet, James O. und Moesel, Douglas O. (2005): Signaling in Venture Capitalist-New Venture Team Funding Decisions: Does It Indicate Long-Term Venture Outcomes?, in: Entrepreneurship Theory & Practice 29(1), S. 1-12.

Cadbury, Adrian (1992): Report of the committee on the financial aspects of corporate governance, London.

Callison, William J. (2000): Venture Capital and Corporate Governance: Evolving the Limited Liability Company to Finance the Entrepreneurial Business, in: Journal of Corporation Law 26(1), S. 97-125.

Cardon, Melissa S. und Stevens, Christopher E. (2004): Managing human resources in small organizations: What do we know?, in: Human Resource Management Review 14(3), S. 295-323.

Carland, James W., Hoy, Frank, Boulton, William R. und Carland, Jo Ann C. (1984): Differentiating Entrepreneurs from Small Business Owners: A Conceptualization, in: Academy of Management Review 9(2), S. 354-359.

Casamatta, Catherine (2003): Financing and Advising: Optimal Financial Contracts with Venture Capitalists, in: Journal of Finance 58(5), S. 2059-2086.

Caspar, Christian, Días, Ana Karina und Elstrodt, Heinz-Peter (2010): The five attributes of enduring family businesses, in: McKinsey Quarterly January, S. 1-10.

Chmielewicz, Klaus (1993): Unternehmensverfassung, in: Wittmann, W. (Hrsg.): Handwörterbuch der Betriebswirtschaft, Stuttgart, S. 4399-4417.

Chrisman, James J., Chua, Jess H., Kellermanns, Franz W. und Chang, Erick P. C. (2007): Are family managers agents or stewards? An exploratory study in privately held family firms, in: Journal of Business Research 60(10), S. 1030-1038.

Chua, Jess H. , Chrisman, James J. und Sharma, Pramodita (1999): Defining the family firm by behavior, in: Entrepreneurship Theory & Practice 23(4), S. 19-39.

Chua, Jess H. , Chrisman, James J. und Sharma, Pramodita (2003): Succession and Nonsuccession Concerns of Family Firms and Agency Relationship with Nonfamily Managers, in: Family Business Review 16(2), S. 20.

Churchill, Neil C. und Lewis (1983): The Five Stages of Small Business Growth, in: Harvard Business Review 61(3), S. 30-40.

Churchill, Neil C. und Mullins, John W. (2001): How Fast Can Your Company Afford to Grow?, in: Harvard Business Review 79(5), S. 135-142.

Coase, Ronald Harry (1937): The Nature of the Firm, in: Economica 4, S. 386-405.

Coase, Ronald Harry (1998): The New Institutional Economics, in: American Economic Review 88(2), S. 72-74.

Colley, John L., Doyle, Jaqueline L., Logan, George W. und Stettinius, Wallace (2003): Corporate Governance, New York.

Collrepp, Friedrich von (2004): Handbuch Existenzgründung, Stuttgart.

Corbetta, Guido und Salvato, Carlo (2004): Self-Serving or Self-Actualizing? Models of Man and Agency Costs in Different Types of Family Firms: A Commentary on Comparing the Agency Costs of Family and Non-family Firms: Conceptual Issues and Exploratory Evidence , in: Entrepreneurship: Theory & Practice 28(4), S. 8.

Cumming, Douglas J. (2002): Contracts and Exits in Venture Capital Finance, in: Working Paper.

Daily, Catherine M. und Dalton, Dan R. (1992): Financial performance of founder-managed versus professionally managed small corporations, in: Journal of Small Business Management 30(2), S. 25-34.

Davidsson, Per (1989): Entrepreneurship – And After? A Study of Growth Willingness in Small Firms, in: Journal of Business Venturing 4(3), S. 211.

Davis, James H., Schoorman, F. David und Donaldson, Lex (1997): Toward a Stewardship Theory of Management, in: Academy of Management Review 22(1), S. 20-47.

Donaldson, Lex und Davis, James H. (1991): Stewardship Theory or Agency Theory: CEO Governance and Shareholder Returns, in: Australian Journal of Management 16(1), S. 49-64.

Drobetz, Wolfgang, Schillhofer, Andreas und Zimmermann, Heinz (2004): Ein Corporate Governance Rating für deutsche Publikumsgesellschaften, in: Zeitschrift für Betriebswirtschaft 74(1), S. 5-25.

Ebers, Mark und Gotsch, Wilfried (2006): Institutionenökonomische Theorien der Organisation, in: Kieser, A. und Ebers, M. (Hrsg.): Organisationstheorien, Stuttgart, S. 247-308.

Eisenhardt, Kathleen M. (1989a): Agency Theory: An Assessment and Review, in: Academy of Management Review 14(1), S. 57-74.

Eisenhardt, Kathleen M. (1989b): Building Theories from Case Study Research, in: Academy of Management Review 14(4), S. 532-550.

Emmerich, Volker und Habersack, Mathias (2001): Aktien- und GmbH-Konzernrecht. Kommentar., München.

Engel, Dirk (2003): Zur Rolle von Venture Capital für das Wachstum junger Unternehmen, in: Steinle, C. und Schumann, K. (Hrsg.): Gründung von Technologieunternehmen: Merkmale – Erfolg – empirische Ergebnisse, Wiesbaden, S. 305-322.

Engel, Ellen, Gordon, Elizabeth A. und Hayes, Rachel M. (2002): The Roles of Performance Measures and Monitoring in Annual Governance Decisions in Entrepreneurial Firms, in: Journal of Accounting Research 40(2), S. 485-518.

Engelmann, Andree, Juncker, Klaus und Natusch, Ingo (2000): Moderne Unternehmensfinanzierung: Risikokapital für Unternehmensgründung und -wachstum, Frankfurt.

Erle, Bernd und Ring, Stephan (2002): Rechtsformwahl, in: Müller, W. und Hense, B. (Hrsg.): Beck'sches Handbuch der GmbH. Gesellschaftsrecht – Steuerrecht, München.

Ernst, Holger (2003): Causes and effects of a single informant bias in empirical innovation research, in: WHU-Forschungspapier (96).

Europäische Kommission, Unternehmen und Industrie (2005): Die neue KMU-Definition, http://ec.europa.eu/enterprise/enterprise_policy/sme_definition/sme_user_guide_de.pdf, Datum des Abrufs: 28.12.2009.

Fabel, Oliver, Hilgers, Bodo und Lehmann, Erik E. (2001): Strategie und Organisationsstruktur, in: Jost, P. J. (Hrsg.): Die Prinzipal-Agenten-Theorie in der Betriebswirtschaftslehre, Stuttgart, S. 183-216.

Fama, Eugene F. (1980): Agency Problems and the Theory of the Firm, in: Journal of Political Economy 88(2), S. 288-307.

Fama, Eugene F. und Jensen, Michael C. (1983a): Agency problems and residual claims, in: Journal of Law & Economics 26(2), S. 327-350.

Fama, Eugene F. und Jensen, Michael C. (1983b): Separation of ownership and control, in: Journal of Law & Economics 26(2), S. 301-326.

Fiegener, Mark K., Brown, Bonnie M., Dreux Iv, Dirk R. und Dennis Jr, William J. (2000): CEO Stakes an Board Composition in Small Private Firms, in: Entrepreneurship: Theory & Practice 24(4), S. 5.

Frederiksen, Oystein und Klofsten, Magnus (2001): Venture Capitalists' Governance of their Portfolio Companies, in: Journal of Enterprising Culture 9(2), S. 201-219.

Geisel, Barbara R. (2004): Eigenkapitalfinanzierung. Praxiserprobte Instrumente zur Steigerung der Liquidität, Wiesbaden.

Gibbons, Patrick T. (1992): Impacts of Organizational Evolution on Leadership Roles and Behaviors in: Human Relations 45(1), S. 1-18.

Gomez-Mejia, Luis R., Nuñez-Nickel, Manuel und Gutierrez, Isabel (2001): The Role of Family Ties in Agency Contracts, in: Academy of Management Journal 44(1), S. 81-95

Goodin, Dan (2000): The Imposter, http://www.thestandard.com/article/0,1902,16309,00.html, Datum des Abrufs: 08.10.2010.

Gorman, Michael und Sahlman, William A. (1989): What Do Venture Capitalists Do?, in: Journal of Business Venturing 4(4), S. 231-249.

Greiner, Larry E. (1972): Evolution and revolution as organizations grow, in: Harvard Business Review 50(4), S. 37-46.

Grichnik, Dietmar (2006): Die Opportunity Map der internationalen Entrepreneurshipforschung: Zum Kern des interdisziplinären Forschungsprogramms, in: Zeitschrift für Betriebswirtschaft 76(12), S. 1303-1333.

Grossman, Sanford und Hart, Oliver (1983): An Analysis of the Principal-Agent Problem, in: Econometrica 51, S. 7-45.

Grundei, Jens und Talaulicar, Till (2002): Company Law and Corporate Governance of Start-ups in Germany: Legal Stipulations, Managerial Requirements, and Modification Strategies, in: Journal of Management & Governance 6(1), S. 1-27.

Grundei, Jens und Talaulicar, Till (2003): Aufsichtsräte in jungen Technologieunternehmen: Ursachen und Implikationen von Überwachungsdefiziten, in: Finanz Betrieb(3), S. 190-202.

Gugler, Klaus (Hrsg.) (2001): Corporate Governance and Economic Performance, Oxford.

Hack, Andreas (2005): Startuperfolg und die Wahl von Risikokapitalgebern – Ökonomische Analyse mit empirischer Validierung für den deutschen Markt, Wiesbaden.

Hall, J. und Hofer, Charles W. (1993): Venture Capitalists' Decision Criteria in New Venture Evaluation, in: Journal of Business Venturing 8, S. 25-42.

Hammer, Michael und Champy, James (1993): Reengineering the Corporation – A Manifesto for Business Revolution, New York.

Handfield, Robert B. und Melnyk, Steven A. (1998): The scientific theory-building process: a primer using the case of TQM, in: Journal of Operations Management 16, S. 321-339.

Harrer, Herbert (2004): Vorbereitung des eigentlichen Börsengangs, in: Müller, W. und Rödder, T. (Hrsg.): Beck'sches Handbuch der AG. Gesellschaftsrecht – Steuerrecht – Börsengang, München, S. 1503-1573.

Hart, Oliver (1983): The market mechanism as an incentive scheme, in: Bell Journal of Economics 14, S. 366-382.

Hart, Oliver (1995): Corporate Governance: Some Theory and Implications, in: Economic Journal 105(430), S. 678-689.

He, Lerong (2008): Do founders matter? A study of executive compensation, governance structure and firm performance, in: Journal of Business Venturing 23(3), S. 257-279.

Heibel, Martin (2008): Founder Turnover in Venture Capital Backed Start-Up Companies, Wiesbaden.

Heidinger, Markus (1988): Aufgaben und Verantwortlichkeit von Aufsichtsrat und Beirat der GmbH, Wien.

Hellmann, Thomas (1998): The allocation of control rights in venture capital contracts, in: RAND Journal of Economics 29(1), S. 57-76.

Hellmann, Thomas und Puri, Manju (2002a): On the Fundamental Role of Venture Capital, in: Economic Review (Federal Reserve Bank of Atlanta) 87(4), S. 19-23.

Hellmann, Thomas und Puri, Manju (2002b): Venture Capital and the Professionalization of Start-Up Firms: Empirical Evidence, in: Journal of Finance 57(1), S. 169-197.

Hirschmann, Albert O. (1970): Exit, voice, and loyalty, Cambridge.

Höhn, Reinhard (1995): Die Geschäftsleitung der GmbH: Organisation, Führung und Verantwortung; Kontrolle durch Aufsichtsrat und Beirat, Köln.

Höreth, Ulrike und Ortmann-Babel, Martina (2007): Die Unternehmensteuerreform 2008, Bonn.

Ingley, C.B. und van der Walt, N.T. (2004): Corporate Governance, Institutional Investors and Conflicts of Interest, in: Corporate Governance: An International Review 12(4), S. 534-551.

Ingley, Coral und McCaffrey, Kevin (2007): Resolving the Icarus Paradoxon, in: New Zealand Management 54(4), S. 4-5.

Institut für Mittelstandsforschung Bonn, IfM (2002): KMU-Definition des IfM Bonn, http://www.ifm-bonn.org/index.php?id=89, Datum des Abrufs: 28.12.2009.

Institut für Mittelstandsforschung Bonn, IfM (2009): Definition Familienunternehmen im engeren Sinn, http://www.ifm-bonn.org/index.php?id=68, Datum des Abrufs: 28.12.2009.

Isaac, Stephen und Michael, William B. (1995): Handbook in Research and Evaluation. A Collection of Principles, Methods, and Strategies Useful in the Planning, Design, and Evaluation of Studies in Education and the Behavioral Sciences, San Diego.

Jacob, Adolf Friedrich, Klein, Sebastian und Nick, Andreas (1994): Basiswissen Investition und Finanzierung, Wiesbaden.

Jacobsen, Liv Kirsten (2003): Bestimmungsfaktoren für Erfolg im Entrepreneurship – Entwicklung eines umfassenden theoretischen Modells, Berlin.

Jain, Bharat A. und Tabak, Filiz (2008): Factors influencing the choice between founder versus non-founder CEOs for IPO firms, in: Journal of Business Venturing 23(1), S. 21-45.

James, Harvey S. (1999): Owner as Manager, Extended Horizons and the Family Firm, in: International Journal of the Economics of Business 6(1), S. 15.

Jensen, Michael C. und Meckling, William H. (1976): Theory of the Firm: Managerial Behavior, Agency Costs and Ownership Structure, in: Journal of Financial Economics 3(4), S. 305-361.

Jick, Todd D. (1979): Mixing Qualitative and Quantitative Methods: Triangulation in Action, in: Administrative Science Quarterly 24(4), S. S. 602-611.

Jost, Peter J. (1988): On Control in Principal-Agent Relationships, Bonn.

Jost, Peter J. (Hrsg.) (2000): Organisation und Koordination, Wiesbaden.

Jost, Peter J. (2001a): Die Prinzipal-Agenten-Theorie im Unternehmenskontext, in: Jost, P. J. (Hrsg.): Die Prinzipal-Agenten-Theorie in der Betriebswirtschaftslehre, Stuttgart, S. 11-43.

Jost, Peter J. (Hrsg.) (2001b): Die Prinzipal-Agenten-Theorie in der Betriebswirtschaftslehre, Stuttgart.

Junker, Lukas (2005): Equity Carveouts, Agency Costs, and Firm Value, Wiesbaden.

Kaplan, Steven N. und Strömberg, Per (2001): Venture capitalists as principals: Contracting, screening, and monitoring, in: American Economic Review 91(2), S. 426-430.

Kaplan, Steven N. und Strömberg, Per (2003a): Financial Contracting Theory Meets the Real World: An Empirical Analysis of Venture Capital Contracts, in: Review of Economic Studies 70(243), S. 281-315.

Kaplan, Steven N. und Strömberg, Per (2003b): Venture Capitalists As Economic Principals, in: NBER Reporter Summer 2003, S. 22.

Kaplan, Steven N. und Strömberg, Per (2004): Characteristics, Contracts, and Actions: Evidence from Venture Capitalist Analyses, in: Journal of Finance 59(5), S. 2177-2210.

Katz, Jerome und Gartner, William B. (1988): Properties of Emerging Organizations, in: Academy of Management Review 13(3), S. 429-441.

Kerber, Markus C. (2002): Eigenkapitalverwandte Finanzierungsinstrumente. Zum Finanzierungspotential von Wandelschuldverschreibungen aus aktienrechtlicher Sicht, Stuttgart.

Kieser, Alfred und Ebers, Mark (Hrsg.) (2006): Organisationstheorien, Stuttgart.

Klimasch, Reinhard und Kopp, Swenja (2006): Erfolgsmodell mit Nebenwirkungen., in: impulse (12) 01.12.2006, S. 100.

Koberg, Christine S., Uhlenbruck, Nikolaus und Sarason, Yolanda (1996): Facilitators of organizational innovation: The role of life-cycle stage, in: Journal of Business Venturing 11(2), S. 133-149.

Kollmann, Tobias (Hrsg.) (2005): Gabler Kompakt-Lexikon Unternehmensgründung, Wiesbaden.

Kollmann, Tobias, Häsel, Matthias und Stöckmann, Christoph (2007): Change Management in der Net Economy – Teamkompetenzen im oszillierenden Spannungsfeld von Markt und Technologie, in: Keuper, F. und Groten, H. (Hrsg.): Nachhaltiges Change Management – Interdisziplinäre Fallbeispiele und Perspektiven, Wiesbaden, S. 382-411.

Kosnik, Rita D. (1987): Greenmail: A Study of Board Performance in Corporate Governance, in: Administrative Science Quarterly 32, S. 163-185.

Kotey, Bernice und Slade, Peter (2005): Formal Human Resource Management Practices in Small Growing Firms, in: Journal of Small Business Management 43(1), S. 16-40.

Kreikebaum, Hartmut (1984): Small Business Management in den USA. Mögliche Konsequenzen für die Theorie und Praxis der Unternehmensführung mittleständischer Unternehmen, in: Albach, H. und Held, T. (Hrsg.): Betriebswirtschaftslehre mittelständischer Unternehmen, Stuttgart, S. 645-659.

Krüger, Dirk (1999): Zweckmäßige Wahl der Unternehmensform.

Krugger, Bernd (2005): Controlling junger innovativer Wachstumsunternehmen – Konzeption eines Controllingsystems unter Berücksichtigung des Beteiligungscontrolling in Venture Capital-Gesellschaften, Berlin.
Krystek, Ulrich (1980): Organisatorische Möglichkeiten des Krisen-Managements, in: 49(2), S. 63-71.

Lamoreaux, Naomi R. (1998): Partnerships, Corporations, and the Theory of the Firm, in: American Economic Review 88(2), S. 66-71.

Lehmann, Erik E. (2006): Corporate Governance in New Enterprises or: Why do Some CEOs hold Large Equity Stakes while Others are Paid through Stock Options?, in: Zeitschrift für Betriebswirtschaft Ergänzungsheft 5/2006, S. 21-37.

Lerner, Joshua (1994): Venture capitalists and the decision to go public, in: Journal of Financial Economics 35(3), S. 293-316.

Levitt, Theodore (1965): Exploit the product life cycle, in: Harvard Business Review 43(November-December), S. 81-94.

Lippitt, Gordon L. und Schmidt, Warren H. (1967): Crises in a Developing Organization, in: Harvard Business Review 45(6), S. 102-112.

Lücke, Wolfgang (1982): Unternehmenswachstum und Unternehmensgröße, in: Koch, H. (Hrsg.): Neuere Entwicklungen in der Unternehmenstheorie, Wiesbaden.

Malek, Miroslaw und Ibach, Peter K. (2004): Entrepreneurship – Prinzipien, Ideen und Geschäftsmodelle zur Unternehmensgründung im Informationszeitalter, Heidelberg.

Manstedten, Björn Christian (1996): Entwicklung von Organisationsstrukturen in der Gründungs- und Frühentwicklungsphase von Unternehmungen, Dormagen.

Mazzarol, Tim (2003): A model of small business HR growth management, in: International Journal of Entrepreneurial Behaviour & Research 9(1), S. 27-49.

McClelland, David C. (1961): The Achieving Society, Princeton.

Meinhövel, Harald (1999): Defizite der Principal-Agent-Theorie, Lohmar.

Mellewigt, Thomas und Witt, Peter (2002): Die Bedeutung des Vorgründungsprozesses für die Evolution von Unternehmen: Stand der empirischen Forschung, in: Zeitschrift für Betriebswirtschaft 72(1), S. 81-110.

Merz, Christin (2008): Erfahrene Unternehmensgründer, Wiesbaden.

Meyer, Matthias und Heine, Bernd-Oliver (2005): Motivation und Einordnung des "Akteursmodells" – Überlegungen zur Integration von Anreizen und Kognition in der betriebswirtschaftlichen Forschung, in: WHU-Forschungspapier(105).

Miles, Matthew B. und Huberman, Michael (1994): Qualitative data analysis, Thousand Oaks.

Milgrom, Paul und Roberts, John (1992): Economics, Organization and Management, Englewood Cliffs.

Miller, Danny und Le Breton-Miller, Isabelle (2006): Family Governance and Firm Performance: Agency, Stewardship, and Capabilities in: Family Business Review 19(1), S. 73–87.

Mintzberg, Henry (1983): Power in and around organizations, Englewood Cliffs.

Monks, Robert A.G. und Minow, Nell (2004): Corporate Governance, Oxford.

Morgan, David L. (1998): Practical strategies for combining qualitative and quantitative methods: Applications to heath research, in: Qualitative Health Research 8(3), S. 362-376.

Müller, Rainer (1986): Krisenmanagement in der Unternehmung – Vorgehen, Maßnahmen und Organisation Frankfurt am Main.

Müller, Welf (2002): Der Aufsichtsrat/Beirat, in: Müller, W. und Hense, B. (Hrsg.): Beck'sches Handbuch der GmbH. Gesellschaftsrecht – Steuerrecht, München, S. 277-320.

Müller, Welf (2004): Erscheinungsformen der AG und der KGaA, in: Müller, W. und Rödder, T. (Hrsg.): Beck'sches Handbuch der AG. Gesellschaftsrecht – Steuerrecht – Börsengang, München, S. 1-22.

Müller, Welf und Hense, Burkhard (Hrsg.) (2002): Beck'sches Handbuch der GmbH. Gesellschaftsrecht – Steuerrecht, München.

Müller, Welf und Rödder, Thomas (Hrsg.) (2004): Beck'sches Handbuch der AG. Gesellschaftsrecht – Steuerrecht – Börsengang, München.

Myers, Stewart C. (1984): The Capital Structure Puzzle, in: Journal of Finance 39(3), S. 575-592.

Nathusius, Klaus (2001): Grundlagen der Gründungsfinanzierung – Instrumente – Prozesse – Beispiele, Wiesbaden.

Nelson, Teresa (2003): The persistance of founder influence: Management, ownership, and performance effects at initial public offering, in: Strategic Management Journal 24(8), S. 707-724.

Nippa, Michael (2002): Alternative Konzepte für eine effiziente Corporate Governance. Von Trugbildern, Machtansprüchen und vernachlässigten Ideen, in: Nippa, M., Petzold, K. und Kürsten, W. (Hrsg.): Corporate Governance Herausforderungen und Lösungsansätze, Heidelberg, S. 3-40.

Nötzli Breinlinger, Ursula G. (2007): Situative Corporate Governance: Ein Modell für kleine und mittelgrosse Familienunternehmen in der Schweiz, St. Gallen.

Orth, Manfred (2002): Umwandlung, in: Müller, W. und Hense, B. (Hrsg.): Beck'sches Handbuch der GmbH. Gesellschaftsrecht – Steuerrecht, München, S. 1017-1216.

Pagano, Marco und Roeell, Ailsa (1998): The Choice of Stock Ownership Structure: Agency Costs, Monitoring, and the Decision to Go Public, in: Quarterly Journal of Economics 113(1), S. 39.

Pankotsch, Frank (2005): Kapitalbeteiligungsgesellschaften und ihre Portfoliounternehmen, Wiesbaden.

Pattit, Jason M. und Wilemon, David (2005): Creating high-performing software development teams, in: R&D Management 35(4), S. 375-393.

Penrose, Edith (1959): The Theory of the Growth of the Firm, New York

Phelps, Robert, Adams, Richard und Bessant, John (2007): Life cycles of growing organizations: A review with implications for knowledge and learning, in: International Journal of Management Reviews 9(1), S. 1-30.

Picot, Arnold, Dietl, Helmut und Franck, Egon (2008): Organisation, Stuttgart.

Picot, Arnold und Doeblin, Stefan (Hrsg.) (2001): eCompanies – gründen, wachsen, ernten, Heidelberg.

Pollmann, Hans D. (1995): GmbH-Informationsbuch.

Potthoff, Erich und Trescher, Karl (1995): Das Aufsichtsratsmitglied. Ein Handbuch für seine Aufgaben, Rechte und Pflichten, Stuttgart.

Punch, Keith F. (1998): Introduction to Social Research. Quantitative and Qualitative Approaches, Thousand Oaks.

Raschig, Alexander (2004): Corporate Governance in nicht börsennotierten Gesellschaften, Marburg.

Redlefsen, Matthias (2004): Der Ausstieg von Gesellschaftern aus großen Familienunternehmen – Eine praxisnahe Untersuchung der Corporate Governance-Faktoren, Wiesbaden.

Redlefsen, Matthias und Witt, Peter (2006): Gesellschafterausstieg in großen Familienunternehmen, in: Zeitschrift für Betriebswirtschaft 76(1), S. 7-27.

Reichert, Jochem (2004): Die Hauptversammlung, in: Müller, W. und Rödder, T. (Hrsg.): Beck'sches Handbuch der AG. Gesellschaftsrecht – Steuerrecht – Börsengang, München, S. 353-466.

Reißig-Thust, Solveig (2003): Venture-Capital-Gesellschaften und Gründungsunternehmen, Wiesbaden.

Rödder, Thomas (2004): Rechtsformwahl, in: Müller, W. und Rödder, T. (Hrsg.): Beck'sches Handbuch der AG. Gesellschaftsrecht – Steuerrecht – Börsengang, München, S. 23-68.

Rohleder, Michael (1991): Die Übertragbarkeit von Kompetenzen auf GmbH-Beiräte, Köln.

Ross, Stephen A. (1973): The Economic Theory of Agency: The Principal's Problem, in: American Economic Review 13, S. 134-139.

Ruppen, Daniel A. (2002): Corporate Governance bei Venture-Capital-finanzierten Unternehmen, Wiesbaden.

Sahlman, William A. (1990): The structure and governance of venture-capital organizations, in: Journal of Financial Economics 27, S. 473-521.

Sahlman, William A. (1997): How to Write a Great Business Plan, in: Harvard Business Review 75(4), S. 98-108.

Sapienza, Harry J., Korsgaard, Audrey, Goulet, Philip K. und Hoogendam, Jeffrey P. (2000): Effects of Agency Risks and Procedural Justice on Board Processes in Venture Capital-Backed Firms, in: Entrepreneurship and Regional Development 12(4), S. 331-351.

Schawilye, Ramona, Gaugler, Eduard und Keese, Detlef (2000): Die kleine AG in der betrieblichen Praxis. Ergebnisse einer empirischen Untersuchung zur Entwicklung und Akzeptanz der sogenannten „kleinen AG“, Heidelberg.

Schefczyk, Michael (2000): Finanzieren mit Venture Capital – Grundlagen für Investoren, Finanzintermediäre, Unternehmer und Wissenschaftler, Stuttgart.

Schiedermair, Manfred und Kolb, Franz-Josef (2004): Der Aufsichtsrat, in: Müller, W. und Rödder, T. (Hrsg.): Beck'sches Handbuch der AG. Gesellschaftsrecht – Steuerrecht – Börsengang, München, S. 557-618.

Schillhofer, Andreas (2003): Corporate Governance and Expected Stock Returns – Empirical Evidence from Germany, Wiesbaden.

Schmidt, Reinhard H. (2000a): Erich Gutenberg and the Theory of the Firm, in: Albach, H., Brockhoff, K., Eymann, E., Jungen, P., Steven, M. und Luhmer, A. (Hrsg.): Theory of the Firm, Heidelberg, S. 3-39.

Schmidt, Stefan Marcus (2000b): Corporate Governance in deutschen und amerikanischen Aktiengesellschaften, Frankfurt am Main.

Schmiegelt, Karl-Heinz (2002): Der Gesellschafter, in: Müller, W. und Hense, B. (Hrsg.): Beck'sches Handbuch der GmbH. Gesellschaftsrecht – Steuerrecht, München, S. 101-145.

Schrinner, Axel (2006): Deutsche Unternehmen fliehen aus der GmbH, in: Handelsblatt (105) 01.06.2006, S. 3.

Schulz, Stephan (2005): Kollektive Entscheidungen in der Aktiengesellschaft – Eine sozialwahltheoretische Analyse ausgewählter Probleme des Aktienrechts, Wiesbaden.

Schulze, William S., Lubatkin, Michael H., Dino, Richard N. und Buchholtz, Ann K. (2001): Agency Relationships in Family Firms: Theory and Evidence, in: Organization Science 12(2), S. 99-116.

Schwaiger, Helmut (2002): Gründung und Kapitalaufbringung, in: Müller, W. und Hense, B. (Hrsg.): Beck'sches Handbuch der GmbH. Gesellschaftsrecht – Steuerrecht, München.

Scott, Mel und Bruce, Richard (1987): Five stages of growth in small business, in: Long Range Planning 20(3), S. 45-52.

Sommer, Ulf (2007): Wette auf die Europa AG, in: Handelsblatt (142) 26.07.2007, S. 29.

Spremann, Klaus (1987): Agent and Principal, in: Bamberg, G. und Spremann, K. (Hrsg.): Agency Theory, Information, and Incentives, Berlin, S. 3-37.

Statistisches Bundesamt Deutschland, Destatis (2007): Unternehmen nach zusammengefassten Rechtsformen, http://www.destatis.de/basis/d/insol/unternehmentab5.php, Datum des Abrufs: 14.12.2009.

Staud, Natalie (2009): Anpassung der Corporate Governance an Unternehmensgröße und -struktur, Marburg.

Steier, Lloyd P., Chrisman, James J. und Chua, Jess H. (2004): Entrepreneurial Management and Governance in Family Firms: An Introduction, in: Entrepreneurship: Theory & Practice 28(4), S. 295-303.

Steinle, Claus und Schumann, Katja (2003): Kooperation, Innovation und Erfolg technologieorientierter Gründungen – Konzept und Ergebnisse einer repräsentativen Studie, in: Steinle, C. und Schumann, K. (Hrsg.): Gründung von Technologieunternehmen: Merkmale – Erfolg – empirische Ergebnisse, Wiesbaden, S. 15-66.

Stern, Sebastian (2003): Organisationsentstehung in innovativen Neugründungen – Kommunikation und Organisation in jungen Multimediaunternehmen, Wiesbaden.

Struß, Nicola (2003): Führungswechsel im Management – Eine empirische Analyse innovativer Wachstumsunternehmen, Wiesbaden.

Stuart, I., McCutcheon, D., Handfield, R., McLachlin, R. und Samson, D. (2002): Effective case research in operations management: a process perspective, in: Journal of Operations Management 20, S. 419-433.

Swayne, Charles B. und Tucker, William R. (1973): The effective entrepreneur, Morristown.

Talaulicar, Till, Grundei, Jens und Werder, Axel von (2001): Corporate Governance deutscher Start-ups: Ergebnisse einer empirischen Erhebung, in: Finanz Betrieb 9 (2001), S. 511-519.

Talaulicar, Till, Grundei, Jens und Werder, Axel von (2005): Strategic decision making in start-ups: the effect of top management team organization and processes on speed and comprehensiveness, in: Journal of Business Venturing 20(4), S. 519-541.

Terpstra, David E. und Olson, Philip D. (1993): Entrepreneurial Start-up and Growth: A Classification of Problems, in: Entrepreneurship: Theory & Practice 17(3), S. 5-19.

Thust, Solveig, Brettel, Malte und Witt, Peter (2004): Vertragsgestaltung durch Venture Capital-Gesellschaften, in: Finanz Betrieb(9), S. 636-645.
Timmons, Jeffry und Spinelli, Stephen (2006): New Venture Creation: Entrepreneurship for the 21st Century, Boston.

Tosi, Henry L., Brownlee, Amy L., Silva, Paula und Katz, Jeffrey P. (2003): An Empirical Exploration of Decision-making Under Agency Controls and Stewardship Structure, in: Journal of Management Studies 40(8), S. 2053-2071.

Trux, Walter R., Müller, Günter und Kirsch, Werner (Hrsg.) (1984): Das Management strategischer Programme, Bd. 2, München.

Vives, Xavier (Hrsg.) (2000): Corporate governance: theoretical and empirical perspectives, Madrid.

Voordeckers, Wim, Van Gils, Anita und Van den Heuvel, Jeroen (2007): Board Composition in Small and Medium-Sized Family Firms, in: Journal of Small Business Management 45(1), S. 137-156.

Wacker, John G. (1998): A definition of theory: research guidelines for different theory-building research methods in operations management, in: Journal of Operations Management 16, S. 361-385.

Weber, Jürgen und Schäffer, Utz (2006): Einführung in das Controlling, Stuttgart.

Williamson, Oliver E. (1988): Corporate Finance and Corporate Governance, in: Journal of Finance 43, S. 567-591.

Witt, Peter (2000): Corporate Governance im Wandel, in: Zeitschrift Führung + Organisation 69(3), S. 159-163.

Witt, Peter (2001a): Corporate Governance, in: Jost, P. J. (Hrsg.): Die Prinzipal-Agenten-Theorie in der Betriebswirtschaftslehre, Stuttgart, S. 85-115.

Witt, Peter (2001b): Konsistenz und Wandlungsfähigkeit von Corporate Governance Systemen, in: Zeitschrift für Betriebswirtschaft 71(Ergänzungsheft 4), S. 73-97.

Witt, Peter (2002): Grundprobleme der Corporate Governance und international unterschiedliche Lösungsansätze, in: Nippa, M., Petzold, K. und Kürsten, W. (Hrsg.): Corporate Governance Herausforderungen und Lösungsansätze, Heidelberg, S. 41-72.

Witt, Peter (2003): Corporate Governance – Systeme im Wettbewerb, Wiesbaden.

Witt, Peter (2004a): Discussion of "Financing High-Tech Growth: The Role of Banks and Venture Capitalists", in: Schmalenbach Business Review 56(4), S. 358-359.

Witt, Peter (2004b): Entrepreneurs' networks and the success of start-ups, in: Entrepreneurship & Regional Development 16(5), S. 391-412.

Witt, Peter (2005): Stand und offene Fragen der Gründungsforschung – Studie für das Bundesministerium für Bildung und Forschung, Vallendar.

Witt, Peter und Rode, Verena (2005): Corporate Brand Building in Start-Ups, in: Journal of Enterprising Culture 13(3), S. 273-294.

Witt, Peter und Schmidt, Tobias (2002): Venture Capital, Börsengänge und Beteiligungsexits, in: Finanz Betrieb(12), S. 752-756.

Witt, Peter und Zillmer, Peter (2002): Strategie- und Strukturveränderungen bei renditeorientierten Business Inkubatoren in Deutschland, in: Finanz Betrieb(3), S. 190-194.

Wittenberg, Verena (2006): Controlling in jungen Unternehmen – Phasenspezifische Controllingkonzeptionen für Unternehmen in der Gründungs- und Wachstumsphase, Wiesbaden.

Wittmann, Waldemar (Hrsg.) (1993): Handwörterbuch der Betriebswirtschaft, Stuttgart.

Wolf, Joachim (2003): Organisation, Management, Unternehmensführung – Theorien und Kritik, Wiesbaden.

Yin, Robert K. (2003): Case study research – design and methods, Thousand Oaks.

Zätzsch, Roger (2004): Die Gründung und die Entstehung durch Umwandlung, in: Müller, W. und Rödder, T. (Hrsg.): Beck'sches Handbuch der AG. Gesellschaftsrecht – Steuerrecht – Börsengang, München, S. 69-240.

Zielke, Rainer (2000): Steuerlicher Rechtsformvergleich als dynamische Investitionsrechnung.

Zimmerman, Monica A. und Zeitz, Gerald J. (2002): Beyond Survival: Achieving new venture growth by building legitimacy, in: Academy of Management Review 27(3), S. 414-431.

Zimmermann, Volker und Hofmann, Christoph (2006): Schaffen innovative Gründungen mehr Arbeitsplätze?, in: KfW-Research Sonderband "Innovationen im Mittelstand", S. 69-93.

FGF ENTREPRENEURSHIP-RESEARCH MONOGRAPHIEN

Herausgegeben von Prof. Dr. Heinz Klandt, Oestrich-Winkel, Prof. Dr. Dr. h. c. Norbert Szyperski, Köln, Prof. Dr. Michael Frese, Gießen, Prof. Dr. Josef Brüderl, Mannheim, Prof. Dr. Rolf Sternberg, Hannover, Prof. Dr. Ulrich Braukmann, Wuppertal, und Prof. Dr. Lambert T. Koch, Wuppertal

Band 65
Matthias Baum
International Entrepreneurship – Determinants of the Propensity to Internationalize and the Different Types of International New Ventures
Lohmar – Köln 2009 • 80 S. • € 37,- (D) • ISBN 978-3-89936-752-2

Band 66
Alexander Klaußner
Phasenangepasste Führung von Wachstumsunternehmen – Eine empirische Untersuchung im deutschsprachigen Raum
Lohmar – Köln 2009 • 324 S. • € 62,- (D) • ISBN 978-3-89936-843-7

Band 67
Benjamin Pfeifer
Zur Nachhaltigkeitsorientierung von Private Equity-Investoren
Lohmar – Köln 2009 • 408 S. • € 66,- (D) • ISBN 978-3-89936-877-2

Band 68
Florian Muschaweck
Franchising für Zahnärzte – Eine empirische Analyse
Lohmar – Köln 2010 • 308 S. • € 59,- (D) • ISBN 978-3-89936-994-6

Band 69
Markus Kurch
Leitungsstrukturen von Gründungs- und Wachstumsunternehmen – Analyse der Veränderungen im Zeitverlauf
Lohmar – Köln 2010 • 268 S. • € 57,- (D) • ISBN 978-3-89936-999-1

JOSEF EUL VERLAG